技工现场操作技能问答丛书

模具工现场操作技能问答

张能武　主编

廣東省出版集團
广东科技出版社
·广　州·

图书在版编目（CIP）数据

模具工现场操作技能问答/张能武主编. —广州：广东科技出版社，2010.6

（技工现场操作技能问答丛书）

ISBN 978-7-5359-4888-5

Ⅰ. ①模… Ⅱ. ①张… Ⅲ. ①模具—生产工艺—问答 Ⅳ. ①TG76-44

中国版本图书馆CIP数据核字（2009）第230076号

责任编辑：陈毅华
封面设计：陈维德
责任校对：杨崚松
责任印制：LHZH
出版发行：广东科技出版社
（广州市环市东路水荫路11号 邮码：510075)
E-mail:gdkjzbb@21cn.com
http://www.gdstp.com.cn
经　　销：广东新华发行集团股份有限公司
排　　版：广东科电有限公司
印　　刷：佛山市浩文彩色印刷有限公司
（南海区狮山科技工业园A区 邮码：528225）
规　　格：787mm × 1 092mm 1/16 印张14.75 字数290千
版　　次：2010年6月第1版
2010年6月第1次印刷
印　　数：1～5 000册
定　　价：28.00元

内容提要

本书采用问答的形式，系统地介绍了模具工现场操作中必备的理论知识、基本技能、操作技巧和注意事项等。全书分为3个部分，分别介绍了模具工操作基本知识，模具工操作基本技能以及模具加工综合实例。

本书深入浅出、图文并茂、针对性强，具有基础理论与实际操作技能相结合的特点，易于理解，使读者在阅读和查找某一问题时快捷方便，较适合模具加工人员自学或在碰到实际问题时查阅，既适合于广大从事模具设计、模具制造加工的技术人员自学，又可作为初级、中级模具工的培训教材，还可供相关专业职业技术学校师生阅读与参考。

前　言

随着社会和科学技术的发展，工程技术的应用范围不断扩大，手段也日益丰富，但其强烈的实践性始终未变。在工程技术人才中，具有丰富实践经验的技术工人是不可或缺的重要组成部分。近年来技术工人队伍的严重缺乏，已引起广泛重视。为此我们编写了这套技工现场操作技能问答丛书。

我国自改革开放以来，模具工业飞速发展，高素质的模具制造技能人才的需求越来越大，而模具制造技术人才的培养远远滞后于市场的需求，造成模具技能人才的严重短缺。模具制造是技术密集型综合加工技术，对生产人员的技术水平要求较高。为培养模具技术专业人才，加强工程实践能力和专业技能的训练，在深入模具制造企业及模具应用行业进行广泛调研的基础上，针对企业在生产中所急需解决的问题，我们编写了本书。

本书由张能武主编，参加编写的有周斌兴、刘述芳、张道霞、许佩霞、陶荣伟、杨光明、唐亚民、任志俊和薛国祥等。我们在编写过程中参考了相关图书出版物，并得到江南大学机械学院、江苏模具协会、苏州模具协会等单位的大力支持和帮助，在此我们表示感谢。

由于模具制造加工技术涉及面非常广泛，加上我们初次编写这种综合性很强的问答型丛书，缺乏经验，知识水平有限和时间仓促，在书中难免有疏漏和错误之处，恳请各位读者和专家批评指正，以利今后进一步修订。

编著者

2009年10月

目　录

第一部分　模具工操作基础知识

1．什么是模具，它有什么作用？ …… 1
2．模具有哪些种类，其制造特点是什么？ …… 1
3．模具材料有哪些性能要求？ …… 2
4．模具选材的原则是什么？ …… 3
5．塑料有哪些分类、性能和用途？ …… 4
6．塑料的模塑原理是什么？ …… 5
7．金属塑性变形的基本规律是什么？ …… 8
8．冲模有哪几种结构形式？ …… 12
9．压力机的选用原则是什么？ …… 18
10．常用压力机的类型结构有哪些？ …… 19
11．冲压常用材料有哪些，怎样选用？ …… 25
12．模具热处理设备有哪些？ …… 30
13．冲裁模的典型结构是什么？ …… 30
14．塑料制件的结构工艺性有哪些？ …… 34
15．什么是切削刀具的几何形状？ …… 39
16．什么是弯曲件的回弹？ …… 41
17．电火花加工的工艺特性有哪些？ …… 45
18．数控机床有哪些种类？ …… 47
19．什么是模具的数控加工，它有哪些特点？ …… 48
20．模具技术状态的检测有哪些内容？ …… 50

第二部分　模具工操作基本技能

1．模具零件的表面如何处理？ …… 52
2．模具零件如何划线，有哪些注意事项？ …… 53
3．模具零件如何配钻，特殊孔如何加工？ …… 55
4．翻孔和翻边如何操作？ …… 64
5．怎样校平与整形？ …… 69
6．如何进行研磨与抛光？ …… 71
7．磨削加工有哪些禁忌？ …… 75
8．压铸模怎样装配？ …… 76
9．锻模怎样装配？ …… 81
10．锻模加工有哪些方法？ …… 87
11．粉末冶金模应怎样装配？ …… 91

12. 塑料注射模应怎样装配？…… 93
13. 装配塑料注射模架压入导柱、导套时有哪些禁忌？…… 101
14. 怎样进行锻模的试模与调整？…… 101
15. 如何进行冷冲模的装配与调整？…… 103
16. 如何进行塑料模的装配与调试？…… 106
17. 如何进行弯曲模具的试冲和调整？…… 114
18. 如何进行模具的热处理？…… 120
19. 模具常见故障有哪些，应怎样排除？…… 121
20. 凸、凹模间隙值如何确定？…… 125
21. 凸、凹模刃口尺寸如何确定？…… 127
22. 冲裁模凸模如何加工？…… 130
23. 冲裁模凹模如何加工？…… 134
24. 冲裁模试冲时有哪些禁忌？…… 139
25. 弯曲回弹值如何确定？…… 139
26. 弯曲模结构设计有哪些禁忌？…… 142
27. 如何进行模具零件的车削加工？…… 142
28. 模具零件车削加工有哪些安全禁忌？…… 143
29. 如何进行型腔的冷挤压加工？…… 144
30. 数控铣削如何加工？…… 148
31. 电火花线切割加工工艺如何制定？…… 151
32. 电火花穿孔加工有哪些禁忌？…… 151
33. 电火花线切割加工如何操作？…… 152
34. 电火花线切割加工有哪些禁忌？…… 154
35. 模具电解加工如何操作？…… 155
36. 如何进行超声加工？…… 157
37. 模具电铸加工的工艺过程及要点是什么？…… 159
38. 设计组织冲模时有哪些禁忌？…… 160
39. 怎样防止拉深件的起皱？…… 160
40. 拉深件通常有哪些质量缺陷和补救措施？…… 162
41. 模架组成零件如何加工？…… 165
42. 薄板冲模如何加工？…… 168
43. 冲压件质量检查有哪些方法？…… 170
44. 模具有哪些修复手段和方法？…… 170

第三部分　模具加工综合实例

1. 铣削加工实例 …… 174
2. 典型凸模的加工实例 …… 176
3. 凹模的加工实例 …… 178
4. 冲裁模设计与制造实例 …… 186

5．弯曲模设计实例 ………………………………………………………………… 194
6．线切割加工实例 ………………………………………………………………… 198
7．模具型腔电火花加工实例 ……………………………………………………… 200
8．多工位级进模设计实例 ………………………………………………………… 201
9．注射模具设计实例 ……………………………………………………………… 206
10．缩口模设计实例……………………………………………………………… 211
11．复合模设计实例……………………………………………………………… 213
12．模具CAM技术的应用实例 …………………………………………………… 218
参考文献………………………………………………………………………………… 223

第一部分　模具工操作基础知识

1. 什么是模具，它有什么作用？

在工业生产中，各种压力机械与装在压力机上的专用工具，用压力将金属或非金属材料制成所需形状的零件或制品，这种专用工具统称模具。

用模具生产零部件，具有高效、节约材料、成本低以及保证质量等优点，是现代工业生产的重要手段和工艺发展方向。如电器、电机、仪器仪表以及汽车和拖拉机制造等行业，其60%～90%的零部件需用模具加工。推广工程塑料、粉末冶金、橡胶、合金压铸、玻璃成形等工艺，全需要模具完成批量生产。螺钉、螺母、垫圈等标准紧固件，没有模具就无法大批量生产。因此，模具是发展和实现切削技术不可缺少的工具，也是工业生产中应用极为广泛的主要工艺装备。

2. 模具有哪些种类，其制造特点是什么？

（1）模具的种类

模具的种类很多，按材料在模具内形成的特点，可分为以下种类（见图1-1）。

（2）模具制造的特点

模具生产制造技术差不多集中了机械加工的精华，即便是机电结合加工，也离不开模具钳工的操作。现从以下3方面阐述其特点。

1）模具生产的工艺特点。一套模具制造出后，通过它可以生产出数十万件零件或制品。但是制造模具自身，只能是单件生产，其生产工艺有以下特点：

①制造模具零件的毛坯，通常用木模、手工造型、砂型铸造或自由锻造加工而成。但毛坯的精度较低，加工余量较大。

②加工模具零件，除用普通机床加工外，如车床、万能铣床、内外圆磨床和平面磨床等，还需用高效、精密的专用加工设备和机床加工，如成型磨削机床、电解加工机床、线切割加工机床、电火花穿孔机床和仿型刨床等。

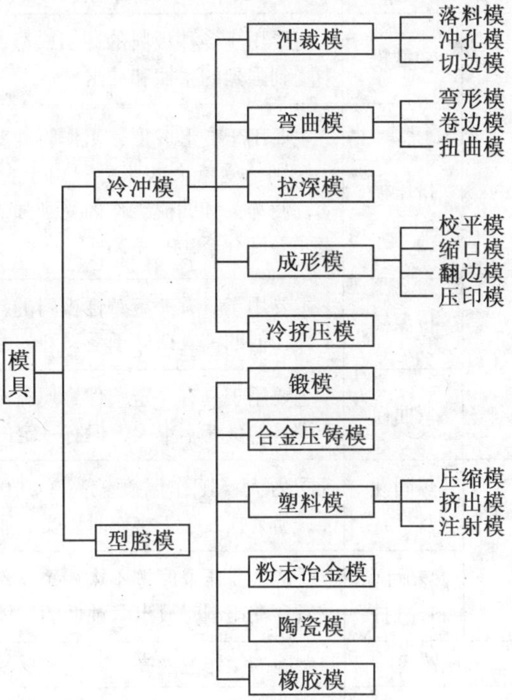

图1-1　模具的分类

③加工模具零件多用通用夹具，以划线和试切法保证尺寸的精度。为降低成本，很少用专用夹具加工。

④一般模具多用配合加工的方法，精密模具应考虑工作部分的互换性。

⑤模具生产专业厂家，为使模具从单件生产转化成批量生产，通常都实现了零部件和工艺技术及其管理的标准化、通用化和系列化。

2）模具制造的特点。

①模具制造对工人的技术等级要求较高。

②模具生产周期一般较长，成本较高。

③制造模具的过程中，同一工序的加工，往往内容较多，因而生产效率较低。

④模具在加工中，某些工作部分的位置和尺寸，应经过试验才能确定。

⑤装配后的模具，必须试模和调整。

⑥模具生产是典型的单件生产。因此，生产工艺、管理方式、模具制造工艺等都有独特的适应性与规律性。

3. 模具材料有哪些性能要求？

表1–1为模具的工作条件及对模具材料的性能要求。

表1–1 模具的工作条件及对模具材料的性能要求

模具种类		工作条件	对材料的性能要求
冷冲模	冲截模	主要用于各种板料的冲切成型，其刃口在工作过程中受到强烈的摩擦和冲击	具有高的耐磨性、冲击韧性以及耐疲劳断裂性能
	挤压模	主要用于变形成形，工作时冲头承受巨大的压力，凹模则承受巨大的张力；由于金属在型腔中剧烈流动，使冲头和凹模工作面受到强烈的摩擦，并使模具表面温度升至200～300 ℃	具有高的变形抗力，耐磨性及断裂抗力，此外还应具有高的回火稳定性
	拉深模	主要用于具有一定塑性板料的拉深成形，工作应力不大，但凹模入口处承受强烈的摩擦	具有高的硬度及耐磨性，工作表面粗糙度较低
	弯曲模	主要用于具有一定塑性金属材料的弯曲成形，作用于模具的负荷不很大，但有一定的摩擦	具有高的耐磨性和断裂抗力
塑料模	热固性塑料压模	受力大，工作温度较高（200～250 ℃），易侵蚀，易磨损，手工操作时还受到脱模的冲击和碰撞	具有较高的强韧性、耐磨性以及冷热疲劳抗力，有一定的抗蚀性
	热塑性塑料注射模	受热、受压及摩擦不太严重，部分塑料制品含有氯及氟，在压制时放出腐蚀性的气体，侵蚀型腔表面	具有较高的抗蚀性及一定的耐磨性和强韧性
压铸模		型腔的工作温度高，并经受反复剧烈的温度变化	具有高的热强性及冷热疲劳抗力
锻模		模具工作温度较高（约300 ℃），坯料变形过程中与型腔表面摩擦，并受到强烈的冲击载荷	具有高的强韧性、冷热疲劳抗力以及高的淬透性，有良好的回火稳定性
粉末冶金模		金属粉末的硬度一般很高，模具在工作过程中受到强烈的摩擦。此外，金属粉末粒度很小，容易堵塞缝隙，加大摩擦力，造成脱模困难	具有高的硬度和耐磨性，较低的表面粗糙度

4. 模具选材的原则是什么？

（1）适应技术的要求

1）耐磨性的要求。坯料在模具型腔中塑性变形时，沿型腔表面流动又滑动，使型腔表面与坯料间产生剧烈的摩擦，导致模具因磨损而失效。因此，材料的耐磨性是模具最重要和最基本的性能之一。影响耐磨性的主要因素是硬度，模具零件的硬度越高，磨损量越小，耐磨性也越好。耐磨性还与材料中碳化物的种类、数量、形态、大小及分布有关。

2）强韧性的要求。模具的工作状况大多比较恶劣，有些要承受较大的冲击负荷，导致脆性断裂。为避免模具零件在工作时突然脆断，模具应具有较高的强度和韧性。模具的韧性主要取决于材料的含碳量、晶粒度与组织状态。

3）疲劳断裂性能的要求。模具工作时，受循环应力的长期作用，常常导致疲劳断裂。其类型有小能量多次冲击疲劳断裂、拉伸疲劳断裂、接触疲劳断裂与弯曲疲劳断裂等。模具的疲劳断裂性能主要取决于强度、韧性、硬度与材料中夹杂物含量的多少。

4）高温性能的要求。模具的工作温度较高时，会使硬度和强度下降，导致模具早期磨损或产生塑性变形而失效。因此，模具材料须具有较高的抗回火稳定性，保证模具在工作温度下具有较高的硬度和强度。

5）耐冷热疲劳性能的要求。有些模具在工作中处于反复加热和冷却的状态，型腔表面受拉、压交变应力的作用，引起表面龟裂和剥落，增大摩擦力，阻碍塑性变形，导致模具失效。冷热疲劳是热作模具失效的主要原因之一，因此这类模具须具有较高的耐冷热疲劳性能。

6）耐蚀性的要求。塑料模等模具在工作时，因塑料中存在氯、氟等元素，受热后分解出强侵蚀性气体，会侵蚀模具型腔表面，加大其表面粗糙度，加剧磨损使模具失效。

（2）适应工艺的要求

模具制造通常要经过锻造、切削加工和热处理等几道工序。为了保证模具的制造质量，降低生产成本，它的材料须有良好的可锻性、切削加工性、淬硬性、淬透性与可磨削性，还要有小的氧化、脱碳敏感性及淬火变形开裂等倾向。具体要求是：

1）淬透性。淬火后能得到较深的淬硬层，用缓和的淬火介质便可淬硬。

2）淬硬性。淬火后具有高而均匀的表面硬度。

3）淬火变形开裂倾向。常规淬火开裂敏感性低，对淬火温度及工件形状不敏感。常规淬火体积变小，形状翘曲、畸变轻微，异常变形倾向低。

4）可锻性。具有较低的热锻变形抗力，塑性好，锻造温度范围宽，锻裂和冷裂及析出网状碳化物倾向低。

5）可磨削性。砂轮相对损耗小，无烧伤极限磨削用量大，对砂轮质量及冷却条件不敏感，不易发生磨伤及磨削裂纹。

6）切削加工性。切削用量大，刀具损耗低，加工表面粗糙度低。

7）氧化、脱碳敏感性。高温加热时抗氧化性能好，脱碳速度慢，对加热介质不敏感，产生麻点倾向小。

8）退火工艺性。球化退火温度范围宽，退火硬度低且波动范围小，球化率高。

（3）适应经济性要求

为模具选材时，应尽可能降低制造成本，适应经济性原则的要求。因此在适应使用性原则下，首先要选用价格较低的，能用碳钢就不用合金钢，能用国产材料就不用进口材料。在选材时还要顾及市场的生产和供应条件。选用的钢种尽可能少而集中，且易于购买。

5. 塑料有哪些分类、性能和用途？

（1）塑料的分类

1）按分子结构分类。塑料按其分子结构的不同，可以分为热塑性塑料和热固性塑料2大类。

①热塑性塑料。热塑性塑料具有线型或支链型分子结构，这类塑料在加热时，物料形态由固态逐渐软化熔融成黏流状态，冷却后又可固化成固体状态。这种变化是可逆的，并可以多次反复而始终具有可塑性，所以这种塑料可回收反复使用。但是，如果在加热时温度过高，或加热时间过长，则材料将被破坏。

②热固性塑料。热固性塑料具有网状分子结构，在受热条件下材料先软化，然后内部发生化学变化，分子结构由线型或支链型变成网状结构，并固化成形，再进行加热也不能使其软化。这类塑料不能重复使用。

2）按塑料用途分类。塑料按其用途分，可分为通用塑料、工程塑料、耐高温塑料和特殊用途塑料4大类。

①通用塑料。指产量大、用途广、价格低廉的一类塑料，它包括聚乙烯、聚氯乙烯、聚苯乙烯、聚丙烯、氨基塑料和酚醛树脂6种，产量约占塑料总量的80%。

②工程塑料。一般指强度高、硬度大、耐磨并可代替金属用做工程材料的一类塑料。如聚酰胺（尼龙）、聚甲醛和聚碳酸酯等。

③耐高温塑料。主要有氟塑料和硅塑料，用于航天飞船、火箭或导弹等。

④特殊用途的塑料。如环氧树脂可用为黏结剂，离子交换树脂可净化水，吸附水中的正离子、负离子。

（2）塑料的性能

与金属材料相比，塑料有如下特性：

1）质量轻。塑料是一种轻质材料，它的密度（ρ）一般是在0.83～2.2 g/cm^3，最轻的塑料是聚4–甲基戊烯–1，密度只有0.83 g/cm^3，比水还轻；最重的塑料是聚四氟乙烯，密度为2.2 g/cm^3。总的来说，塑料的平均密度约为铝的1/2，钢的1/5，铅的1/8。

2）耐腐蚀性能好。对酸、碱、盐等物质具有较高的抗腐蚀能力，化学稳定性大大超过金属材料。

3）强度高。工程塑料中的聚酰胺、聚甲醛等合成树脂本身具有很高的机械强度，用碳纤维与塑料复合则其强度大大超过金属材料。

4）优良的消声和减振性能。采用塑料轴承和塑料齿轮，可减少机械噪声，提高转速，并具有隔音、隔热性能。

5）良好的透明性。聚甲基丙烯酸甲酯，俗称“有机玻璃”，其透明性超过普通的无机玻璃。

6）电绝缘性好。合成树脂大多数是以共价键结合的非极性分子，不存在可导电的自由电子，所以绝大多数的塑料都具有电绝缘性。

除此之外还有耐磨、耐高温、气密性好等优良性能。

（3）塑料的用途

塑料是继木材、钢铁、水泥之后又一新兴的材料，历史虽短，但因具有优良的综合性能，其发展速度很快，塑料的应用领域也在不断扩大，从日常生活到我们工作的各个行业都在应用塑料制品。

1）工业方面。

①机械制造业。齿轮、包轮、轴承、轴瓦等。

②建筑业。天花板、地板、装饰板、门窗等。

③造船工业。小型船只。

④电子工业。电线、电缆、仪表外壳等。

⑤化学工业。阀门、管道、储存罐等。

2）农业方面。在农业方面，各种农用塑料薄膜、排水管道以及农机具等都在应用塑料制品。

3）医疗卫生方面。各种医疗器械以及医疗上用的人造血管、心脏、假牙等都在应用塑料制品。

4）国防工业方面。各种武器上都有塑料制品的应用，如地雷外壳、枪托、火箭和导弹等。

5）日常生活用品。在人们的日常生活中会频繁地接触到各种塑料制品，如凉鞋、仿皮鞋、雨衣、手提包、牙刷、肥皂盒、儿童玩具、热水瓶外壳，还有电风扇、洗衣机、电冰箱以及电视机等零部件。

6. 塑料的模塑原理是什么?

（1）注射模塑原理

注射模塑又称为注射成形，是热塑性塑料制品生产的一种重要方法。除少数热塑性塑料外，几乎所有的热塑性塑料都可以用注射成形方法生产塑料制品。注射模塑不仅用于热塑性塑料的成型，而且已经成功地应用于热固性塑料的成型。

注射模塑是通过注射机来实现的。目前，注射机的类型很多，并且为了适应塑料制品的不断更新，注射机的结构不断得到改进和发展。但无论哪一种注射机，其基本作用均有两个：其一，加热熔融塑料，使其达到黏流状态；其二，对黏流的塑料施加高压，使其射入模具型腔。

目前主要有柱塞式注射机和螺杆式注射机的注射模塑，但柱塞式注射机成形存在塑化不均、压力损失大等问题。为了克服柱塞式注射机注射成形存在的缺点，通常采用螺杆式注射机注射成形。目前，移动螺杆式注射机在注射机中的比例已占绝对优势，其工作原理如图1–2所示。

首先是动模与定模闭合，接着液压缸活塞带动螺杆按要求的压力和速度，将已经**熔融**并积存于料筒端部的塑料经喷嘴射入模具型腔中。此时螺杆不转动［见图1–2（a）］，当

☆ 熔融：温度升高时，分子的热运动动能增大，物质由晶相变为液相的过程。

熔融塑料充满模具型腔后，螺杆对熔体仍保持一定压力（即保压），以阻止塑料的倒流，并向型腔内补充因制品冷却收缩所需的塑料［见图1-2（b）］。经一定时间的保压后，活塞的压力消失，螺杆开始转动。此时由料斗落入筒的塑料，随着螺杆的转动沿着螺杆向前输送。在塑料向料筒前端输送的过程中，塑料受加热器加热和螺杆剪切摩擦热的影响而逐渐升温直至熔融成黏流状态，并建立起一定压力。当螺杆头部的熔体压力达到能够克服注射液压缸活塞退回的阻力时，在螺杆转动的同时，逐步向后退回，料筒前端的熔体逐渐增多，当螺杆退到预定位置时，即停止转动和后退。以上过程称为预塑［见图1-2（c）］。

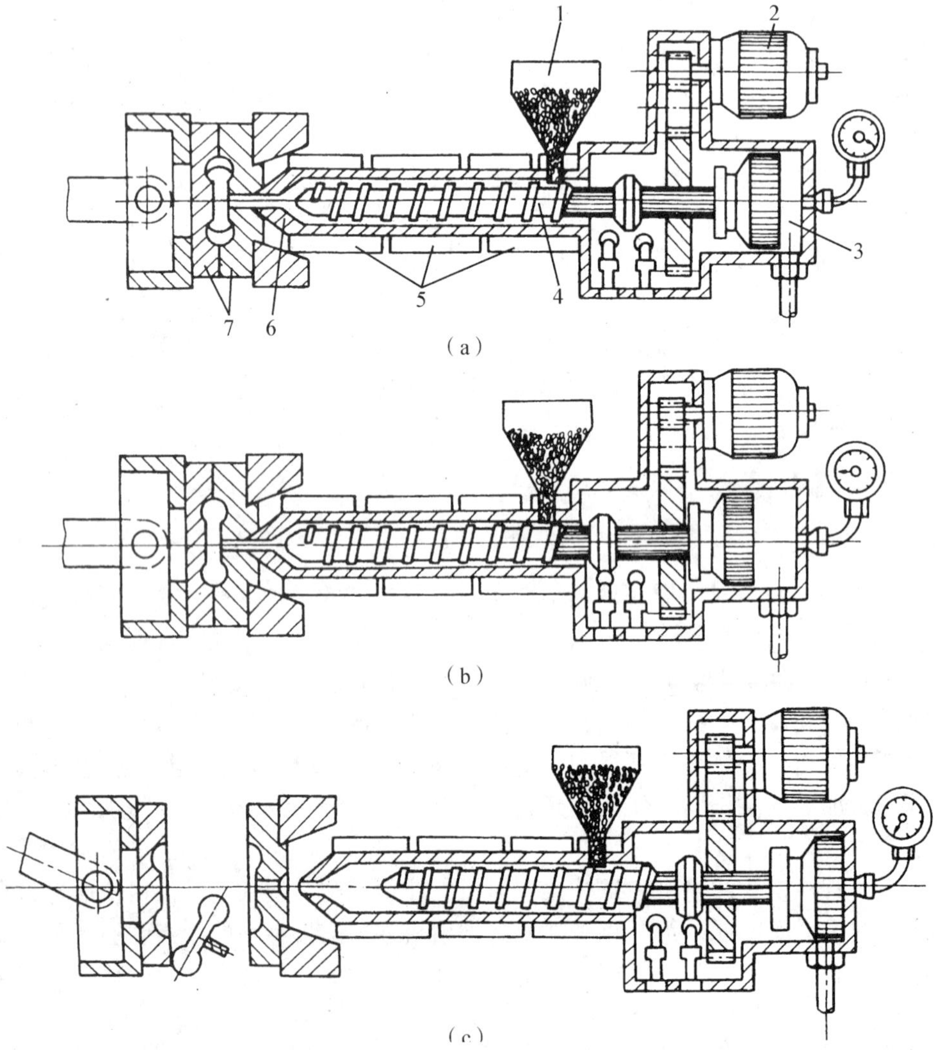

1-料斗型　2-螺杆转动传动装置　3-注射液压缸　4-螺杆　5-加热器　6-喷嘴　7-模具

图1-2　螺杆式注射机注射成型原理

在预塑过程或再稍长一些时间内，已成型的塑料件在模具内冷却硬化。当塑料件完全冷却硬化后，模具打开，在推出机构作用下，塑料制品被推出模具［见图1-2（c）］，即完全一个工作循环。移动螺杆式注射机工作循环可以用图1–3表示。

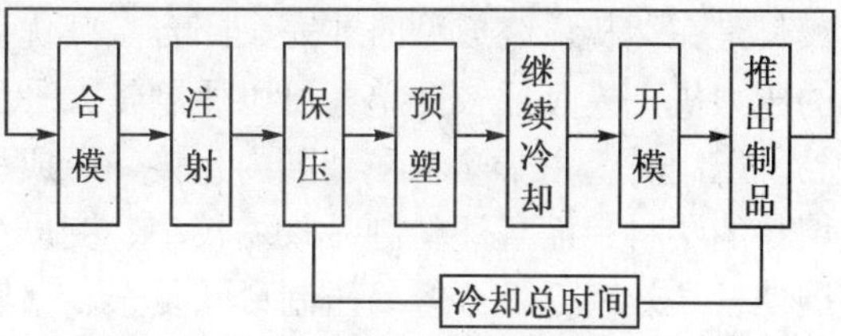

图1–3　螺杆式注射机注射模塑工作循环

与柱塞式注射模塑相比，螺杆式注射机注射成型可使塑料在料筒内得到良好的混合与塑化，改善了模塑工艺，提高了塑料制品质量。同时还扩大了注射成型塑料品种的范围和最大注射量，对于热敏性塑料和流动性差的塑料以及大型、中型塑料制品，一般可用移动螺杆式注射机注射成型。

从注射成型过程可以看出，注射模塑生产周期短，生产率高，可采用计算机控制，容易实现自动化生产，塑料制品精度容易保证，适用范围广。但设备昂贵，模具较复杂。

（2）压缩模塑原理

压缩模塑又称为模压成型或压制。它的成型方法是先将粉状、粒状、碎屑状或纤维状的塑料放入成型温度下的模具加料腔中［见图1–4（a）］，然后合模加压［见图1–4（b）］，使其成型并固化，从而获得所需要的塑料制品，如图1–4（c）所示。

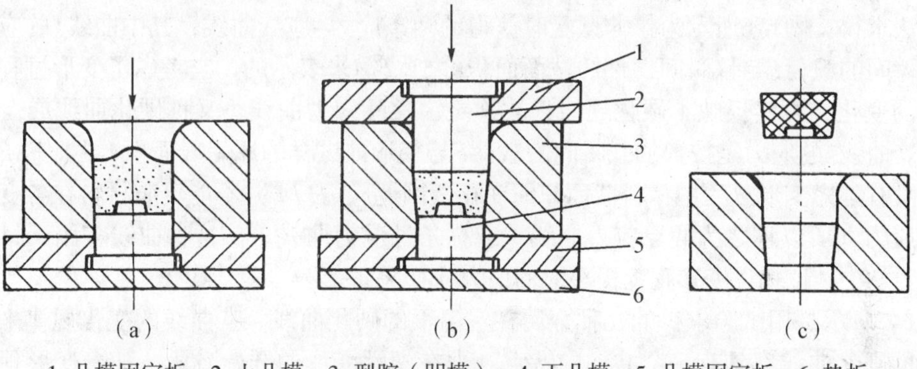

1–凸模固定板　2–上凸模　3–型腔（凹模）　4–下凸模　5–凸模固定板　6–垫板

图1–4　压缩模塑原理

压缩模塑主要用于热固性塑料的成型，也可用于热塑性塑料的成型。压制热固性塑料时，置于模腔中的热固性塑料处于高温高压的作用下，由固态变为黏流状态，并在这种状态下充满型腔，同时高聚物产生交联反应，随着交联反应的深化，黏流态的塑料逐步变为固体，最后脱模获得塑料制品。压缩模塑的工作循环如图1–5所示。

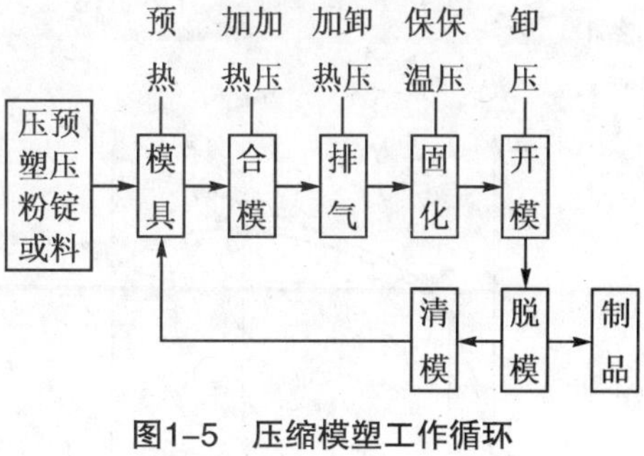

图1–5　压缩模塑工作循环

热塑性塑料的模压成型同样存在固态变为黏流态而充满型腔，但不存在交联反应。所以，在充满型腔后，需将模具冷却使其凝固，才能脱模而获得塑料制品。由于热塑性塑料模压成型时模具需要交替地加热和冷却，生产周期长、效率低。因此，热塑性塑料的成型以注射模塑更经济，只有不宜用高温注射成型的硝化纤维塑料制品以及一些流动性很差的塑料，如聚四氟乙烯等才采用压缩模塑。

压缩模塑的特点是，塑料直接加入型腔内，压力机的压力是通过凸模直接传递给塑料，模具是在塑料最终成型时才完全闭合。其优点是没有浇注系统，料耗少，使用的设备为一般的压力机，模具比较简单，可以压制较大平面的塑料制品或利用多型腔模，一次压制多个制品。压制时，由于塑料在型腔内直接受压成型，所以有利于模压成型流动性较差的以纤维为填料的塑料，而且塑料制品收缩较小、变形小，各向性能比较均匀。压缩模塑的缺点是生产周期长，效率低，不容易压制形状复杂、壁厚相差较大的塑料制品，不容易获得尺寸精确尤其是高度尺寸精确的塑料制品，而且不能压制带有精细和易断嵌件的塑料件。

用于压缩模塑的塑料有：酚醛塑料、氨基塑料、不饱和聚酯塑料、聚酰亚胺等，其中酚醛塑料和氨基塑料使用最广泛。

7. 金属塑性变形的基本规律是什么?

（1）加工硬化与硬化曲线

前面我们已介绍过，对于一般常用的金属材料，随着塑性变形程度的增加，其强度、硬度和变形抗力逐渐增加，而塑性和韧性逐渐降低，这种现象称为加工硬化。材料不同，变形条件不同，其加工硬化的程度也不同。材料的硬化规律可以用硬化曲线来表示。硬化曲线实际上就是材料变形时的应力随应变变化的曲线，可以通过拉伸、压缩或胀形试验等多种方法求得。图1–6所示为拉伸试验时获得的两条应力–应变曲线，其中曲线1的应力是以各加载瞬间的载荷F与该瞬间试件的截面面积A之比F/A来表示的，它考虑了变形过程中材料截面积的变化，真实反映了硬化规律，故称之为实际应力曲线（又称硬化曲线或变形抗力曲线）。曲线2的应力是按各加载瞬间的载荷F与变形前试样的原始截面积A_0之比F/A_0来表示的，它没有考虑变形过程中材料截面积的变化，因此应力F/A_0并不能反应材料在各变形瞬间的真实应力，所以称之为假象应力曲线（或称条件应力曲线）。这种曲线多用于材料力学或结构力学中，以描述变形程度极小时的应力应变关系。

图1–7所示是用试验求得的几种金属在室温下的硬化曲线。从曲线的变化规律来看，几乎所有的硬化曲线都具有一个共同的特点，即在塑性变形的开始阶段，随着变形程度的增大，实际应力剧烈增加。但当变形程度达到某些值以后，变形的增加不再引起实际应力的显著增加。也就是说，随着变形程度的增大，材料的硬化强度d_σ/d_ε（或称硬化模数）逐渐降低。

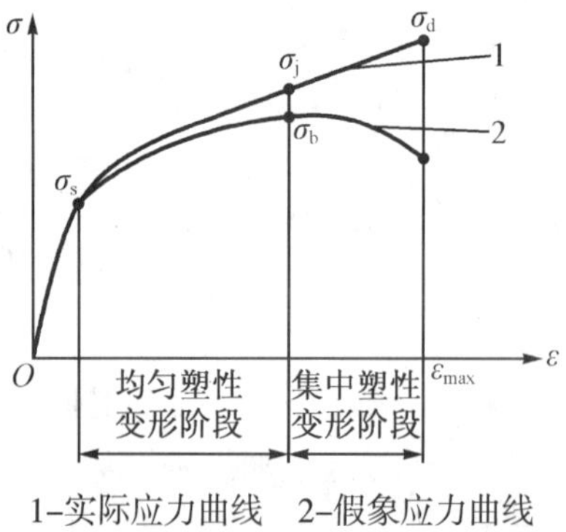

1–实际应力曲线　2–假象应力曲线

σ_s–屈服点应力　σ_j（σ_b）–缩颈点应力

σ_d–断裂点应力

图1–6　金属的应力–应变曲线

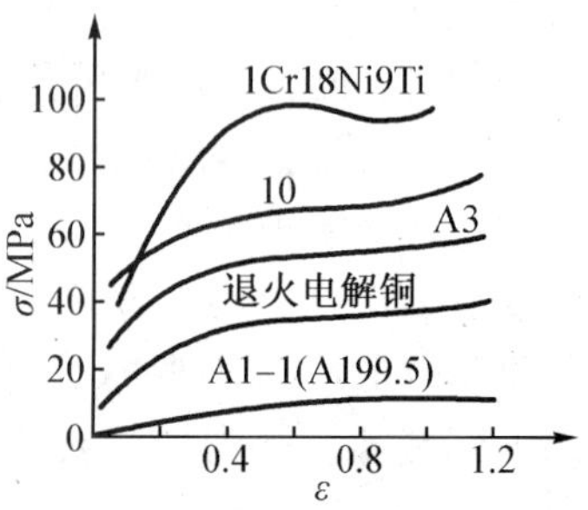

图1–7　几种金属在室温下的硬化曲线

一般来说，硬化曲线所表达的应力-应变关系不是简单的函数关系，这给求解塑性力学问题带来了困难。为了实用上的需要，常用直线或指数曲线来近似代替实际硬化曲线。

用直线代替硬化曲线的实质是：在实际应力-应变所表示的硬化曲线上，于缩颈点处作一切线来近似代替实际硬化曲线，如图1-8所示。该硬化直线的方程式为

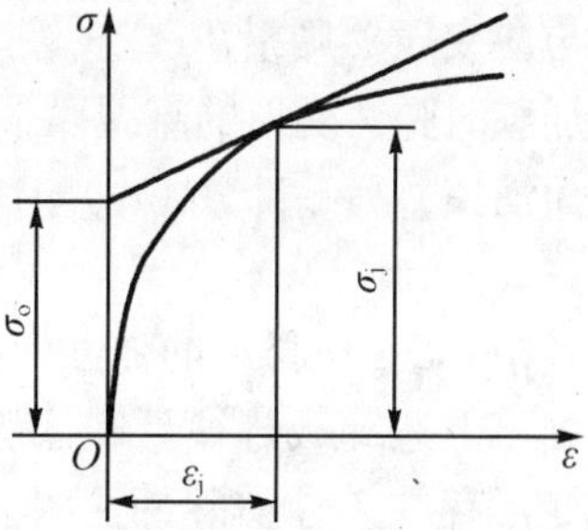

图1-8　硬化直线

$$\sigma = \sigma_0 + D\varepsilon$$

式中　σ_0——近似屈服强度（硬化直线在纵坐标轴上的截距）；

D——硬化模数（硬化直线的斜率）。

显然，用直线代替硬化曲线是非常近似的，仅在缩颈点附近精确度较高，当变形程度很小或很大时，硬化直线与实际硬化曲线之间存在很大的差别。所以在冲压生产中常用指数曲线表示硬化曲线，其方程式为

$$\sigma = A\varepsilon^n$$

式中　A——系数；

n——硬化指数。

A和n与材料的种类和性能有关，可通过拉伸试验求得，其值列于表1-2。指数曲线与材料的实际硬化曲线比较接近。

表1-2　几种金属材料的A与n值

材　　料	A（MPa）	n	材　　料	A（MPa）	n
软铜	710～750	0.19～0.22	银	470	0.31
黄铜（ω_{Zn}40%）	990	0.46	铜	420～460	0.27～0.34
黄铜（ω_{Zn}35%）	760～820	0.39～0.44	硬铝	320～380	0.12～0.13
磷青铜	1 100	0.22	铝	160～210	0.25～0.27
磷青铜（低温退火）	890	0.52			

硬化指数n（又称n值）是表明材料塑性变形时硬化性能的重要参数。n值大时，表示变形过程中材料的变形抗力随变形程度的增加而迅速增大，因而对板料的冲压成形性能及冲压件的质量都有较大的影响。

（2）卸载规律与反载软化现象

硬化曲线（实际应力-应变曲线）反映了单向拉伸加载时材料的应力与应变（或变形抗力与变形程度）之间的变化规律。如果加载一定程度时卸载，这时应力与应变之间如何变化呢？如图1-9所示，拉伸变形在弹性范围内的应力与应变是线性关系，若在该范围内卸载，则应力、应变仍按同一直线回到原点O，没有残留变形。如果将试件拉伸使其应力超过屈服点A，例如达到B点（σ_B、ε_B），再逐渐卸下载荷，这时应力

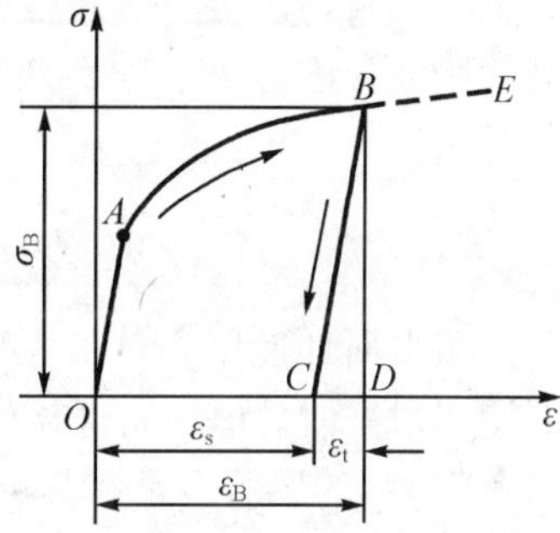

图1-9　拉伸卸载曲线

与应变压器则沿BC直线逐渐降低，而不再沿加载经过的路线BAO返回。卸载直线BC正好与加载时弹性变形的直线段平行，于是加载时的总应变ε_B就会在卸载后一部分（ε_t）因弹性回复而消失，另一部分（ε_s）仍然保留下来成为永久变形，即$\varepsilon_B=\varepsilon_t+\varepsilon_s$。弹性回复的应变量为

$$\varepsilon_t=\sigma_B/E \qquad (1-3)$$

式中　E——材料的弹性模量。

上述卸载规律反映了弹塑性变形共存规律，即在塑性变形过程中不可避免地会有弹性变形存在。在实际冲压时，分离或成形后的冲压件的形状和尺寸与模具工作部分形状和尺寸不尽相同，就是因卸载规律引起的弹性回复（简称回弹）造成的，因此式（1 3）对我们考虑冲压成形时的回弹很有实际意义。

如果卸载后再重新加载，则随着载荷的加大，应力应变的关系沿直线CB逐渐上升，到达B点应力σ_B时，材料又开始屈服，按照应力应变关系继续沿着加载曲线BE变化，如图1-9中虚线所示，所以σ_B又可理解为材料在变形程度为ε_B时的屈服点。推而广之，在塑性变形阶段，硬化曲线上每一点的应力值都可理解为材料在相应变形程度下的屈服点。

如果卸载后反向加载，即将试件先拉伸然后改为压缩，其应力应变关系将沿曲线$OABCA'E'$规律变化，如图1-10所示。试验表明，反向加载时应力应变之间基本按拉伸时的曲线规律变化，但材料的屈服应力σ'_s较拉伸时的屈服应力σ_s有所降低，这就是所谓的反载软化现象。反载软化现象对分析某些冲压工艺（如拉弯）很有实际意义。

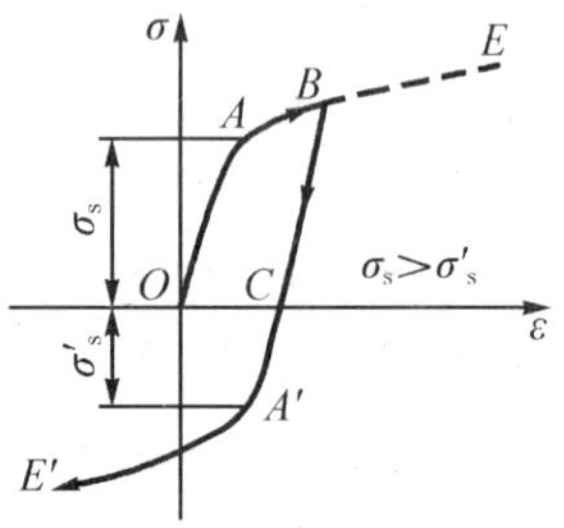

图1-10　反载软化曲线

（3）塑性条件（屈服条件）

决定受力物体内质点由弹性状态向塑性状态过渡的条件，称为塑性条件或屈服条件。金属由弹性变形过渡到塑性变形，主要取决于在一定变形条件（变形温度与变形速度）下金属的物理力学性质和所处的应力状态。一般来说，在材料性质和变形条件一定的情况下，塑性条件主要决定于物体的应力状态。

当物体内某点处于单向应力状态时，只要该向应力σ_1达到材料的屈服点σ_s，该点就开始屈服，由弹性状态进入塑性状态，即此时的塑性条件是$\sigma_1\geqslant\sigma_s$。但是对于复杂应力状态，就不能仅仅根据一个应力分量来判断该点是否已经屈服，而是同时考虑其他应力分量的作用。只有当各个应力分量之间符合一定关系时，该点才开始屈服。

法国工程师屈雷斯加（H. Tresca）通过对金属挤压的研究，于1864年提出：在一定的变形条件下，当材料中的最大切应力达到某一定值时，材料就开始屈服。并通过单向拉压等简单的试验，该定值就是材料屈服点应力值σ_s的一半，即$\sigma_s/2$。设$\sigma_1\geqslant\sigma_2\geqslant\sigma_3$，则屈雷斯加屈服条件可表达为

$$\tau_{max}=\frac{\sigma_1-\sigma_3}{2}=\frac{\sigma_5}{2}$$

或

$$\sigma_1-\sigma_3=\sigma_s$$

屈雷斯加屈服条件最大切应力理论。该条件公式简单，在事先知道主应力大小的情况下使用很方便。但该条件显然忽略了中间主应力σ_2的影响，实际上在一般三向应力状态下，σ_2对于材料的屈服也是有影响的。

德国力学家密席斯（Von Mises）于1913年在对屈雷斯加条件加以修正的基础上提出：

在一定变形条件下，无论变形物体所处的应力状态如何，只要其3个主应力的组合满足一定条件，材料便开始屈服。该条件为

$$(\sigma_1-\sigma_2)^2+(\sigma_2-\sigma_3)^2+(\sigma_3-\sigma_1)^2=2\sigma s^2$$

密席斯屈服条件虽然在数学表达方法上比较完善，但在方程中同时包含了全部应力分量，实际运算比较繁锁。为了使用上的方便，可将密席斯屈服条件改写成如下简单形式。

$$\sigma_1-\sigma_3=\beta\sigma s$$

式中　β——反映中间应力σ_2影响的系数，其范围为1～1.155，具体取值见表1-3。

表1-3　β值

中间应力	β	应力状态	应用举例
$\sigma_1=\sigma_2$或$\sigma_2=\sigma_3$	1.0	单向应力叠加三向等应力	软凸模胀形、外缘翻边
$\sigma_2=(\sigma_1+\sigma_3)/2$	1.155	平面应变状态	宽板弯曲
σ_1不属于上面两种情况	≈1.1	其他应力状态（如平面应力状态等）	缩口、拉深

由表1-3可知，在单向应力叠加三向等应力状态下，$\beta=1$，密席斯屈服条件与屈雷斯加屈服条件是一致的；在平面应变状态下，两个屈服条件相差最大，为15.5%。

（4）塑性变形时应力与应变的关系

物体弹性变形时，其变形可以恢复，变形过程是可逆的，与物体的加载过程无关，应力和应变之间的关系可以通过广义虎克定律来表示。但物体进入塑性变形以后，其应力与应变的关系就不同了。在单向受拉或受压时，应力与应变关系可用硬化曲线来表示，然而在受到双向或三向应力作用时，变形区的应力与应变关系相当复杂。经研究，当采用简单加载（加载过程中只加载不卸载，且应力分量之间按一定比例递增）时，塑性变形的每一瞬间，主应力与主应变之间存在下列关系

$$\frac{\sigma_1-\sigma_2}{\varepsilon_1-\varepsilon_2}=\frac{\sigma_2-\sigma_3}{\varepsilon_2-\varepsilon_3}=\frac{\sigma_3-\sigma_1}{\varepsilon_3-\varepsilon_1}=C$$

式中　C——非负数的比例常数。

在一定的条件下，C只与材料性质及变形程度有关，而与物体所处的应力状态无关，故C值可用单向拉伸试验求出。

上式也可表示为

$$\frac{\sigma_1-\sigma_m}{\varepsilon_1}=\frac{\sigma_2-\sigma_m}{\varepsilon_2}=\frac{\sigma_2-\sigma_m}{\varepsilon_3}=C$$

上述物理方程又称为塑性变形时的全量理论，它是在简单加载条件下获得的，通常用于研究小变形问题。但对于冲压成形中非简单加载的大变形问题，只要变形过程中是加载，主轴方向变化不大，主轴次序基本不变。实践表明，应用全量理论也不会引起太大的误差。

全量理论是冲压成形中各种工艺参数计算的基础，而且利用全量理论还可以对有些变形过程中坯料的变形和应力的性质作为定性的分析和判断，例如：

1）由式（1-8）可知，判断某方向的主应变是伸长还是缩短，并不是看该方向是受拉应力还是受压应力，而是要看该方向应力值与平均应力σ_m的差值。差值为正时是拉应变，为

负时是压应变。

2）若$\sigma_1=\sigma_2=\sigma_3=\sigma_m$，由式（1-8）可知，$\varepsilon_1=\varepsilon_2=\varepsilon_3=0$，这说明在三向等拉或等压的球应力状态下，坯料不产生任何塑性变形（但有微小的体积弹性变化）。

3）由式（1-7）可知，3个主应力分量和3个主应变分量代数值的大小、次序互相对应，即若$\sigma_1\geqslant\sigma_2\geqslant\sigma_3$，则有$\varepsilon_1\geqslant\varepsilon_2\geqslant\varepsilon_3$。

4）当坯料单向受拉时，即$\sigma_1>0$、$\sigma_2=\sigma_3=0$时，因为$\sigma_1-\sigma_m=\sigma_1-\frac{\sigma_1}{3}>0$，由式（1-8）可知$\varepsilon_1>0$，$\varepsilon_2=\varepsilon_3=-\frac{\varepsilon_1}{2}$。这说明在单向受拉时，拉应力作用方向为伸长变形，另外2个方向则为等量的压缩变形，且伸长变形为每一个压缩变形的2倍。如缩口、拉深时，坯料边缘的变形即属于此种情况。

5）坯料受双向等拉的平面应力作用，即$\sigma_1=\sigma_2>0$，$\sigma_3=0$时，由式（1-8）可知，$\varepsilon_1=\varepsilon_2=-\frac{\varepsilon_3}{2}$。这说明当坯料受双向等拉的平面应力作用时，在2个拉应力作用的方向为等量的伸长变形，而在另一个没有主应力作用的方向为压缩变形，其值为每个伸长变形的2倍。平板坯料胀形时的中心部分头就属于这种情况。

6）由式（1-8）可知，当$\sigma_2-\sigma_m=0$时，必有$\varepsilon_2=0$，根据体积不变定律，则有$\varepsilon_1=-\varepsilon_3$。这说明在主应力等于平均应力的方向上不产生塑性变形，而另外2个方向上的塑性变形数值相等，方向相反。这种变形称为平面变形，且平面变形时必有$\sigma_2=\sigma_m=\frac{(\sigma_1+\sigma_2+\sigma_3)}{3}$，即$\sigma_2=\frac{(\sigma_1+\sigma_3)}{2}$。如宽板弯曲时，板料宽度方向变形为0，该方向上的主应力即为其余2个方向主应力之和的一半。

7）在坯料三向受拉，且$\sigma_1>\sigma_2>\sigma_3>0$时，在最大拉应力$\sigma_1$方向上的变形一定是伸长变形，在最小拉应力$\sigma_3$方向上的变形一定是压缩变形。同样，当坯料三向受压，且$0>\sigma_1>\sigma_2>\sigma_3$时，在最小压应力$\sigma_3$（绝对值最大）方向上的变形一定是压缩变形，而在最大压应力σ_1（绝对值最小）方向上的变形一定是伸长变形。

8. 冲模有哪几种结构形式？

冲模的结构形式按冲压工序可分为以下几类。

（1）冲裁模

冲裁的过程是将金属或非金属板材的一部分材料与另一部分材料分离的过程，根据工序要求不同，可以沿封闭轮廓或非封闭轮廓线分离。

冲裁模与其他模具相比有两大特点：一是凸模和凹模之间有与冲裁材料性能和厚度有关的冲裁间隙值；二是凸模和凹模有锋利的刃口，一般情况下其刃口为90°角。

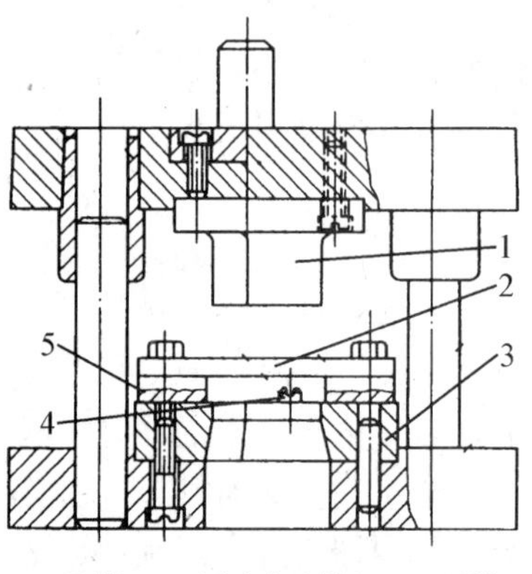

1-凸模　2-固定卸料板　3-凹模
4-固定挡料销　5-侧导板
图1-11　固定卸料落料模

图1-11所示为固定卸料结构形式的落料模，条料送进时，用侧导板5导向，固定挡料销4作纵向送进定位。固定

卸料结构适用于材料较厚的冲裁。

图1–12所示为冲制铁芯片硬质合金复合模结构形式。件1凸凹模和件2凹模选用硬质合金制成，而冲孔凸模3采用高合金工具钢GCr15制成，可使模具有很高的使用寿命。该模具采用滚珠导向结构和浮动式模柄，可保证硬质合金模具的合理、安全使用。

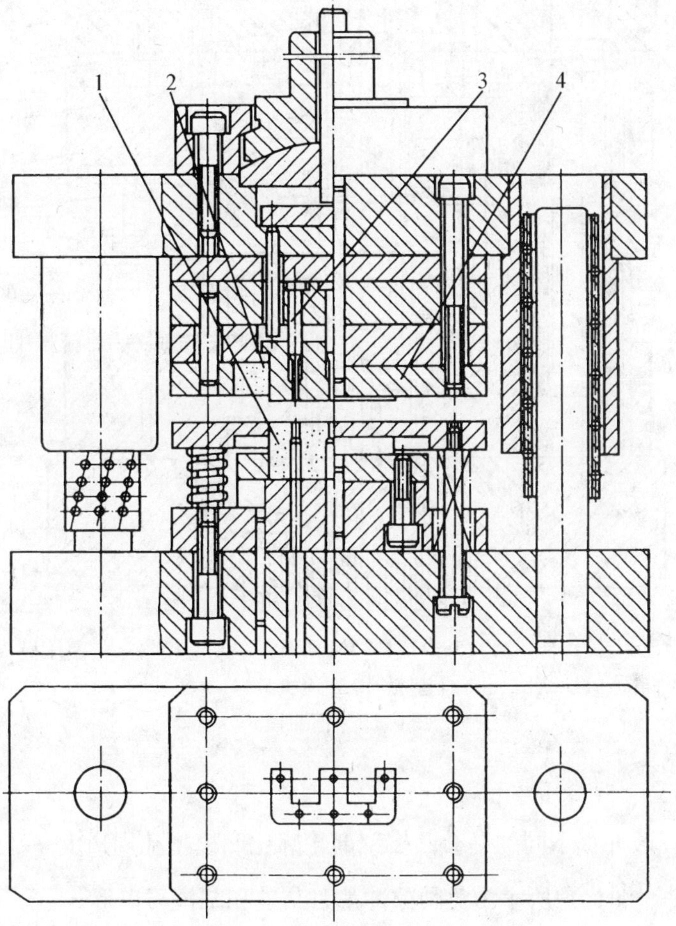

1–凸凹模　2–凹模　3–凸模　4–凹模框

图1–12　硬质合金复合模

精密机械、电器、汽车等产品中的零件采用精密冲裁方法加工，可以获得冲裁件无粗糙带的光洁断面，冲切面粗糙度可达R_a0.2 ~ 0.4 μm，且保证较高的尺寸精度要求。

图1–13所示为安装在专用精冲压力机上的固定凸模式精冲模结构。齿面压板8和推板10所需的压力和反压力由精冲压力机的上柱塞1、下柱塞15通过顶杆传递。此精冲模结构适用范围广，工作可靠性强，可用于厚材料和大尺寸零件的精冲。由于固定式结构凸模的工作稳定性好，在冲制不对称零件时更为适合。

采用负间隙冲裁是精密冲裁加工的一种形式，可适用于铝、黄铜等有色金属材料冷挤压毛坯的冲压，能获得全光亮的冲切面。负间隙冲裁时凸模为90° 锋利刃口，而凹模口部为

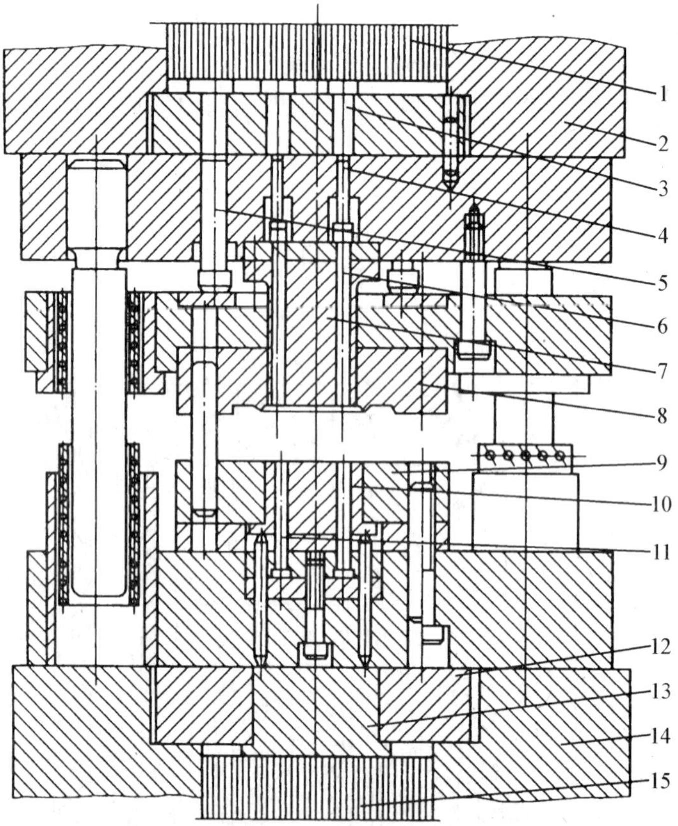

1-上柱塞　2-上工作台　3，4，5-顶杆　6-顶料杆　7-凸模　8-齿面压板　9-凹模
10-推板　11-凸模　12-下垫板　13-顶块　14-下工作台　15-下柱塞

图1-13　精冲模

$1\times45°$ 倒角。与一般冲裁不同的是，凸模型部轮廓比凹模型孔周边大$\frac{Z}{2}$。负间隙冲裁多用于形状简单的冲件。图1-14所示为负间隙冲裁时凸模和凹模刃口形式。

（2）弯曲模

弯曲模结构形式是随弯曲件的形状尺寸和采用不同弯曲方式决定的，一般分为简单弯曲模、连续弯曲模和自动弯曲模等。

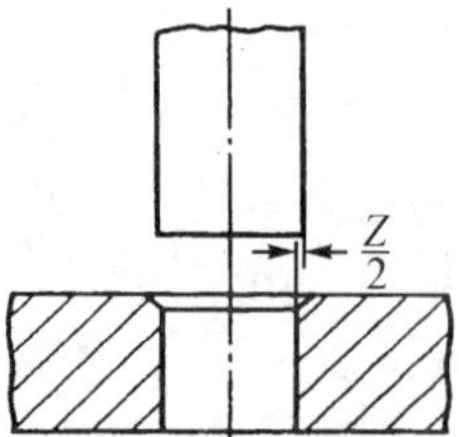

图1-14　负间隙冲裁

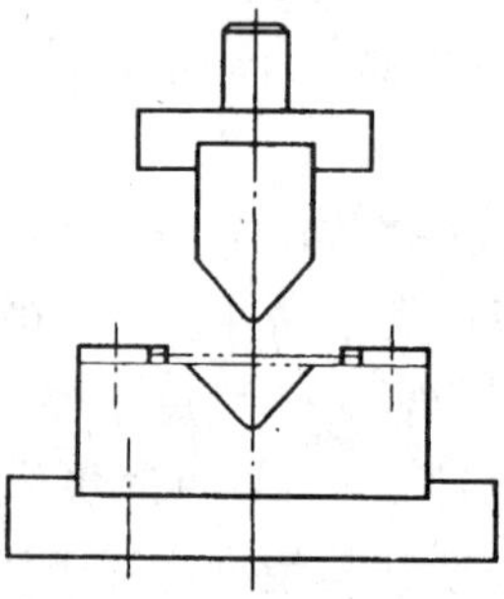

图1-15　V形弯曲模

图1-15所示为V形弯曲模，压制后的制件可直接出模。图1-16和图1-17所示为2种U形弯曲模结构。图1-16所示U形弯曲模用于板坯弯曲，成型后的制件由顶板2和顶杆5顶出，顶出力由安装在下模座的弹顶机构提供。

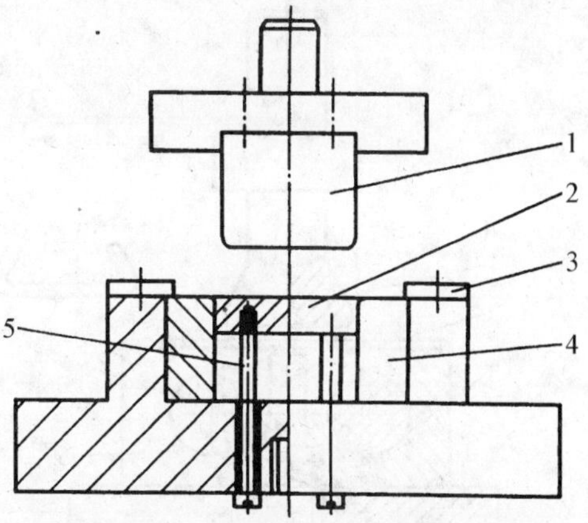

1-凸模　2-顶板　3-定位板　4-凹模　5-顶杆

图1-16　U形弯曲模

图1-17所示U形弯曲模用圆杆件的U形弯曲，凹模做成滚轮式，可减少坯料与凹模间的摩擦。杆件毛坯在槽形中安放定位，顶板1、滚轮2和凸模3都设置定位槽，可有效防止弯曲时杆件的偏移。

对于＜90°的类似U形弯曲件，如卡箍、弹性卡子、卷圆等，可采用摆块、侧楔机构等形式的活动凹模结构。图1-18所示为一种较简单的结构形式，该结构中采用可以转动的活动凹模4，凸模1回程时，依靠弹簧5使活动凹模复位。随凸模1的下降和回升，带动活动凹模4转动，完成工件的成型和取出工件。

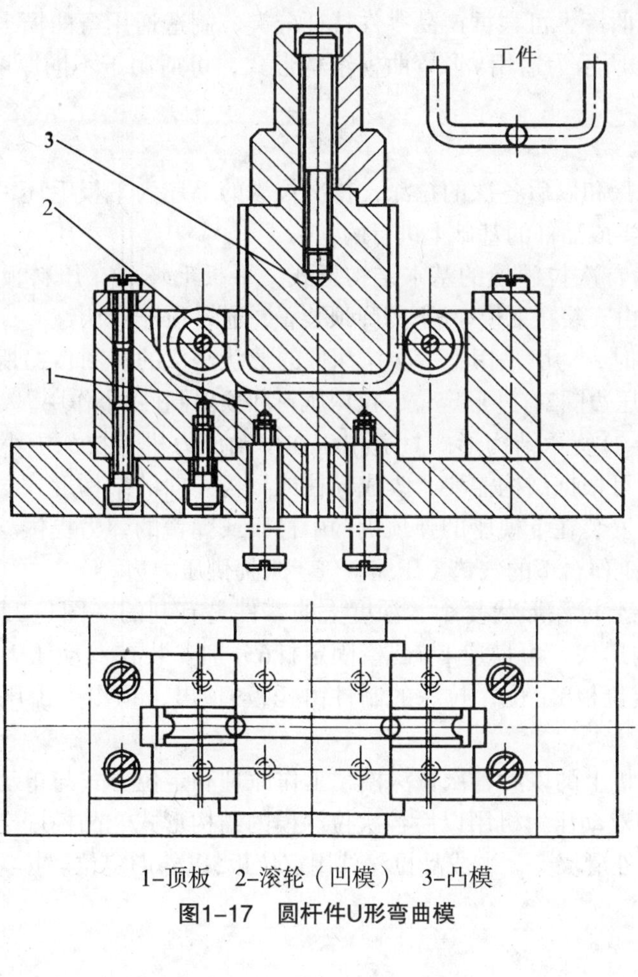

1-顶板　2-滚轮（凹模）　3-凸模

图1-17　圆杆件U形弯曲模

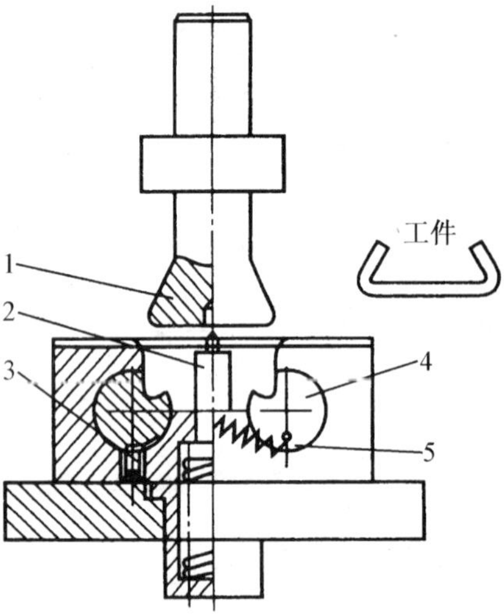

1–凸模　2–顶杆　3–螺钉　4–活动凹模　5–弹簧
图1–18　<90° U形件弯曲模

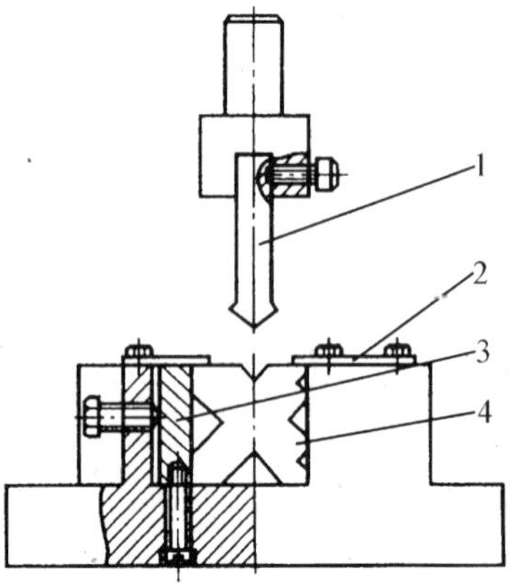

1–凸模　2–定位板　3–调整垫块　4–凹模
图1–19　通用V形件弯曲模

通过弯曲模在多品种小批量生产的企业应用较为广泛，弯曲件形状可以是V形、U形多角弯曲、曲线形弯曲等，可根据产品零件特征分类，制造通用弯曲模来加工一定尺寸范围内的零件。图1–19所示为通用V形弯曲模结构形式，可适用于不同厚度、尺寸的V形件弯曲。

（3）拉深模

拉深分首次拉深和以后各次的拉深，首次拉深的毛坯为平板毛坯，而以后各次拉深是在上一次拉深成的半成品件的基础上进行的。

图1–20所示为首次拉深模的基本结构形式，平板毛坯放在压料板4上，用定位销3定位。拉深后的制件由安装在下模座6下的弹顶装置，通过顶杆5顶出。

以后各次拉深时，一般是用上一次拉深件的形状定位的。图1–21所示为以后各次拉深模基本结构形式，压边圈2有外形定位、拉深压料和顶出制件3个作用。

图1–20、图1–21所示结构形式只适用于在单动压力机上拉深中小尺寸零件，图示为无导向结构形式。可根据结构需要，改成导柱或导板导向的结构形式。拉深时压边力的提供，可以如图示由安装在下模座的弹顶机构中橡胶或弹簧的弹力提供。在选用大吨位压力机时，则由压力机工作台下的气垫（压缩空气）来提供压力边。

在双动压力机上拉深形状复杂、深度大的零件是有利的。图1–22所示为双动压力机用首次拉深模结构形式，上模座4与凸模固定杆6分别安装在双动压力机的外、内上滑块上，拉深毛坯用定位板3定位，拉深的制件由托板9顶出，顶出力由压力机下部的气垫提供。

用于双动压力机上的以后各次拉深模，工作原理和定位方式与单动压力机上的结构类似。图1–23所示为双动压力机用以后各次拉深模的结构形式，凸模固定杆2和上模座3分别安装在压力机内、外滑块上，半成品拉深件用定位板5以外形定位。拉深后制件顶出方式与首次拉深模相同。

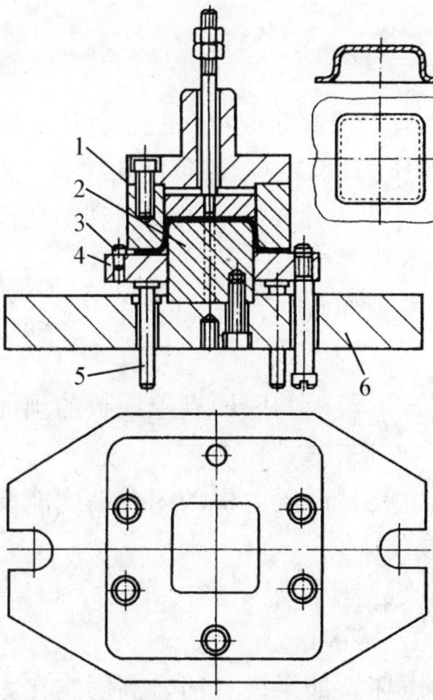

1–凹模 2–凸模 3–定位销 4–压料板
5–顶杆 6–下模座

图1–20 首次拉深模

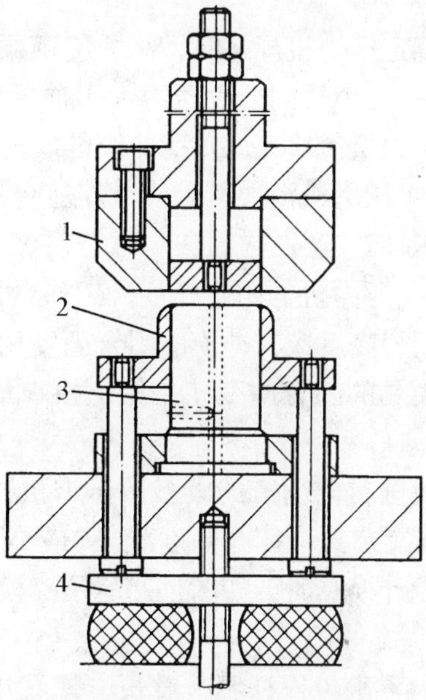

1–凹模 2–压边圈 3–凸模
4–弹顶装置

图1–21 以后各次拉深模

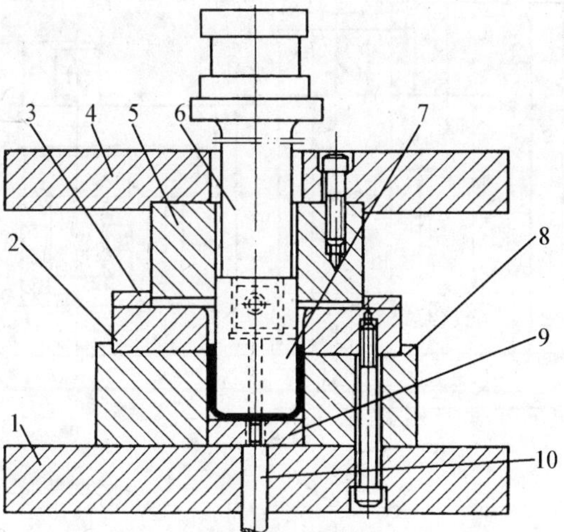

1–下模座 2–凹模 3–定位板 4–上模座
5–压料板 6–凸模固定杆 7–凸模 8–凹模座
9–托板 10–顶件杆

图1–22 双动压力机用首次拉深模

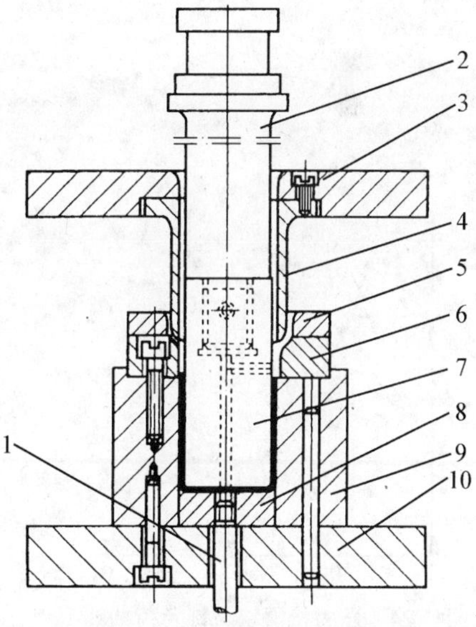

1–顶件杆 2–凸模固定杆 3–上模座
4–压边圈 5–定位板 6–凹模 7–凸模
8–托板 9–凹模座 10–下模座

图1–23 双动压力机用以后各次拉深模

9. 压力机的选用原则是什么?

确定压力机规格时，一般应遵循以下原则。

1）压力机的公称压力大于冲压工序所需的压力。当进行弯曲或拉深时，其压力曲线应位于压力机滑块允许负荷曲线的安全区内。如图1–24为压力机滑块允许负荷曲线。

2）压力机滑块行程应满足工件高度上能获得所需尺寸，并在冲压后能顺利地从模具上取出工件。

3）压力机的闭合高度、工作台尺寸和滑块尺寸等应满足模具的正确安装，尤其是压力机的闭合高度应与冲模的闭合高度相适用。

模具的闭合高度H_0是指上模在最低的工作位置时，下模板的底面到上模板的顶面的距离。

我国目前生产的大多数压力机连杆长短能调节，也就是说压力机的闭合高度能调节，压力机就有最大闭合高度H_{max}和最小闭合高度H_{min} 2个参数。

设计模具时，如图1–25所示。模具的闭合高度H_0的数值应满足：

$$H_{max}-5\,(mm) \geqslant H_0 \geqslant H_{min}+10\,(mm)$$

为了避免连杆调节过长，螺纹接触面积过小而被压坏。如果模具闭合高度实在太小，可在压力机台面上加一个磨平的垫板，一般厂家都会预先制作了用于解决该类问题的通用垫板，如图1–25所示。

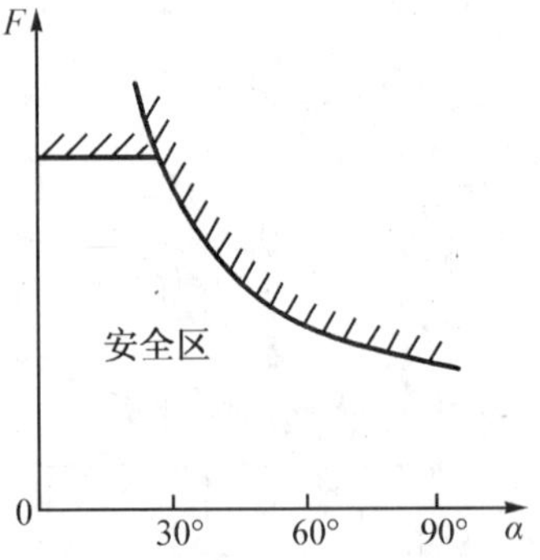

图1–24　压力机滑块允许负荷曲线

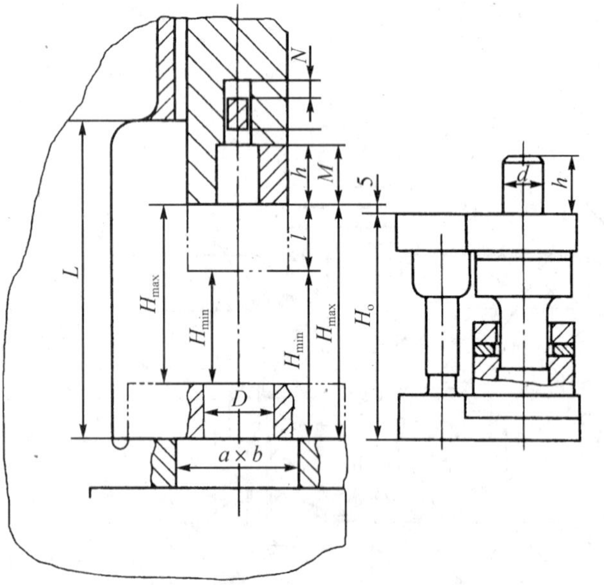

图1–25　压力机和模具的闭合高度

4）压力机的滑块行程次数应符合生产率和材料变形速度的要求。

此外，对厚板冲裁、斜刃冲裁等工序压力机公称压力的及设备型号的选用，读者可查阅相关的资料。

10. 常用压力机的类型结构有哪些？

（1）曲柄压力机

曲柄压力机是以曲柄连杆机构作为主传动结构的机械式压力机，它是在冲压加工中应用最广泛的一种，它能完成各种冲压工序，如：冲裁、弯曲、拉深和成型等。

开式双柱可倾曲柄压力机结构如图1-26所示。图1-27是开式双柱可倾压力机原理图。

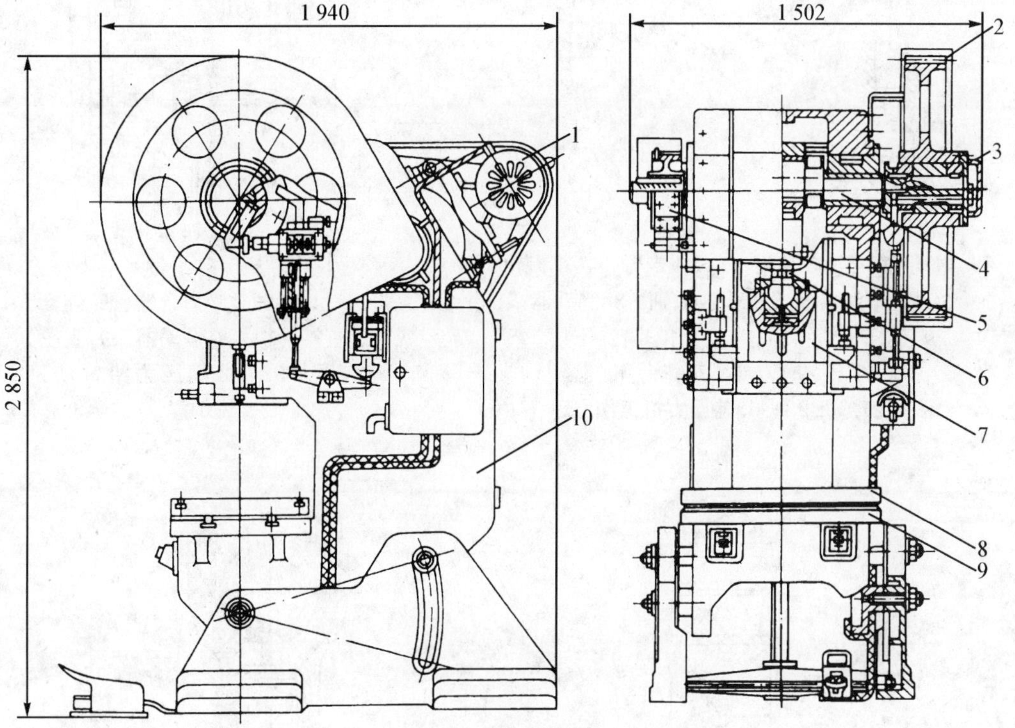

1-电动机 2-大V带轮 3-离合器 4-曲轴 5-制动器 6-连杆 7-滑块 8-垫板 9-工作台 10-床身

图1-26 开式双柱可倾压力机结构

1）传动系统。包括电动机、带传动、齿轮传动等机构。如图1-28所示，电动机的转动经二级减速传给曲轴，曲轴通过连杆带动滑块作上下往复运动。这种压力机的曲轴是横向放置的，齿轮、带轮均在床身之外，装配容易，维修方便，但占据空间大，零部件分散，安全感和外观较差。

2）工作机构。工作机构为曲柄滑块机构，由图1-29可知。压力机的连杆由连杆1和调节螺杆2组成，通过棘轮机构6，旋转调节螺杆2可改变连杆长度，从而达到调节压力机闭合高度的目的。当连杆调节到最短时，压力机的闭合高度最大；当连杆调节到最长时，压力机的闭合高度最小。压力机的最大闭合高度减去连杆调节长度就得到压力机的最小闭合高度。

滑块的下方有一个竖直的孔，称模柄孔，模柄插入该孔后，由夹持器9将模柄夹紧，这样上模就固定在滑块上了。为了防止压力机超载，在滑块球形垫7下面装有保险器8，当压力机的载荷超过其承载能力时，保险器被剪切破坏，这样可保护压力机免遭破坏。

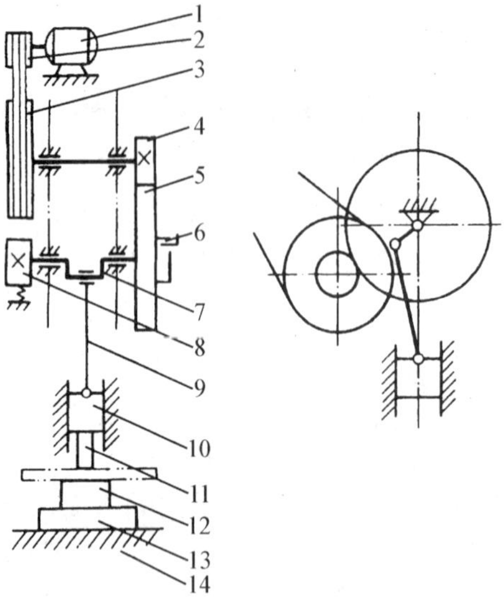

1-电动机　2-小V带轮　3-大V带轮　4-小齿轮
5-大齿轮　6-离合器　7-曲轴　8-制动器
9-连杆　10-滑块　11-上模　12-下模
13-垫板　14-工作台

图1-27　JB23—63吨压力机工作原理

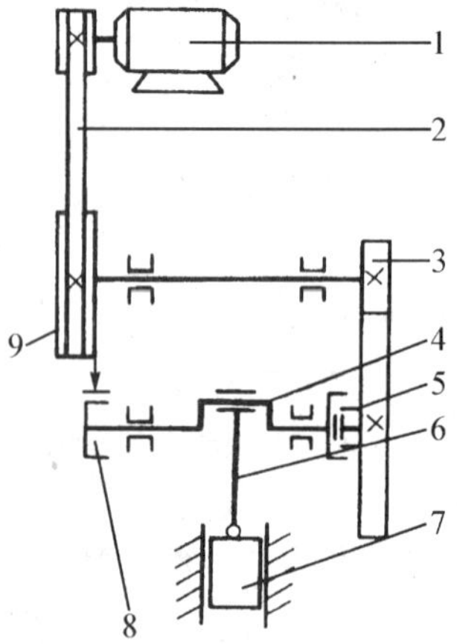

1-电动机　2-平带　3-小齿轮
4-曲轴　5-离合器　6-连杆
7-滑块　8-制动器　9-飞轮

图1-28　曲柄压力机传动系统示意

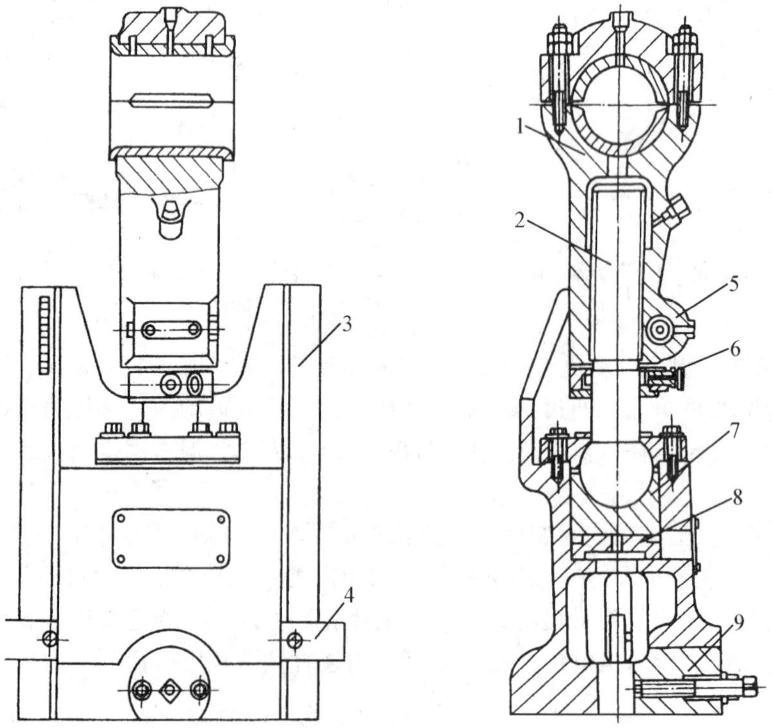

1-连杆　2-调节螺杆　3-滑块　4-打料横梁　5-锁紧机构　6-棘轮机构
7-球形垫　8-保险器　9-夹持器

图1-29　曲柄滑块机构

在冲压工作中，为了顶出卡在上模中的制件或废料，压力机上装有可调刚性顶件（或称刚性打料）装置。由图1–30可知，滑块上有一水平的长方形通孔，孔内自由放置打料模梁2，当滑块运行到下止点进行冲压加工时，制件（或废料）进入上模（凹模）将打料杆3顶起，打料杆3又将打料横梁2抬起，当滑块上升时，打料横梁两端碰上固定在床身上打料螺钉1，使之不能继续随滑块向上运动，从而通过打杆将卡在上模（凹模）中的制件或废料打出。

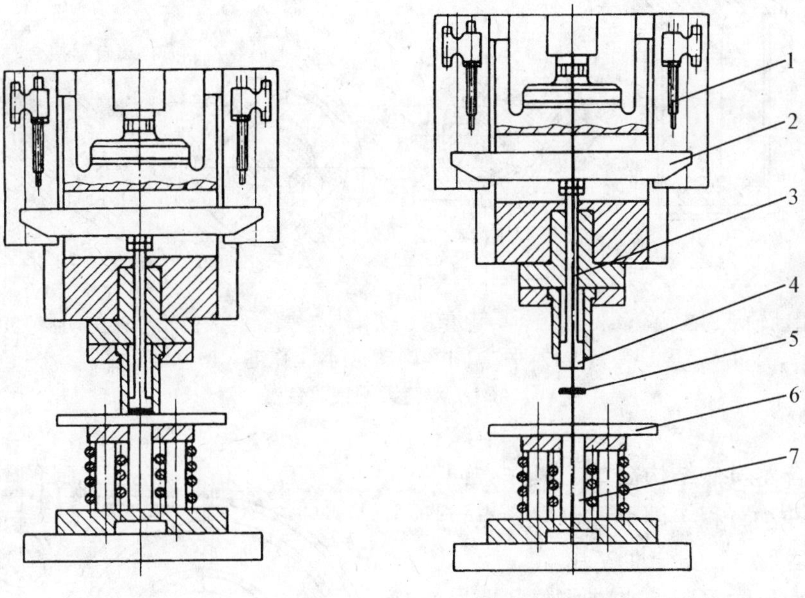

1–打料螺钉　2–打料横梁　3–打料杆　4–凹模　5–制件（或废料）　6–条料　7–凸模

图1–30　刚性打料装置

3）操纵系统。操纵系统包括离合器、制动器和电器控制装置等。曲柄压力机使用的离合器有摩擦离合器和刚性离合器两类。图1–31所示是双转键刚性离合器的工作原理图。它的主传动部分包括大齿轮8、中套4和2上滑动轴承1、5。从动部分包括曲轴3、内套2和外套6等。接合件是工作键14和副键13。操作部分由关闭器9等组成。中套用工作键14与大齿轮连接，随大齿轮一同转动。中套内缘有4个半圆形槽，曲轴上有2个直径相同的半圆形槽，转键中部的内缘与此同时曲轴上的半圆形槽配合，外缘与曲轴外表面构成一个整圆。工作键左端装有尾板10，尾板连同工作键在弹簧11的作用下，有向逆时针方向旋转的趋势。需要结合时，操纵关闭器使其让开尾板，当中套上半圆槽与曲轴上半圆槽对正时，工作键在弹簧力作用下立即逆时针转动，如图1–31*D–D*剖视右图状态，大齿轮带动曲轴转动。需要离合器脱开时，操纵机构使关闭器返回原位，迫使尾板连同工作键顺时针转动至原位（见图1–31*D–D*剖视左图），工作键中部的外缘又与曲轴的外表面构成一个整圆，于是曲轴与中套脱开，大齿轮空转，曲轴在制动器作用下停止转动。

双转键离合器的工作键与副键用拉板15相连（见图1–31中的E向视图），因此副键总是跟着工作键转动，但二者转向相反。装设副键之后，在滑块向下行程时，可以防止曲柄滑块机构在自重作用下造成的曲轴承转动超前大齿轮转动的现象出现，避免由此带来的危害。

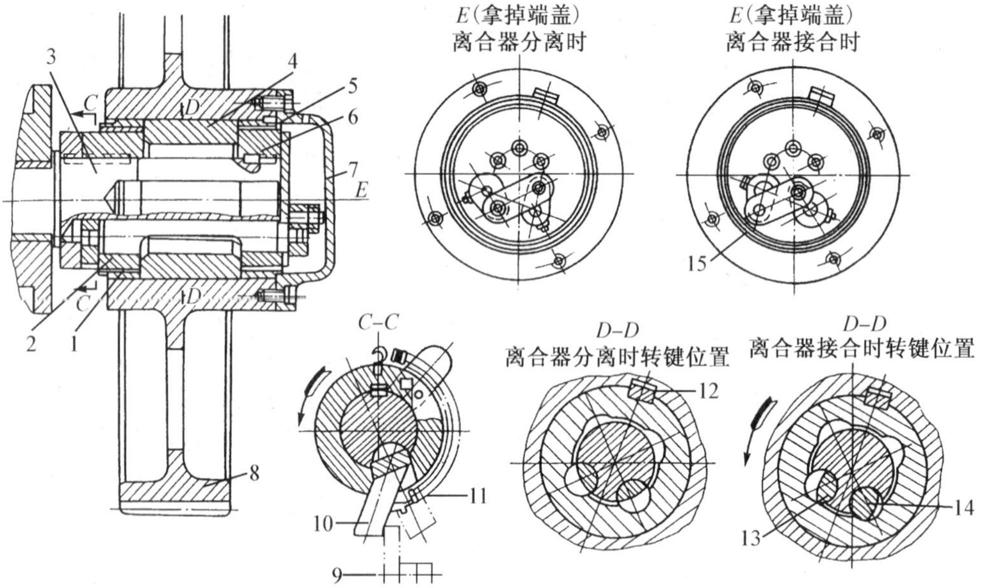

1，5–滑动轴承 2–内套 3–曲轴 4–中套 6–外套 7–盖 8–大齿轮 9–关闭器 10–尾板 11–弹簧 12–平键 13–副键 14–工作键 15–拉板

图1–31 双转键刚性离合器

刚性离合器虽然结构简单，操作方便，但不能实现寸动行程（即滑块可以一点点地向下或向上运动），安全性较差。

开式压力机常采用偏心带式制动器，当离合器脱开时，制动器使曲轴停止在上止点 ± 5° 范围内，以保证单次冲压操作顺利进行。图1–32为偏心带式制动器外形图。

偏心带式制动器工作原理如下：制动轮固定在曲轴左端，在其外包有制动钢带3，钢带内铆有铜丝石棉带2，制动带一端与机身铰接，另一端用弹簧4进行张紧。制动中心与曲轴中心线有一偏心距e，因此当曲轴接近力矩最大，使曲轴停止转动。这种制动器结构简单，但由于一直处于抱紧状态，故能耗较大。

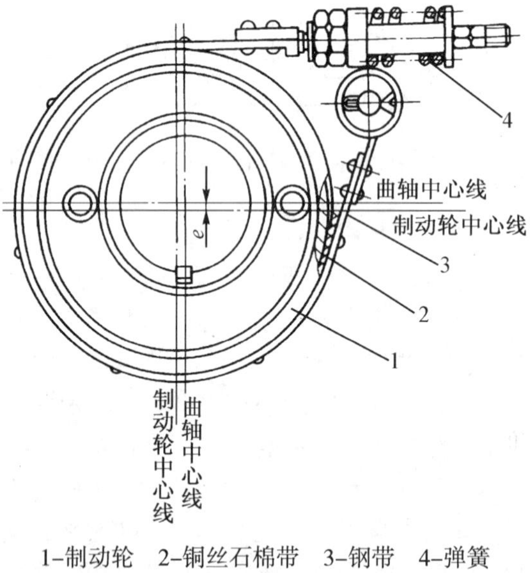

1–制动轮 2–铜丝石棉带 3–钢带 4–弹簧

图1–32 偏心带式制动器外形

4）支撑部件。支撑部件包括床身、工作台等。如JB23—63型压力机的支撑系统——床身由两部分组成，呈C形。床身10的上部分可相对于底座转动一定的角度（约30°）从而使工作台倾斜。C形床身有两个立柱，工作时可以从三个方向操作，故称为开式双柱可倾式曲柄压力机。这种压力机可从纵、横两个方向送料，当采用纵向送料时，制件（或废料）可以沿倾斜的工作台从两立柱之间自动滑下，操作方便。开式压力机床身的主要缺点是刚性差，影响制件精度和模具寿命。

5）辅助系统。压力机上有多种辅助系统，如润滑系统、保护装置及气垫等。为从下模中顶出制件或为拉深工艺提供压边力，在一些压力机工作台下装有气垫。

曲柄压力机是使用最广泛的一种冲压设备。它具有精度高、刚性好、生产效率高、操作方便、易实现机械化和自动化生产等多种优点。在曲柄压力机上几乎可以完成所有冲压工序。因此，世界各国均大力发展曲柄压力机。

但是，由于曲柄压力机的床身是敞开式结构，其机床刚度较差，故一般适用于标称压力在1 000 kN以下的小型压力机。而1 000 ~ 3 000 kN的中型压力机和3 000 kN以上的大型压力机，大多采用闭式压力机。闭式压力机的操作空间只能从前后方向接近模具，但机床刚度较强，精度较高。

6）曲柄压力机主要技术参数。

①标称压力。曲柄压力机的标称压力是指滑块离下止点前某一特定距离或曲柄旋转到离下止点前某一特定角度时，滑块上所允许承受的最大作用力。例如J31—315型压力机的标称压力为3 150 kN，它是指滑块离下上点前10.5 mm或曲柄旋转到离下止点前20° 时，滑块上所允许承受的最大作用力。标称压力是压力机的一个主要技术参数，我国的压力机的标称压力已经系列化。

②滑块行程。是指滑块从上止点到下止点所经过的距离，其大小随工艺用途和标称压力的不同而不同。例如，冲裁用的压力机行程较小，拉深用的压力机行程较大。

③行程次数。是指滑块每分钟从上止点到下止点，然后再回到上止点所往复的次数。一般小型压力机和用于冲裁的压力机行程次数较多，大型压力机和用于拉深的压力机行程次数较少。

④闭合高度。是指滑块在下止点时，滑块下平面到工作台上平面的距离。当闭合高度调节装置将滑块调整到最上位置时，闭合高度最大，称为最大闭合高度；将滑块调整到最下位置时，闭合高度最小，称为最小闭合高度。闭合高度从最大到最小可以调节的范围，称为闭合高度调节量。

⑤装模高度。当工作台面上装有工作垫板，并且滑块在下止点时，滑块下平面到垫板上平面的距离称为装模高度。在最大闭合高度状态时的装模高度称为最大装模高度，在最小闭合高度状态时的装模高度称为最小装模高度。装模高度与闭合高度之差为垫板厚度。

⑥连杆调节长度。又称装模高度调节量。曲柄压力机的连杆通常做成两部分，使其长度可以调整，如图1–29所示。通过改变连杆长度而改变压力机的闭合高度，以适应不同闭合高度模具的安装要求。

除上述主要参数外，还有工作台尺寸、模柄孔尺寸等。

（2）双动拉深压力机

专用的拉深压力机按动作分，有单动拉深压力机、双动拉深压力机及三动拉深压力机。单动拉深压力机常利用气垫压边，而双动拉深压力机有两个分别运动的滑块，内滑块用于拉深，外滑块主要用于压边。所谓三动拉深压力机是在双动拉深压力机的工作台上增设气垫，气垫可以进行局部拉深。

图1–33所示为J44—55B型底传动拉深压力机结构简图。工作部分有拉深滑块1、压力滑块3、活动工作台4组成。主轴7通过偏心齿轮8和连杆2带动拉深滑块1做上、下移动，凸模装在拉深滑块上。压边滑块在工作时不动，它与活动工作台的距离可通过丝杠调节。凹模

装在活动工作台上。活动工作台的顶起与降落是靠凸轮6实现的。拉深时，凸模下降至未伸出压边滑块之前，活动工作台就被凸轮顶起，把板料压紧在凹模与压边滑块之间，并停留在这一位置，直到凸模继续下降，拉深结束。然后凸模上升，活动工作台下降，顶件装置5把工件从凹模内顶出。

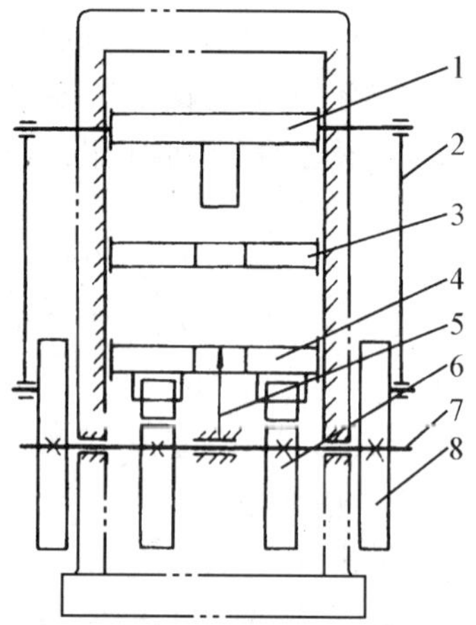

1-拉深滑块　2-连杆　3-压边滑块
4-活动工作台　5-顶件装置
6-凸轮　7-主轴　8-偏心齿轮

图1-33　J44—55B型双动拉深压力

双动拉深压力机具有以下可满足拉深工艺要求的特点：

1）内、外滑块的行程与运动配合。拉深压力机具有较大的压力行程可适应具有一定高度的工件的拉深。内外滑块的运动有特殊的规律，外滑块（压边滑块）的行程要小于内滑块（拉深滑块）的行程，在内滑块开始拉深之前外滑块首先要压紧毛坯的边缘，在内滑块拉深过程中，外滑块应以不变的压力保持压紧状态，提供可靠的压边力。拉深完毕，内滑块在回程到一定行程后，外滑块（或活动工作台）才回程。其目的是，外滑块不但起压边作用，而且要在拉深结束后给凸模卸件，以免拉深件卡在凸上。

2）内、外滑块速度。外滑块在到达下止点压边时，在压力机主轴转动的100°～110°的范围内，它在下止点静止不动速度几乎为零。实际上外滑块在下止点尚有微小的波动位移，位移的值≤0.05 mm。内滑块在拉深工作行程中要求速度慢，并且近于匀速运动，对材料冲击小，有利于材料在拉深中的流动，提高拉深质量。内、外滑块这些优良的运动性能是通过压力机主轴采用多连杆机构分别驱动内、外滑块实现的。

3）外滑块的压边力可调。形状复杂的拉深件，在拉深时要求在周边的不同区段，具不同的变形阻力，来控制拉深时金属的均匀流动，这种各向不同的阻力是通过相应部位的不同压边力得到的。双动拉深压力机的外滑块可用机械或液压的方法，使各点的压力边得到调节，形成有利于金属各向均匀流动的变形条件。综上所述，目前形状复杂的拉深零件一般应在双动拉深机上拉深。

（3）摩擦压力机

摩擦压力机是利用摩擦盘与飞轮之间相互接触，传递动力，并根据螺杆与螺母相对运动，使滑块产生上、下往复运动的锻压机械。

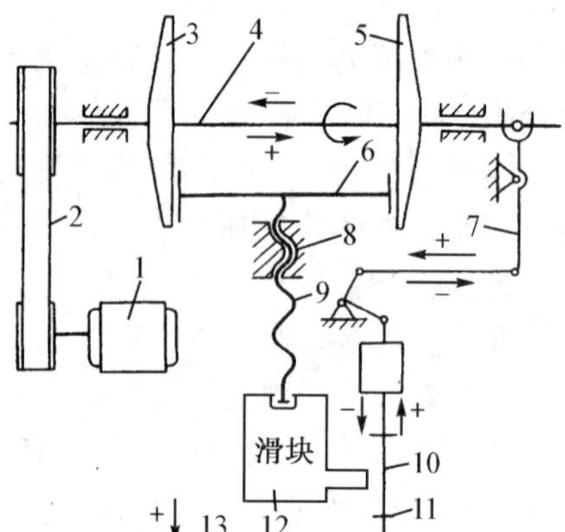

1-电动机　2-V形传动带　3，5-摩擦盘　4-横轴
6-飞轮　7-杠杆　8-螺母　9-螺杆　10-连杆
11-挡块　12-滑块　13-手柄

图1-34　摩擦压力机的传动示意

图1-34所示为摩擦压力机的传动示意图。其工作原理如下：电动机1通过V形传动带2及传输线把运动传递给横轴4及左、右摩擦盘3和5，使其横轴与左、右摩擦盘始终在旋转。并且横轴可允许在轴内作一定的水平轴向移动。工作时，压下手柄13，横轴右移，使左摩擦盘3

与飞轮6的轮缘相压紧，迫使飞轮与螺杆9顺时针旋转，带动滑块向下做直线运动，进行冲压加工。反之，手柄向上，滑块上升。滑块的行程用安装在连杆10上的两个挡块11来调节。压力的大小可通过手柄下压多少控制飞轮与摩擦盘的接触松紧来调整。实际压力允许超过标称压力25%～100%，超负荷时，由于飞轮与摩擦盘之间产生滑动，所以不会因过载而损坏机床。由于摩擦压力机有较好的工艺适应性，结构简单，制造和使用成本较低，因此特别适用于校正、压印、成型等冲压工作。

（4）液压机

图1–35所示为Y32系列万能液压机，它具有典型的三梁四柱结构。电动机带动液压泵向液压缸输送高压油，推动活塞（或柱塞）带动活动横梁作上下往复运动，模具装在活动横梁和工作台上，能够完成弯曲、拉深、翻边、整形等工序。液压机的工作行程长，并在整个行程上都能承受标称的载荷，不会发生超负荷的危险，但工作效率低。液压机主要适用于深拉深、成型、冷挤压等变形工序。如果不采取特殊措施，液压机不能用于冲裁工序。

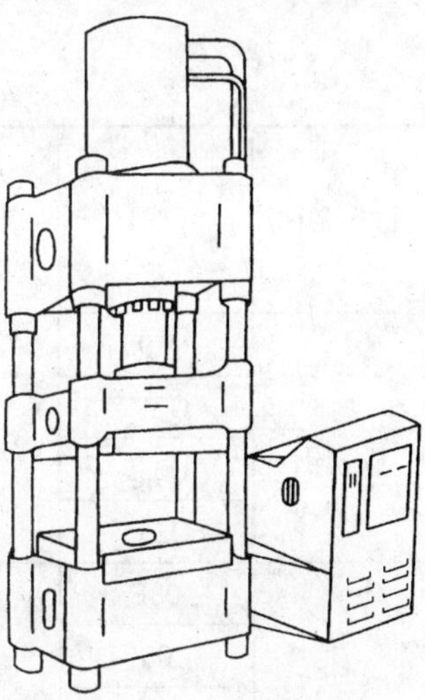

图1–35　Y32系列万能液压机

11. 冲压常用材料有哪些，怎样选用？

（1）冲压常用材料

冲压生产中最常用的材料是金属材料（包括黑色金属和有色金属），但有时也用非金属材料。其中黑色金属主要有普通碳素结构钢、优质碳素结构钢、合金结构钢、碳素工具钢、不锈钢、电工硅钢等；有色金属主要有纯铜、黄铜、青铜、铝等；非金属材料有纸板、层压板、橡胶板、塑料板、纤维板和云母等。

冲压用金属材料的供应状态一般是各种规格的板料和带料。板料的尺寸较大，可用于大型零件的冲压，也可将板料按排样尺寸剪裁成条料后用于中小型零件的冲压；带料（又称卷料）有各种规格的宽度，展开长度可达几十料，成卷状供应，适应于大批量生产的自动送料。材料厚度很小时都是做成带料供应。

对于厚度在4 mm以下的轧制钢板，根据国家标准GB/T708—1991规定，钢板厚度的精度分为A（高级精度）、B（较高级精度）、C（普通精度）3级。对优质碳素结构冷轧薄钢板，根据国家标准GB/T710—1991规定，钢板的表面质量可分为Ⅰ（特别高级的精整表面）、Ⅱ（高级的精整表面）、Ⅲ（较高级的精整表面）、Ⅳ（普通的精整表面）4组，每组按拉深级别又分为Z（最深拉深）、S（深拉深）、P（普通拉深）3级。

在冲压工艺资料和图样上，对材料的表示方法有特殊的规定。如材料为08钢、厚度为1.0 mm、平面尺寸为1 000 mm × 1 500 mm、较高级精度、较高级的精整表面、深拉深级的优质碳素结构钢冷轧钢板表示为

$$\text{钢板}\frac{B\text{–}1.0\times1\,000\times1\,500\text{–GB/T708—1991}}{08\text{–Ⅱ–}S\text{–GB/T710–1991}}$$

关于材料的牌号、规格和性能，读者可查阅有关设计资料和标准，表1–4至表1–6分别列出了部分冲压常用金属材料的力学性能、轧制薄钢板的厚度允差及尺寸规格。

表1-4 冲压常用金属材料的力学性能

材料名称	牌号	材料的状态	力学性能				
			抗剪强度 τ/MPa	抗拉强度 σ_b/MPa	屈服点 σ_s/MPa	伸长度 δ_{10}/%	弹性模量 $E/10^3$ MPa
普通碳素钢	Q195	木经退火的	225～314	314～392		18～33	
	Q215		265～333	333～412	216	26～31	
	Q235		304～373	432～461	253	21～25	
	Q255		333～412	481～511	255	19～23	
碳素结构钢	08F	已退火的	216～304	275～383	177	32	
	08		255～333	324～441	196	32	186
	10F		216～333	275～412	186	30	
	10		255～333	294～432	206	29	194
	15		265～373	333～471	225	26	198
	20		275～392	353～500	245	25	206
	35		392～511	490～637	314	20	197
	45		432～549	539～686	353	16	200
	50		432～569	539～716	373	14	216
不锈钢	1Cr13	已退火的	314～373	392～416	412	21	206
	2Cr13		314～392	392～490	441	20	206
	1Cr18Ni9Ti	经热处理的	451～511	569～628	196	35	196
铝锰合金	LF21	已退火的	69～98	108～142	49	19	70
		半冷作硬化的	98～137	152～196	127	13	
硬铝（杜拉铝）	LY12	已退火的	103～147	147～211		12	
		淬硬并经自然时效	275～304	392～432	3 610	15	70
		淬硬后冷作硬化	275～314	392～451	333	10	
纯铜	T1，T2，T3	软的	157	196	69	30	106
		硬的	235	294		3	127
黄铜	H62	软的	255	294		35	98
		半硬的	294	373	196	20	
		硬的	412	412		10	
	H68	软的	235	294	98	40	108
		半硬的	275	343		25	
		硬的	392	392	245	15	113

续表

材料名称	牌号	材料的状态	力学性能				
			抗剪强度 τ/MPa	抗拉强度 σ_b/MPa	屈服点 σ_s/MPa	伸长度 δ_{10}/%	弹性模量 $E/10^3$ MPa
铅黄铜	HPb59—1	软的	294	343	142	25	91
		硬的	392	441	412	5	103
锡磷青铜 锡锌青铜	QSn6.5—0.1 QSn4—3	软的	255	294	137	38	98
		半硬的	471	539		3 ~ 5	
		硬的	490	637	535	1 ~ 2	122
钛合金	TA2	退火的	353 ~ 471	441 ~ 588		25 ~ 30	
	TA3		432 ~ 588	539 ~ 736		20 ~ 25	
	TA5		628 ~ 667	785 ~ 834		15	102

表1-5　轧制薄钢板的厚度公差（GB708—1988）

钢板厚度	A	B	C	
	高级精度	较高精度	普通精度	
	冷轧优质钢板	普通和优质钢板		
		冷轧和热轧	热轧	
	全部宽度		宽度＜1 000	宽度≥1 000
0.2 ~ 0.4	± 0.03	± 0.04	± 0.06	± 0.06
0.45 ~ 0.5	± 0.04	± 0.05	± 0.07	± 0.07
0.55 ~ 0.60	± 0.05	± 0.06	± 0.08	± 0.08
0.70 ~ 0.75	± 0.06	± 0.07	± 0.09	± 0.09
1.0 ~ 1.1	± 0.07	± 0.09	± 0.12	± 0.12
1.2 ~ 1.25	± 0.09	± 0.11	± 0.13	± 0.13
1.4	± 0.10	± 0.12	± 0.15	± 0.15
1.5	± 0.11	± 0.12	± 0.15	± 0.15
1.6 ~ 1.8	± 0.12	± 0.14	± 0.16	± 0.16
2.0	± 0.13	± 0.15	+0.15 −0.18	± 0.18
2.2	± 0.14	± 0.16	+0.15 −0.19	± 0.19
2.5	± 0.15	± 0.17	+0.16 −0.20	± 0.20
2.8 ~ 3.0	± 0.16	± 0.18	+0.17 −0.22	± 0.22

续表

钢板厚度	A	B	C	
	高级精度	较高精度	普通精度	
	冷轧优质钢板	普通和优质钢板		
		冷轧和热轧	热轧	
	全部宽度		宽度＜1 000	宽度≥1 000
3.2～3.5	±0.18	±0.20	+0.18 −0.25	±0.25
3.8～4.0	±0.20	±0.22	+0.20 −0.30	±0.30

表1-6 轧制薄钢板的尺寸规格（GB708—1988）

钢板厚度	钢板宽度												
	500	600	710	750	800	850	900	950	1 000	1 100	1 250	1 400	1 500
	冷轧钢板长度												
0.2，0.25，0.3，0.4	1 200	1 420	1 500	1 500	1 500								
	1 000	1 800	1 800	1 800	1 800	1 800	1 500	1 500					
	1 500	2 000	2 000	2 000	2 000	2 000	1 800	2 000					
0.5，0.55，0.6		1 200	1 420	1 500	1 500	1 500							
	1 000	1 800	1 800	1 800	1 800	1 800	1 500	1 500					
	1 500	2 000	2 000	2 000	2 000	2 000	1 800	2 000					
0.7，0.75		1 200	1 420	1 500	1 500	1 500	1 500						
	1 000	1 800	1 800	1 800	1 800	1 800	1 500	1 500					
	1 500	2 000	2 000	2 000	2 000	2 000	1 800	2 000					
0.8，0.9		1 200	1 420	1 500	1 500	1 500	1 500						
	1 000	1 800	1 800	1 800	1 800	1 800	1 800	1 500	2 000	2 000			
	1 500	2 000	2 000	2 000	2 000	2 000	2 000	2 000	2 200	2 500			
1.0，1.1，1.2，1.4，1.5，1.6，1.8，2.0	1 000	1 200	1 420	1 500	1 500	1 500					2 800	2 800	
	1 500	1 800	1 800	1 800	1 800	1 800	1 800		2 000	2 000	3 000	3 000	
	2 000	2 000	2 000	2 000	2 000	2 000	2 000	2 000	2 200	2 500	3 500	3 500	
2.2，2.5，2.8，3.0，3.2，3.5，3.8，4.0	500	600											
	1 000	1 200	1 420	1 500	1 500	1 500							
	1 500	1 800	1 800	1 800	1 800	1 800	1 800	2 000					
	2 000	2 000	2 000	2 000	2 000	2 000							

续表

钢板厚度	钢板宽度												
	500	600	710	750	800	850	900	950	1 000	1 100	1 250	1 400	1 500
	热轧钢板长度												
0.35，0.4，0.45，0.5，0.55，0.6，0.7，0.75		1 200		1 000									
	1 000	1 500	1 000	1 500	1 500		1 500	1 500					
	1 500	1 800	1 420	1 800	1 600	1 700	1 800	1 900	1 500				
	2 000	2 000	2 000	2 000	2 000	2 000	2 000	2 000	2 000				
0.8，0.9				1 500	1 500	1 500	1 500	1 500					
	1 000	1 200	1 000	1 800	1 600	1 700	1 800	1 900	1 500				
	1 500	1 420	2 000	2 000	2 000	2 000	2 000	2 000	2 000				
1.0，1.1，1.2，1.25，1.4，1.5，1.6，1.8				1 000			1 000						
	1 000	1 200	1 000	1 500	1 500	1 500	1 500	1 500					
	1 500	1 420	1 420	1 800	1 600	1 700	1 800	1 900	1 500				
	2 000	2 000	2 000	2 000	2 000	2 000	2 000	2 000	2 000				
2.0，2.2，2.5，2.8							1 000						
	500	600	1 000	1 500	1 500	1 500	1 500	1 500	1 500	2 200	2 500	2 800	
	1 000	1 200	1 420	1 800	1 600	1 700	1 800	1 900	2 000	3 000	3 000	3 000	3 000
	1 500	1 500	2 000	2 000	2 000	2 000	2 000	2 000	3 000	4 000	4 000	4 000	4 000
3.0，3.2，3.5，3.8，4.0				1 000			1 000					2 800	
				1 500	1 500	1 500	1 500	1 500	2 000	2 200	2 500	3 000	3 000
	500	600	1 420	1 800	1 600	1 700	1 800	1 900	3 000	3 000	3 000	3 500	3 500
	1 000	1200	1200	2 000	2 000	2 000	2 000	2 000	4 000	4 000	4 000	4 000	4 000

（2）冲压材料的合理选用

冲压材料的选用要考虑冲压件的使用要求、冲压工艺要求及经济性等。

1）按冲压件的使用要求合理选材。所选材料应能使冲压件在机器或部件中正常工作，并具有一定的使用寿命。因此，应根据冲压件的使用条件，使所选材料满足相应强度、刚度、韧性及耐蚀性和耐热性等方面的要求。

2）按冲压工艺要求合理选材。对于任何一种冲压件，所选的材料应能按照其冲压工艺的要求，稳定地成形出不至于开裂或起皱的合格产品，这是最基本也是最重要的选材要求。为此可用以下方法合理选材：

①试冲。根据以往的生产经验及可能条件，选择几种基本能满足冲压件使用要求的板料进行试冲，最后选择没有开裂或皱褶的、废品率低的一种。这种方法结果比较直观，但带有较大的盲目性。

②分析与对比。在分析冲压变形性质的基础上，把冲压成形时的最大变形程度与板料

冲压成形性能所允许采用的极限变形程度进行对比，并以此作为依据，选取适合于该种零件冲压工艺要求的板材。

另外，同一种牌号或同一厚度的板材，有冷轧和热轧之分。在国产板材中，厚板（t>4 mm）为热轧板，薄板（t<4 mm）为冷轧板（也有热轧板）。与热轧相比，冷轧板尺寸精确，偏差小，表面缺陷少，光亮，内部组织致密，冲压性能更优。冷轧和热轧根据轧制方法不同又分为连轧与往复轧。一般来说，连轧钢板的纵向和横向性能差别较大，纤维的方向性比较明显，各向异性大；单张往复轧制时，钢板的各向均有相近程度的变形，故钢板的纵向和横向性能差别较小，冲压性能更好。此外，板料出厂或供货的性能状态也有不同，一般分为软（M）、半硬（Y2）、硬（Y）和特硬（T）4种状态。性能状态不同，其力学性能是有差别的。

③按经济性要求合理选材。所选材料应在满足使用性能及冲压工艺要求的前提下，尽量使材料的价格低廉，来源方便，经济性好，以降低冲压件的成本。

12. 模具热处理设备有哪些？

模具热处理常用设备见表1–7。

表1–7　模具热处理常用设备

炉子种类	性能特点	应　　用
箱式电阻炉	炉子结构简单，体积小，操作方便，适用于加热温度<950 ℃的各种零件热处理加热。但由于炉膛内一般没有搅拌风扇，故温度均匀性稍差	用于退火、正火、回火及固体渗碳等
外热式盐浴炉	加热速度快，炉温均匀，零件不易氧化与脱碳，适用于局部加热，操作方便，不使用昂贵的变压器。由于装有金属声坩埚，热惰性大，使用温度不能太高	适用于淬火加热及各种液体化学热处理，如装入碱浴、油浴或铝浴，还可作等温及分级淬火
内热式盐浴炉	热效率高，没有热惰性，加热速度快，加热均匀，操作方便，氧化、脱碳倾向小，炉温可升至1 300 ℃。但须带变压器，开炉时要用辅助电极，炉底有未熔盐死角，缩小了炉膛有效容积	适用于淬火加热及各种液体化学热处理，特别适用于高温淬火加热
井式回火炉	装炉量多，生产效率高，装出料方便，炉内装有风扇，可使气流循环，炉温均匀	用于淬火后的回火

13. 冲裁模的典型结构是什么？

（1）单工序冲裁模

单工序冲裁模是在一副模具中只完成一个冲裁工序。如落料模、冲孔模等。它又可分为模架导向冲裁模、导板式冲裁模和敞开式冲裁模等。

1）模架导向冲裁模。模架导向冲裁模如图1–36所示。导柱、导套分别安装在上、下模板（座）内，具有良好的配合，从而实现对凸模的导向。其特点是模具精度高、寿命长，在冲裁生产中广泛应用，尤其应用于冲裁间隙较小、生产批量大的冲裁模中。

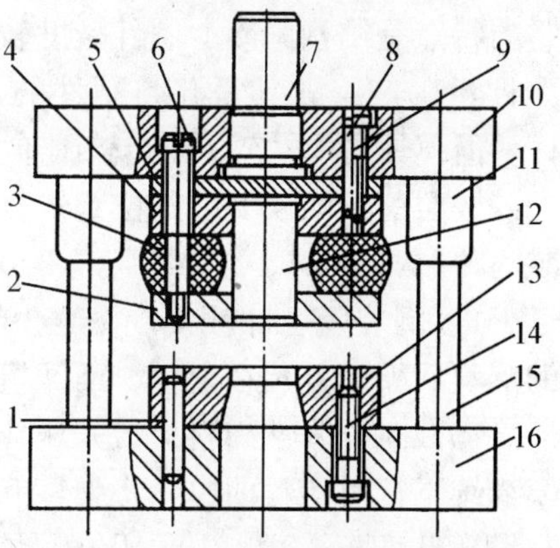

1，8–销钉　2–卸料板　3–橡胶　4–固定板　5–垫板　6–卸料钉　7–模柄　9，14–螺钉　10–上模座　11–导套　12–凸模　13–凹模　15–导柱　16–下模座

图1–36　模架导向冲裁模

2）导板式冲裁模。图1–37所示的导板式冲裁模通过凸模在导板上的导向孔中进行导向，凸模工作端与导板导向孔的配合通常为H7/h6。导板式冲裁模通常在偏心压力机上使用，同时压力机的工作行程一般≤20 mm，工作时应使凸模的工作端始终不脱离导板上的导向孔，以保证安全。导板式冲裁模的特点是导向精度高，多用于圆形和简单规则形状冲裁件的冲裁模。另外，导板在对凸模导向的同时还具有卸料作用，导板较厚。导板内型孔淬火出来，通常保证表面粗糙度为R_a0.8 μm。

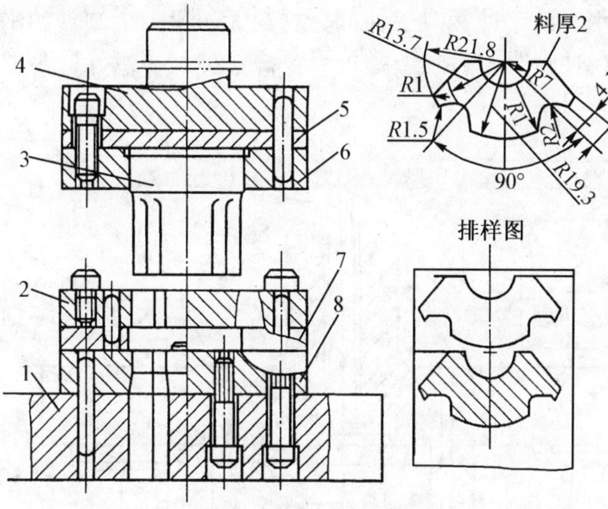

1–底座　2–导板　3–凸模　4–上托　5–垫板　6–固定板　7–导尺　8–凹模

图1–37　导板式冲裁模

3）敞开式冲裁模。如图1–38所示，敞开式冲裁模靠压力机导轨精度来保证模具导向，而模具本身没有导向机构；没有正规的卸料机构，将橡皮套在凸模上即可卸料。这种模具结构简单，制造维修方便，但缺点是安装时保证间隙均匀的调整工作困难，模具的导向精度低，使用安全性差。适合于一些形状简单、工件精度要求不高、生产批量不大的冲裁以及新产品试制时的冲裁，在一些条件简陋的小型企业中应用较多，该类冲裁模不适于薄板料的冲裁。

（2）复合冲裁模

复合冲裁模在压力机的一次行程中，在同一工位上完成两个或两个以上的冲裁工序。

它的特点是结构紧凑、制件精度较高、生产率高，适合大批量生产，尤其是孔与制件的外形的同心度容易保证。但模具结构复杂、制造较困难。

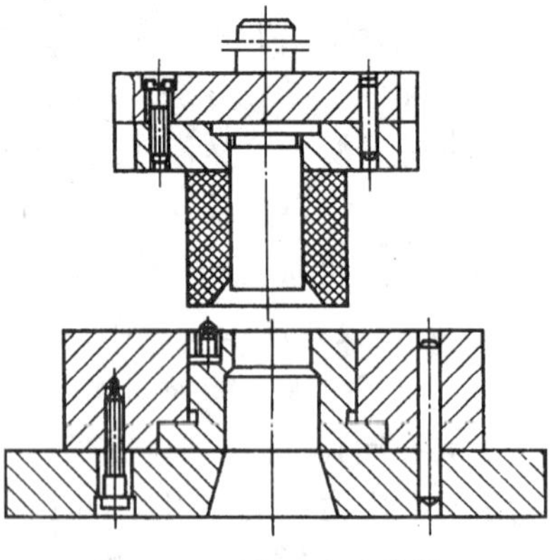

图1–38 敞开式冲裁模

按照落料凹模安装的位置，复合冲裁模有倒装与正装两种形式。

1）倒装复合冲裁模。图1–39所示倒装复合冲裁模的落料凹模11是装在上模，凸凹模14安装在模具下模座上。冲裁时，弹性卸料板12先压住条料起校平作用。上模继续下行时落料凹模11将弹性卸料板压下，套入落料凸模（凸凹模）中，冲孔凸模8也进入冲孔凹模孔（凸凹模）中，于是同时完成冲孔与落料。当上模回程时，弹性卸料板12在橡皮作用下将条料从凸凹模14上卸下，而推杆1受到压力机的顶件横杆的推动，通过推板3、推杆4与推件板9将冲件从上模的落料凹模11内自上而下推出，冲孔废料则由凸凹模14的孔中直接漏到压力机台面下，从而使制件与冲孔废料自然分开，无需二次清理，比较简便，因此操作方便安全。倒装复合冲裁模的送料装置安装方便，生产效率较高，因而得到广泛采用。由于冲裁时工件部分材料无压紧力，制件的平整度略有下降。对有较高平整要求或薄料冲裁时，可在上模内增设碟形弹簧等以保证足够的弹压力，从而提高制件的平整度。

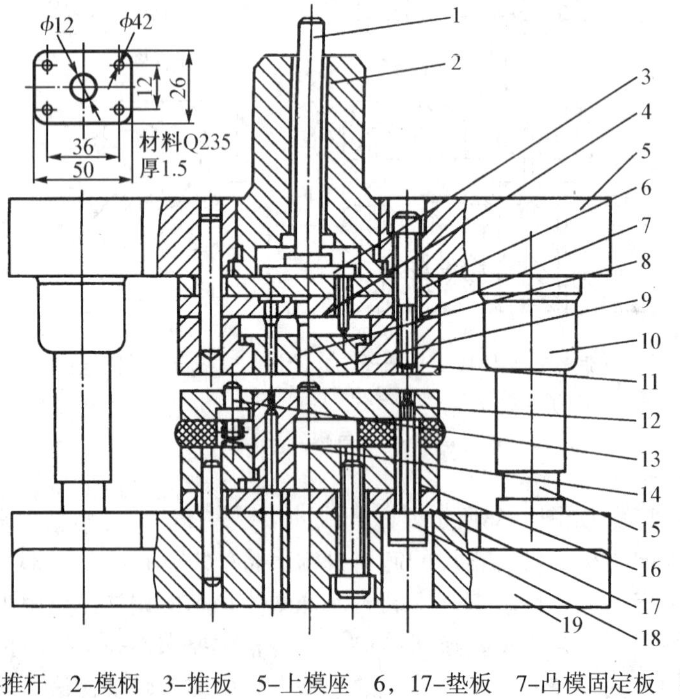

1，4–推杆 2–模柄 3–推板 5–上模座 6，17–垫板 7–凸模固定板 8–冲孔凸模 9–推件板 10–导套 11–落料凹模 12–弹性卸料板 13–活动挡料销 14–凸凹模 15–导柱 16–凸凹模固定板 18–卸料螺钉 19–下模座

图1–39 冲孔落料倒装复合冲裁模

2）正装复合冲裁模。图1-40所示为正装复合冲裁模，其落料凹模2安装在下模，即凸凹模7安装在上模。落料凹模2被螺钉紧固后，冲孔凸模5通过凸模固定板3也被紧固，这样易保证同轴度。靠弹性卸料板6卸料。冲孔废料由推件杆8推出。上模通过模柄9固定在压力机滑块上，在冲裁时工件部分材料及外部的余料均处于压紧状态下进行分离，冲裁出的制件平整和尺寸精度高，适合于薄料冲裁。但需要从分模面排出工件和废料，需要及时进行清除，并需二次清理。与倒装复合模操作相比，这种操作不方便，且不太安全。为从凹模中顶出工件，需在底座下增设弹顶装置。

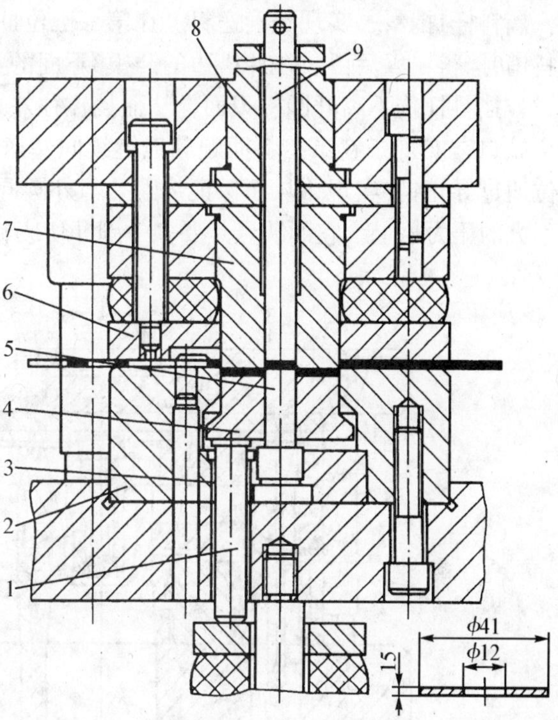

1-顶件杆　2-落料凹模　3-冲孔凸模固定板　4-推件块
5-冲孔凸模　6-弹性卸料板　7-凸凹模　8-推件杆　9-模柄

图1-40　正装复合冲裁模

（3）级进冲裁模

级进冲裁是指在压力机的一次行程中，在一副模具的不同工位同时完成多种工序的冲裁。级进冲裁所采用的模具称为级进模，又称为连续模、跳步模。在级进冲裁中，不同的冲裁工序分别按一定的次序排列，坯料按步距间隙移动，在等距离的不同的工位上完成不同的冲裁工序，经逐个工位冲制后，便得到一个完整的零件或半成品。级进冲裁的特点是生产率高、操作安全、模具寿命长，易于实现自动化高速冲压。与简单模和复合模相比，级进模构成模具的结构复杂、零件数量多、精度及热处理要求高、模具装配与制造复杂，要求精确控制步距，适用于批量非常大的厚度较薄的中、小型冲压件的加工。在各类冷冲模具中，级进模所占比例约为27%。

级进冲裁模又可为分段切除式级进模和封闭形孔连续式级进模。

前者采取分段切除余料的方式切除冲裁件较为复杂的异形孔和整个零件外形，即简单形孔的轮廓一次冲裁，复杂异形孔和零件外形在前一工位先切除一部分余料，在以后的工位再切除一部分余料，经过逐各工位的连续冲制，最后获得完整的零件或半成品。分段切除式级进冲裁模可全自动连续冲压，在分段切除余料的过程中可进行弯曲、拉深、成型等其他冲压加工，所以能冲出完整的零件。每段切除的形孔简单，给模具设计和制造创造了有利条件。

后者的各个工作形孔（定距形孔除外）与被冲零件的各个形孔以及外形的形状完全一样，并把它们分别设置在一定的工位上，材料沿各工位经过连续冲压，最后得到所需零件。复杂形状零件的凸模和凹模的加工较困难，以致无法加工，局限性较大。

如图1-41所示为落料、冲孔级进冲裁模。弹簧片11作用于两侧压块12把条料压向一边，挡料杆1挡料，实现准确送料。在第一工位冲孔，第二工位落料时，用第一、第二临时挡料销9挡料，以后由装在冲搭边的凸模3下面的挡料杆1挡料。挡料杆较长，当上模在上止点时，挡料杆仍不离开凹模刃面，从而挡住往左送进的条料。在冲裁时，凸模3将搭边冲开一个缺口，实现条料不抬料而顺利地继续向左送料，实现连续冲裁。第二工位落料的精确定位通过导正销5实现，从而保证垫圈孔与外圆同心。为避免挡料杆过长，该结构适用在行程不大的压力机上。它的缺点是要多一副冲切废料缺口的凸模3和凹模2。

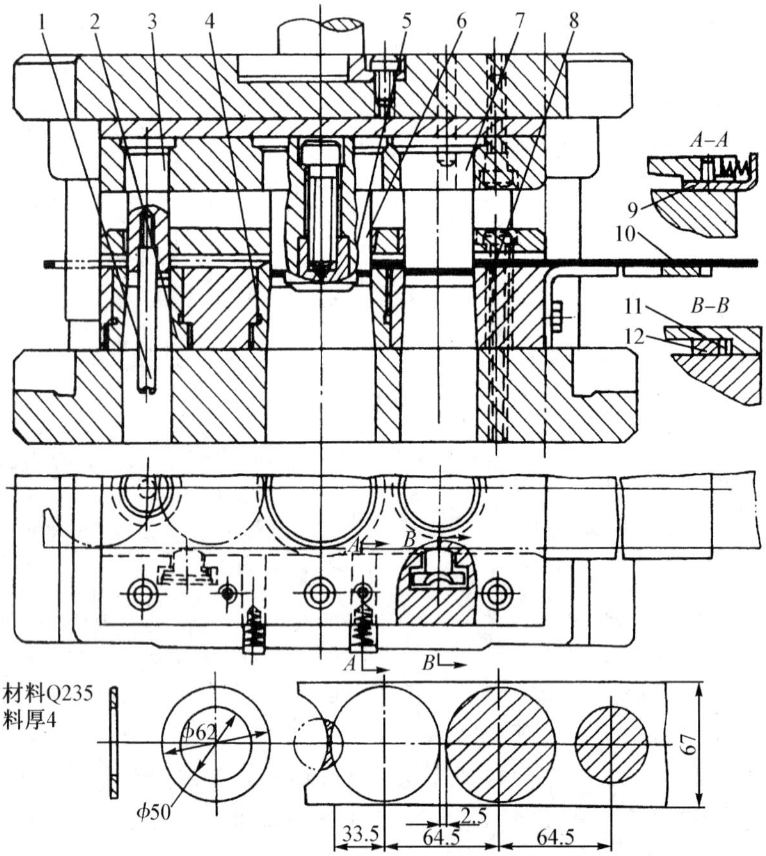

1–挡料杆　2，4，8–凹模　3，6，7–凸模　5–导正销　9–临时挡料销
10–螺钉　11–弹簧片　12–侧压块

图1–41　落料、冲孔级进冲裁模

14. 塑料制件的结构工艺性有哪些？

要获得合格的塑料制件，就要满足物理性能、力学性能与使用上的要求，满足图样上塑料制件的精度和表面质量的要求。塑料制件的结构工艺性是影响塑料制件质量和模具结构、模具制造和模具成本的重要因素。

（1）塑料制件的精度

影响塑料制件精度的因素很多，主要有模具成型零件的制造误差和装配误差，塑料制件的形状，塑料的收缩率波动，成型时工艺条件件的变化等。在保证塑料制件使用要求的前提下，选用低精度等级是经济的。有重要配合尺寸的塑料制件，其精度要求比较高，模具的制造精度也要相应提高，制造难度加大。

（2）塑料制件的表面质量

塑料制件的表面质量涉及塑料制件表面光泽性、表面粗糙度和一些表面缺陷。表面粗糙度主要由模具成型零件的表面粗糙度决定。成型零件在使用过程中表面粗糙度会由于磨损而下降，应及时给予抛光修复以满足塑料制件表面粗糙度的要求。塑料制件表面光泽性则取决于塑料材料的品质、成型工艺条件等因素。而表面缺陷是指成型后在表面留下斑点、条纹、凹痕、变色、冷疤和云纹等，这与模具浇注系统的设计、结构设计和成型工艺条件有很大的关系。

（3）塑料制件的几何形状

塑料制件的几何形状与所采用的成型工艺、模具结构有直接的关系。塑料制件能否顺利成型，成型后能否脱模是设计塑料制件几何形状时考虑的重点。

1）塑料制件的形状。塑料制件的内、外表面形状应便于模塑成型，为使开模后塑料制件脱出容易，模具结构简单，应尽量不采用侧向分型抽芯结构。复杂的模具结构不仅使模具的成本提高，还会延长模具的制造周期、降低生产率，塑料制件发生质量问题的概率也会大大增加。所以设计塑料制件形状时应尽量避免采用内侧凹、侧孔，以简化模具的结构。

如图1-42所示，有些塑料制件侧面带有整圈的凹槽或凸缘，在多数情况下这类塑料制件成型后为便于脱模，模具型腔（或型芯）须设计成两瓣，模具制造较困难，而且成型后在塑料制件表面留下拼合缝的痕迹，影响塑料制件的外观质量。当塑料制件的凹模较浅或凸缘高度尺寸较小并带有圆角时，则可采用整体式凸模或凹模的结构，利用塑料在脱模温度下具有足够弹性的特性，以强制脱模的方式脱模，从而简化模具结构。

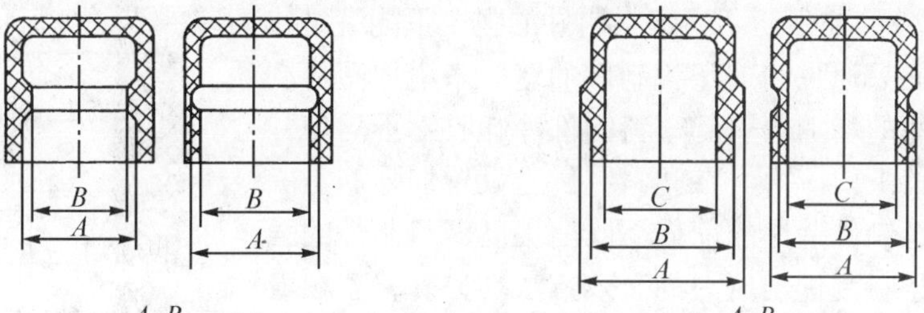

（a）$\frac{A-B}{B}<5\%$　　（b）$\frac{A-B}{C}<5\%$

图1-42　可强行脱模的结构尺寸

2）塑料制件的壁厚。塑料制件要有合理的壁厚——不能太厚，也不能太薄。从塑料制件的成型角度来考虑，塑料制件的壁厚大小对塑料制件的质量有很大的影响。塑料熔体充模时，塑料制件的壁厚就是塑料熔体的流动通道，塑料制件壁厚偏小，会使塑料熔体流动阻力增加、充模困难，大型复杂的制件难以充满型腔；塑料制件脱模时没足够的强度承受来自脱模机构的推出力。塑料制件壁厚设计得过大，一方面增加了塑料原料的使用量，使塑料制件成本上升；另一方面对塑料制件的成型也是不利的。对热塑性塑料而言，会增加成型后的冷却时间，生产效率大大下降。热塑性塑料成型的塑料制件，壁厚值最薄可达

0.25 mm，但一般不宜小于0.6 ~ 0.9 mm，常取2 ~ 4 mm。

合理选择了塑料制件的壁厚值以后，还必须注意在同一塑料制件的壁厚设计中，壁厚值应尽量取得一致，防止塑料冷却时收缩不均匀，在塑料制件内部产生内应力，导致塑料制件厚壁处产生缩孔、凹陷，塑料制件外观翘曲变形，甚至开裂。如图1-43（a）所示为壁厚不合理的塑料制件的结构，而图（b）则为合理的结构。

3）塑料制件的脱模斜度。充满模具型腔的塑料熔体在冷却过程中会由于收缩而紧紧地包在型芯上，或由于黏附力而紧贴在型腔表面，给塑料制件与模具成型零件的分离带来极大的困难，使塑料制件在脱模过程中表面被拉毛、擦伤，甚至变形或损坏。为便于脱模，在一般情况下，塑料制件的内、外表面顺着塑料制件脱模方向均应有足够的脱模斜度，如图1-44所示。

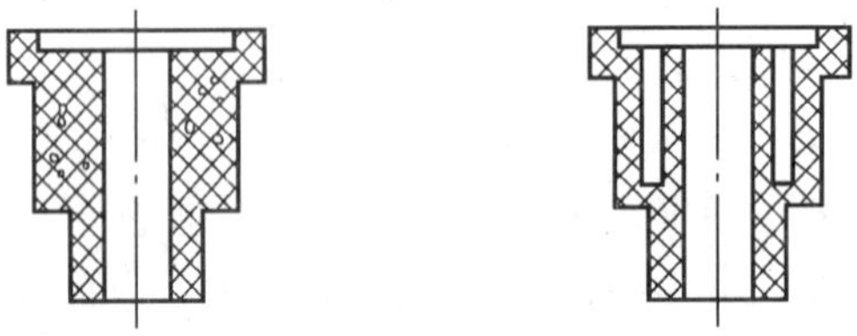

（a）壁厚不合理的塑料制件　（b）改进后的制作结构

图1-43　塑料制件的壁厚

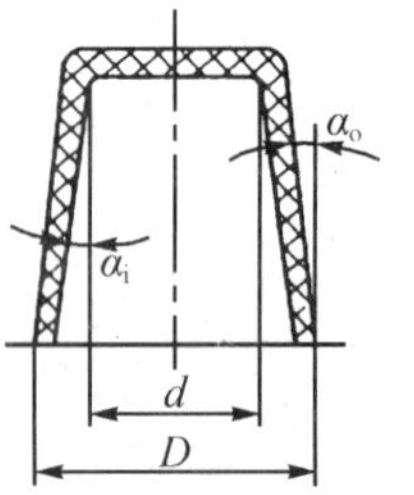

图1-44　塑料制件的脱模斜度

塑料制件脱模斜度一般可取30′ ~ 1° 30′，但应注意根据具体情况而定。斜度值可在塑料制件的公差范围内，也可在塑料制件的公差范围外，由塑料制件的精度要求而定。

斜度的取向原则是，内孔以小端为准，符合图样要求，斜度由扩大方向得到；外形以大端为准，符合图样要求，斜度由缩小方向得到。

4）塑料制件的加强筋。当塑料制件的强度不能满足使用要求时，不能只通过增加塑料制件的壁厚来增加塑料制件的强度，壁厚的增加会引起塑料制件冷却收缩不均匀，在塑料制件上留下内应力。在塑料制件上设置加强筋是一种在不增加塑料制件壁厚的前提下既能提高塑料制件的强度，又能避免塑料制件内应力的有效方法。另外，若顺着塑料熔体充模方向开设加强筋，可增加塑料熔体流动通道的截面积，改善熔体的流动性。如图1-45所示的塑料制件采用了加强筋的方法，这样做不仅提高了塑料制件的刚性和强度，又可使塑料制件壁厚均匀，避免了塑料制件的缺陷。

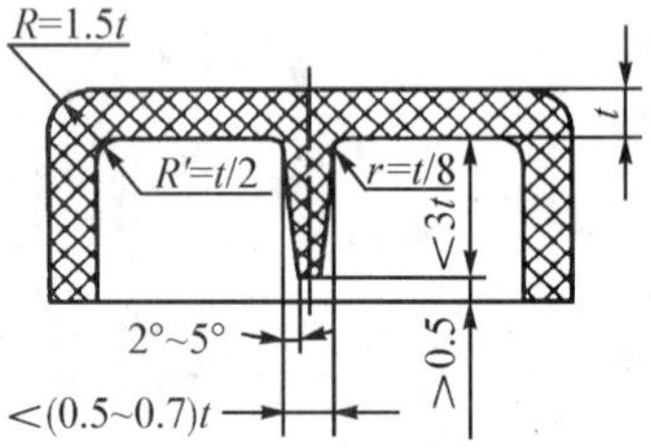

图1-45　塑料制件的加强筋与圆角

塑料制件设置了加强筋后，在加强筋与塑料制件的衔接处会出现局部增厚的现象，成型后衔接处的塑料制件外观会有凹陷、内部有缩孔，会影响塑料制件局部的强度和表面质量，故加强筋的壁厚原则上应小于塑料制件的壁厚。若一个加强筋不能起到增加塑料制件刚性、强度的目的，不应再增大加强筋的尺寸，这会引起塑料制件壁厚不均匀，而应采取增加加强筋的个数来提高塑料制件的刚性和强度。

5）塑料制件的支承面。当塑料制件上某个面需要作为支承面时，不应以塑料制件的整个面作为支承面。由于塑料冷却收缩不一致的缘故，总有些翘曲和变形，成型后的塑料制件任一表面不会是很平整的平面。所以，应将塑料制件上作为支承的平面设计成几个点或凸、凹边，这样能起更好的支承作用，并可保持塑料制件的平整，如图1–46所示。

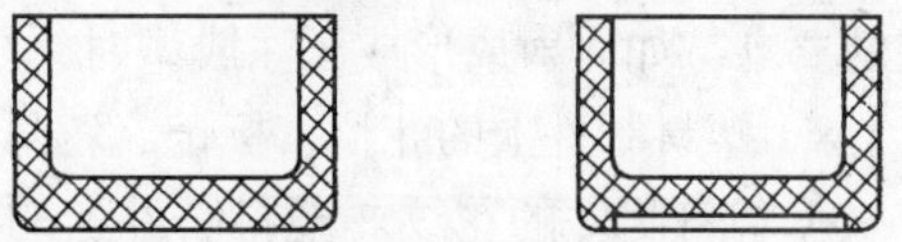

（a）不合理的支承面结构　（b）合理的支承面结构

图1–46　塑料制件的支承面

6）塑料制件的圆角。塑料制件内、外表面转角处应尽量设计成圆弧过渡，以减小应力集中对塑料制件的影响。一般塑料制件内圆角取塑料制件壁厚的1/2，外圆角取塑料制件壁厚的1.5倍。塑料制件转角处采用圆弧过渡还可改善塑料熔体的流动性，便于脱模。

塑料制件转角处采用圆角后，相对应的模具成型零件也必须采用圆角，这对模具成型零件的热处理是有利的，可防止淬火后模具成型零件转角处因应力集中而发生开裂。由于模具结构的原因，塑料制件上并不是所有的转角处都能设计成圆角的，如分型面、镶拼的凹模和型芯配合处，是不能设计成圆角的。

7）塑料制件的孔。塑料制件孔的形状有通孔和盲孔两种，这些孔均应设计在不易削弱塑料制件强度的地方，在孔与孔之间、孔与边壁之间应留有足够的距离。

①通孔。成型塑料制件上孔的模具成型零件称为型芯。成型通孔的型芯通常有3种结构，如图1–47所示。图1–47（a）为一端固定的型芯结构，塑料熔体充模时，型芯受到压力，由于型芯属悬壁梁力学模型，当塑料制件孔的长径比较大时，型芯的刚性、强度较低，在充模压力的作用下，型芯易弯曲变形，甚至折断。所以成型孔的长径比不能太大。另外，在孔的一端形成不易修整的飞翅。图1–47（b）为各有一端固定的2个型芯结构。在孔的长径比相同的情况下，与一端固定的型芯结构相比，在充模压力的作用下，型芯的受力状况得到了改善，提高了型芯的刚性、强度。这种型芯结构由于制造方面的原因，合模时上、下2个型芯的对中精度差，孔的形状不易得到保证。飞翅产生于两型芯的接触面上，成型后更不易修整。这种方法适用于较深孔且孔径要求比较低的场合。图1–47（c）为一端固定一端导向的型芯结构，当塑料熔体充模时，这种型芯结构受力的力学模型为简支梁，与前2种型芯结构相比，受力状况大为改善，型芯的刚性、强度得到提高，孔的形状误差小，可成型长径比较大的孔在设计及制造中要注意合模时型芯与导向孔的对中，若模具合模导向精度较低，型芯与导向孔会发生碰撞而折断。另外，模具工作一段时间后，型芯与导向孔的磨损将引起塑料熔体在此处的溢料，形成与分型面垂直的飞翅。

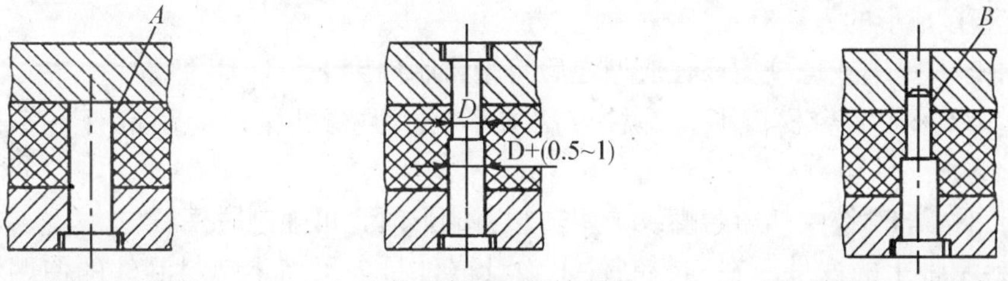

（a）一端固定的型芯　（b）各有一端固定的2个型芯　（c）一端固定一端导向的型芯

图1–47　成型通孔的型芯结构

②盲孔。成型塑料制件上盲孔的型芯结构只有一种，即一端固定的型芯。由于这种型芯结构在塑料熔体充模时受力状况不好，刚性和强度较低，对塑料制件孔的深度尺寸有一

定的要求，如注射成形或压注成型时，孔的深度一般应不超过孔径的4倍。

8）塑料制件上的花纹、标记、符号及文字。

①塑料制件的花纹。塑料制件上的花纹（如凸纹、凹纹、皮革纹）有的是使用上的要求，有的则是为了装饰。设计的花纹应能够容易成型和容易脱模，便于模具的制造。

②文字、标记及符号。当塑料制件上的文字用模具直接成型时，设计时要考虑模具制造容易、成形后的文字清晰，且容易脱模。一般塑料制件文字的结构有3种，如图1–48所示。图1–48（a）为将文字设计成凸字，相对应的模具型腔设计为凹字，模具制造容易，但成型在塑料制件上的凸字易被磨损、碰坏。图1–48（b）为文字被设计成凹字，但相对应的模具型腔是凸字，机械加工时，要切除掉文字周围大面积的金属，成本高，效率低，文字及周围的抛光也不方便，现多用电铸、冷挤压、电火花加工等方法获得。图1–48（c）为将文字设计成一个凹坑内的凸字，这种结构形式的凸字在使用时不易磨损、碰坏，相应的模具型腔为一凸台凹字，模具加工比较容易，若将这凸台凹字设计成一镶件，则模具结构更合理。

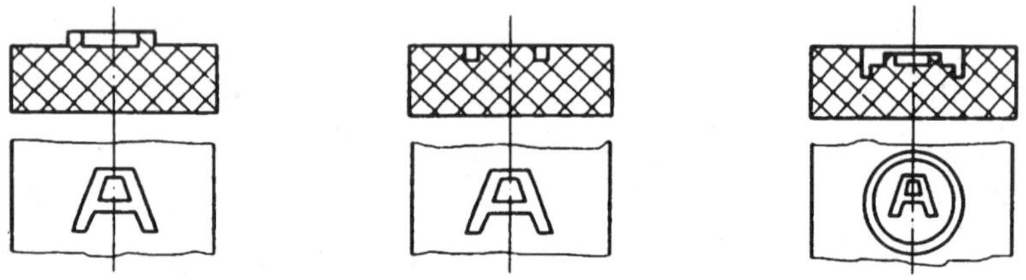

（a）凸字　（b）凹字　（c）凸台凹字

图1–48　塑料制件上文字的结构

（4）塑料制件的螺纹与嵌件

1）塑料制件的螺纹。塑料制件上的螺纹一般是为了满足塑料制件的紧固或与其他零件的连接。

①塑料制件上制出螺纹的方法有：

a．在已成形好的塑料制件所需位置用机械加工的方法制出螺纹。

b．用模具直接成形出带有螺纹的塑料制件。

c．在塑料制件上安放带有螺纹的金属嵌件，使之与塑料制件成为一个整体。

②螺纹直接成形的方法有：

a．利用螺纹型芯或螺纹型环在成型之后将塑料制件旋下。

b．外螺纹采用瓣合模成形，这种方法效率高，但精度稍差，还带有不易去除的飞翅。

c．要求不高的螺纹（如瓶盖螺纹）用软塑料成形时，可强制脱模。

2）塑料制件上的嵌件。在塑料制件上设计嵌件是为了满足塑料制件的使用或工艺要求，如增强塑料制件的局部刚性、强度，延长塑料制件的使用寿命。塑料制件精度要求高的，在塑料制件上安放嵌件可提高塑料制件的精度和尺寸稳定性；塑料制件要求导电、导磁、耐磨等，均可由在塑料制件上安放嵌件来满足。如图1–49所示为常见的各种金属嵌件，用作嵌件的材料大部分是金属材料。嵌件通常是被放入模具的型腔内与塑料制件一起成型的，经冷却定型开模后，即可得到一带有嵌件的制件。显然，模具的结构比较复杂，嵌件由人工放入型腔，难以实现自动化操作，生产效率较低。

嵌件周围应有一定的塑料层厚度，因为当嵌件承受外力时，会将力传给塑料，若塑料没有足够的厚度，会由于强度不够而开裂。另外，当塑料与嵌件采用两种不同的材料时，由于两种材料的热膨胀系数不同，当模腔内的温度下降时，会产生冷却收缩不均匀，在嵌件的周围形成很大的内应力，易引起塑料制件在使用时由于冲击、振动而开裂。

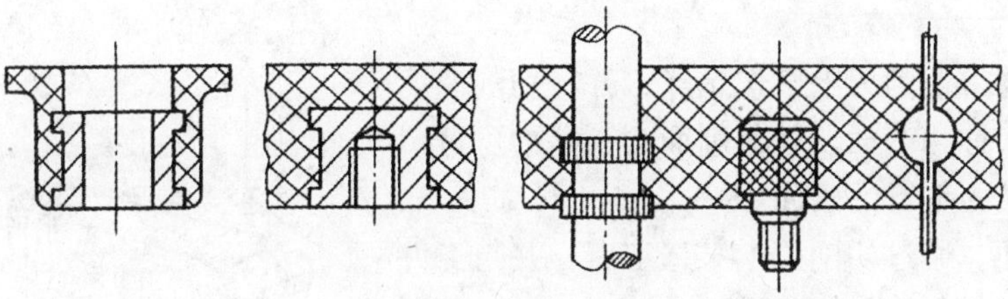

图1-49　常见的各种金属嵌件

15. 什么是切削刀具的几何形状?

刀具切削部分具有合理的几何形状是保证切削加工顺利进行的必要条件。

由于切削加工的方式不同，各种切削加工方法所用的刀具形状和结构也不相同。所有刀具都由刀头（切削部分）和刀体（被夹持部分）所组成。切削加工时，矛盾都集中在切削部分上，因此切削部分是刀具的主要部分。

刀具的种类很多，形状各不相同，但各种形状较为复杂的刀具都可看作是以车刀为基本形态演变而成，因此车刀的几何形状具有代表性。现以普通外圆车刀为例，说明刀具切削部分的几何形状。

（1）车刀切削部分的组成

车刀的刀头是由下列刀面和切削刃组成的（见图1-50所示）。

1）刀面。

①前刀面。刀具上切屑流过的表面。

②主后刀面。与工件上过渡表面相对的刀面。

③副后刀面。与工件已加工表面相对的刀面。

2）切削刃。

①主切削刃。前刀面与主后刀面的交线，它担负着主要的切削任务。

②副切削刃。前刀面与副后刀面的交线，它配合主切削刃完成少量的切削工作。

③刀尖（过渡刃）。主切削刃和副切削刃的连接部分。在实际切削中，为增强刀尖的强度和耐磨性，多数刀具将刀尖磨成直线形或圆弧形的过渡刃。

（2）车刀切削部分的几何角度

1）辅助平面和测量平面。车刀切削部分各个刀面在空间上互相倾斜的，为了确定刀具表面在空间的相对位置，可以用一定的几何角度来表示。为此，引入辅助平面和测量平面（见图1-51所示）。

辅助平面有2个：

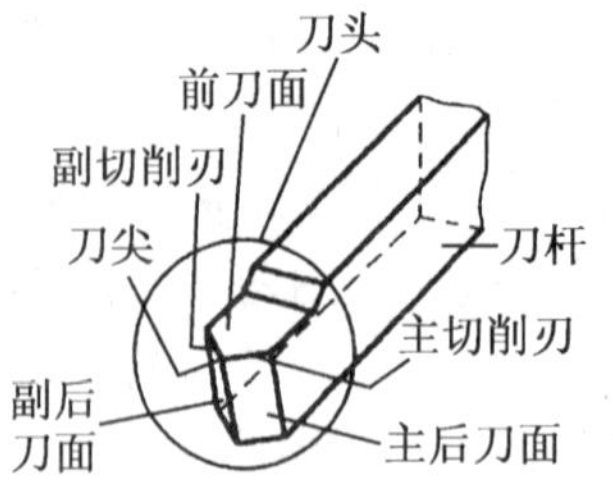

图1–50　车刀切削部分的组成

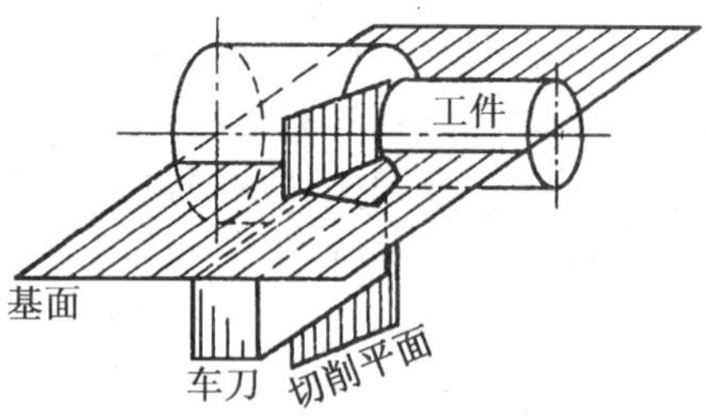

图1–51　确定刀具几何角度的基准面

①基面。通过切削刃上某选定点，并与切削速度方向垂直的平面称为基面。就车削而言，基面可近似地看成与车刀底面平行的表面。

②切削平面。通过切削刃上某选定点，并与工件过渡表面相切的平面称为切削平面。

以上2个辅助平面都是测量切削角度时的基准面。因为它们是由刀具与工件相对切削速度方向所确定的，因此以它们作为基准测定的切削角度就能够反映出切削运动过程的实质。

另外，通过切削刃上某选定点与前面2个基准面相垂直的平面作测量平面，过主切削刃上选定点的测量平面叫主截面，用来测量主切削刃上的几何角度（前角γ_0和后角α_0），如图1–52所示。

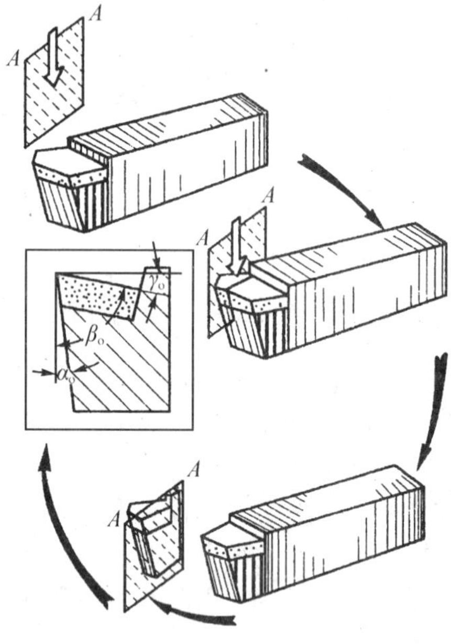

图1–52　车刀主截面上测量的几何角度

2）车刀的几何角度及其主要作用。

①前角γ_0。前角是前刀面与基面之间的夹角。前角的作用是影响车刀的锋利程度和强度、影响切削力及切屑变形。一般高速钢刀具的前角为10°～30°，硬质合金刀具的前角为10°～15°。

②后角α_0。后角是后刀面与切削平面之间的夹角。后角的主要作用是减小后刀面与工件的摩擦，使刀具后刀面的磨损减少。但是后角太大，使刀刃强度降低，散热情况变坏。精加工时后角一般为8°～12°，粗加工时后角一般为6°～8°。硬质合金因为较脆，其刀具后角宜取较小值。

③主偏角。主偏角是主切削刃在基面上的投影与进给方向间的夹角。主偏角的主要作用是影响切深抗力与进给抗力之比，改变刀头强度及散热条件。

④副偏角。副偏角是副切削刃在基面上的投影与背离进给方向间的夹角。副偏角的主要作用是减小副切削刃和工件已加工表面的摩擦，影响工件的表面质量和刀头的散热条件。

⑤刃倾角λ_s。刃倾角是主切削刃和基面间的夹角。刃倾角有正值、负值和零度3种。刃倾角λ_s的主要作用有两个：其一是控制切屑流出的方向。当λ_s为负时，切屑流向已加工表面；λ_s为正时，切屑流向待加工表面（见图1–53）。因此精加工时，为了避免切屑划伤已加工表面，λ_s取正值。其二是负的刃倾角可以增强刀头强度，因此用硬质合金车刀加工断续表面以及淬硬材料时，刃倾角λ_s可取负值。

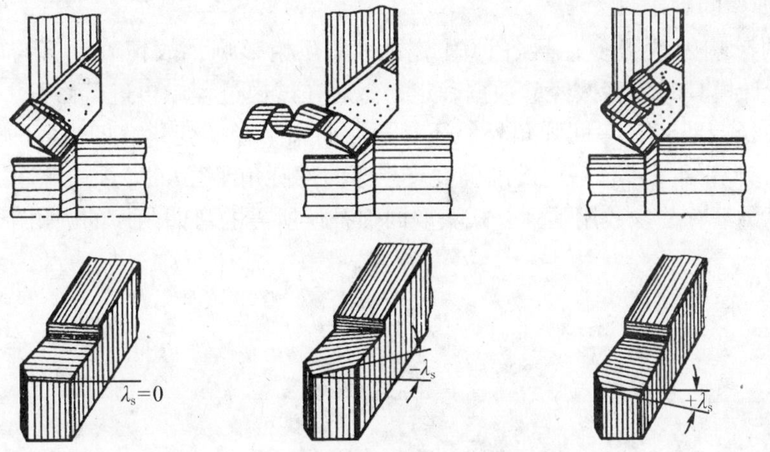

图1-53 刃倾角 λ_s 对切削加工的影响

16. 什么是弯曲件的回弹?

弯曲过程是弹性和塑性变形兼有的过程。弯曲区还存在着弹性变形，所以当弯曲变形后，弯曲件的形状与大小均不一样，这种现象称为回弹。回弹的大小一般是用角度回弹量$\Delta\theta$与曲率回弹量$\Delta\rho$来表示。回弹会影响弯曲件的精度，设计时一定要注意。

回弹量用回弹角$\Delta\theta$表示：

$$\Delta\theta=\theta_0-\theta$$

式中 θ——模具的角度；

θ_0——弯曲后的实际角度。

（1）回弹的影响因素

1）材料的力学性能。回弹量与材料的屈服强度、弹性模量及加工硬化程度有关。屈服强度越大，弹性模量越小，回弹量越大。即与屈服强度σ_s成正比，与弹性模量E成反比。

2）弯曲角θ_0弯曲角θ越大，弯曲变形区的长度也越大，回弹角就越大。但弯曲角对曲率半径的回弹没有影响。

3）相对弯曲半径R/t。板料相对弯曲半径在其他条件相同时，其值越小，弯曲时毛坯外表面上的总切向变形程度大，虽然弹性变形数值也随之增大，但在总变形中的比例却减少。因此，回弹角与弯曲角的比值（$\Delta\theta/\theta$）和曲率回弹值与曲率半径的比值（$\Delta\rho/\rho$）随着弯曲半径的减少而减少。当$R/t<0.2\sim0.3$时，回弹角可能为零，或者为负值。

4）弯曲方式及模具结构。弯曲方式及模具结构对弯曲过程受力状态及变形均有较大的影响。校正弯曲要比自由弯曲回弹量要小，除此以外弯曲件的形状也对回弹影响很大。如U形件回弹量要比V形件回弹量要小。

5）弯曲力。弯曲时压力逐渐增大，当超过弯曲所需变形力时，就改变了弯曲变形区的应力状态和应变性质，从而减少了回弹值。

6）模具间隙。对U形件来说，凸模与凹模的间隙也有影响，其间隙值越大，回弹值越大。

除了上述几点以外，还有毛坯与模具之间的摩擦、板料厚度误差等，均对回弹值有影响。设计与制造时应多加考虑。

（2）回弹角的确定

回弹值的影响因素很多，且各种因素之间又互相影响，故精确计算与确定是很困难的。所以，设计模具时大多按经验数据确定，然后在试模过程中再进行修正。

大圆角半径弯曲时，除回弹角外，还有弯曲曲率半径的变化。即当弯曲件的圆角半径$R/t \geqslant 5 \sim 8$时，计算结果才有一定的准确度。当弯曲件圆角半径R时，则根据板料厚度、屈服极限、弹性模量等有关参数用下列公式获取回弹补偿所需的弯曲凸模的圆角半径。

板材：

$$R_{凸}=\frac{R}{1+3\frac{\sigma_s R}{Et}}$$

棒材：

$$R_{凸}=\frac{R}{1+3.4\frac{\sigma_s R}{Et}}$$

式中 R——弯曲件圆角半径（mm）；

$R_{凸}$——弯曲凸模圆角半径（mm）；

σ_s——屈服强度（MPa）；

E——弹性模量；

d——棒料直径（mm）；

$\theta_{凸}$——凸模弯曲角；

θ——零件弯曲角。

但当小弯曲半径（$R/t<5 \sim 8$）时，弯曲件的弯曲半径变化不大，因此只考虑角度回弹值即可。具体经验数值的初步确定读者可查表1-8、表1-9。

表1-8 V形件弯曲回弹角

牌号	$\frac{R}{t}$	弯曲角度θ						
		150°	135°	120°	105°	90°	60°	30°
		回弹角$\Delta\theta$						
2A12（硬）（LU/2Y）	2	2°	2° 30′	3° 30′	4°	4° 30′	6°	7° 30′
2A12（硬）（LU/2Y）	3	3°	3° 30′	4°	5°	6°	7° 30′	9°
	4	3° 30′	4° 30′	5°	6°	7° 30′	9°	10° 30′
	5	4° 30′	5° 30′	6° 30′	7° 30′	8° 30′	10°	11° 30′
	6	5° 30′	6° 30′	7° 30′	8° 30′	9° 30′	11° 30′	13° 30′
2A12（软）（LY12M）	2	0° 30′	1°	1° 30′	2°	2°	2° 30′	3°
	3	1°	1° 30′	2°	2° 30′	2° 30′	3°	4° 30′
	4	1° 30′	1° 30′	2°	2° 30′	3°	4° 30′	5°
	5	1° 30′	2°	2° 30′	3°	4°	5°	6°
	6	2° 30′	3°	3° 30′	4°	4° 30′	5° 30′	6° 30′

续表

牌　号	$\frac{R}{t}$	弯曲角度θ						
		150°	135°	120°	105°	90°	60°	30°
		回弹角Δθ						
7A04（硬）（LC4Y）	3	5°	6°	7°	8°	8° 30′	9°	11° 30′
	4	6°	7°	8°	8° 30′	9°	12°	14°
	5	7°	8°	8° 30′	10°	11° 30′	13° 30′	16°
	6	7° 30′	8° 30′	10°	12°	13° 30′	15° 30′	18°
7A04（软）（LC4M）	2	1°	1° 30′	1° 30′	2°	2° 30′	3°	3° 30′
	3	1° 30′	2°	2° 30′	2°	3°	3° 30′	4°
	4	2°	2° 30′	3°	3°	3° 30′	4°	4° 30′
	5	2° 30′	3°	3° 30′	3° 30′	4°	5°	6°
	6	3°	3° 30′	4°	2°	5°	6°	7°
20（已退火）	1	0° 30′	1°	1°	1° 30′	1° 30′	2°	2° 30′
	2	0° 30′	1°	1° 30′	2°	2°	3°	3° 30′
	3	1°	1° 30′	2°	2°	2° 30′	3° 30′	4°
	4	1°	1° 30′	2°	2° 30′	3°	4°	5°
	5	1° 30′	2°	2° 30′	3°	3° 30′	4° 30′	5° 30′
	6	1° 30′	2°	2° 30′	4°	4°	5°	6°
30CrMnSiA（已退火）	1	0° 30′	1°	1°	1° 30′	2°	2° 30′	3°
	2	0° 30′	1° 30′	1° 30′	2°	2° 30′	3° 30′	4° 30′
	3	1°	1° 30′	2°	2° 30′	3°	4°	5° 30′
	4	1° 30′	2°	3°	4°	4°	5°	6° 30′
	5	2°	2° 30′	3°	4°	4° 30′	5° 30′	7°
	6	2° 30′	3°	4°	4° 30′	5° 30′	6° 30′	8°
1Cr17Ni8（1Cr18Ni9Ti）	0.5	0°	0°	0° 30′	0° 30′	1°	1° 30′	2°
	1	0° 30′	0° 30′	1°	1°	1° 30′	2°	2° 30′
	2	0° 30′	1°	1° 30′	1° 30′	2°	2° 30′	3°
	3	1°	1°	2°	2°	2° 30′	2° 30′	4°
	4	1°	1° 30′	2° 30′	3°	3° 30′	4°	4° 30′
	5	1° 30′	2°	3°	3° 30′	4°	4° 30′	5° 30′
	6	2°	3°	3° 30′	4°	4° 30′	5° 30′	6° 30′

表1–9　U形件弯曲回弹角

牌　　号	$\frac{R}{t}$	凸模和凹模的间隙Z/2						
		0.8 t	0.9 t	1.0 t	1.1 t	1.2 t	1.3 t	1.4 t
		回弹角$\Delta\theta$						
2A12（硬）（LU/2Y）	2	–2°	0°	2° 30′	5°	7° 30′	10°	12°
	3	–1°	1° 30′	4°	6° 30′	9° 30′	12°	14°
	4	0°	3°	5° 30′	8° 30′	11° 30′	14°	16° 30′
	5	1°	4°	7°	10°	12° 30′	15°	18°
	6	2°	5°	8°	11°	13° 30′	16° 30′	19° 30′
2A12（软）（LY12M）	2	–1° 30′	0°	1° 30′	3°	5°	7°	8° 30′
	3	–1° 30′	0° 30′	2° 30′	4°	6°	8°	9° 30′
	4	–1°	1°	3°	4° 30′	6° 30′	9°	10° 30′
	5	–1°	1°	3°	5°	7°	9° 30′	11°
	6	–0° 30′	1° 30′	3° 30′	6°	8°	10°	12°
7A04（硬）（LC4Y）	3	3°	7°	10°	12° 30′	14°	16°	17°
	4	4°	8°	11°	13° 30′	15°	17°	18°
	5	5°	9°	12°	14°	16°	18°	10°
	6	6°	10°	13°	15°	17°	20°	23°
7A04（软）（LC4M）	2	–3°	–2°	0°	3°	5°	6° 30′	8°
	3	–2°	–1° 30′	2°	3° 30′	6° 30′	8°	9°
	4	–1° 30′	–1°	2° 30′	4° 30′	7°	8° 30′	10°
	5	–1°	–1°	3°	5° 30′	8°	9°	11°
	6	0°	–0° 30′	3° 30′	6° 30′	8° 30′	10°	12°
20（已退火）	1	–2° 30′	–1°	0° 30′	1° 30′	3°	4°	5°
	2	–2°	–0° 30′	1°	2°	3° 30′	5°	6°
	3	–1° 30′	0°	1° 30′	3°	4° 30′	6°	7° 30′
	4	–1°	0° 30′	2° 30′	4°	5° 30′	7°	9°
	5	–1° 30′	1° 30′	3°	5°	6° 30′	8°	10°
	6	–0° 30′	2°	4°	6°	7° 30′	9°	11°
30CrMnSiA（已退火）	1	–1°	–0° 30′	0°	1°	2°	4°	5°
	2	–2°	–1°	1°	2°	4°	5° 30′	7°
	3	–1° 30′	0°	2°	3° 30′	5°	6° 30′	8° 30′
	4	–0° 30′	1°	3°	5°	6° 30′	8° 30′	10°
	5	0°	1° 30′	4°	6°	8°	10°	11°
	6	0° 30′	2°	5°	7°	9°	11°	13°

17. 电火花加工的工艺特性有哪些?

利用电火花机床加工工件的宗旨是要使电火花加工具有较高的加工速度、较高的尺寸精度、较高的表面加工质量以及较低的电极损耗。电火花加工中影响这些工艺指标的参数主要包括电参数（脉冲宽度、间隔时间、间隙电压、峰值电流等）和非电参数（如“抬刀”时间和频率、主轴伺服速度、工作液循环方式、位置和大小等等）。

（1）电火花加工的工艺现象

1）极性效应。电火花加工时，两电极被蚀除的量是不同的，其中一个电极比另一个电极的蚀除量大，这种现象就叫做极性效应。在电场力的作用下通道中的电子奔向阳极，正离子奔向阴极。由于电子质量轻、惯性小，在短时间内容易获得较高的运动速度。而正离子质量大、不易加速，故在窄脉冲时，电子动能大，电子传递给阳极的能量大于正离子传递给阴极的能量，使阳极的蚀除量大于阴极的蚀除量，即为正极性，其加工过程成为正极性加工。在宽脉冲时，正离子有足够的时间加速，可获得较高的速度，而且正离子的质量又大得多，轰击阴极的动能较大，正离子传递给阴极的能量超过了电子传递给阳极的能量，使阴极的蚀除量大于阳极的蚀除量，即为负极性，其加工过程成为负极性加工。

2）覆盖效应。在电火花加工过程中，一个电极的电蚀产物转移到另一个电极的表面上，形成一定厚度的覆盖层，这种现象叫覆盖效应。在油类介质中加工时，其覆盖层主要是石墨化的碳素层和黏附在电极表面的金属微粒结层。合理利用覆盖效应，有利于降低工具电极的损耗，甚至可做到“无损耗”加工。

（2）加工速度

加工速度是指在单位时间内工件材料被蚀除的体积或重量。由于电火花加工存在工效低的缺点，因此尽可能地提高加工速度是制订加工工艺的主要指标。

影响加工速度的主要参数有以下几个：

1）平均电流。在电火花加工中的平均电流也直接反映加工速度的大小，平均电流越大，加工速度就越快。在稳定加工的情况下，它们基本上是线性关系。

2）峰值电流。峰值电流是构成脉冲能量的基本要素，脉冲能量与峰值电流成正比，峰值电流越高，脉冲能量就越大，加工速度也就越大。但峰值电流也不可无限加大，当峰值电流超过某一极限值后，电火花加工的稳定性被破坏，工具电极与工件之间会产生拉弧烧伤。因此，峰值电流的选择要适当，一般应根据加工面积的大小来确定。

3）脉冲宽度。当峰值电流一定时，脉冲能量与脉冲宽度成正比，脉冲宽度越大，脉冲能量也越大，加工速度也随之增加。但当脉宽增加到一定数值后，加工速度出现极值，此后再继续增加脉宽，加工速度反而下降。这是因为当脉冲时间过长，其转化的热能有较大部分散失在工具电极与工件之间，不能起到蚀除作用。同时，过长的脉冲宽度会使蚀除物增多，造成排屑排气条件恶化，引起拉弧，使加工稳定性遭到破坏。

4）脉冲间隔。在单位时间内，脉冲间隔越短，脉冲占空比就越大，加工速度就越快。但是过短的间隔，会使放电间隙来不及消电离，引起拉弧烧伤和加工稳定性的破坏，反而使加工速度降低。所以，间隔与脉宽的匹配是保证加工稳定性、提高加工速度的主要因素。

5）放电间隙电压。降低放电间隙电压可有效地提高平均加工电流，但同时也缩小了两极间的放电间隙，造成排屑困难而引起加工的不稳定，尤其在精加工过程中。因此，放电间隙电压要根据加工的过程合理地调节，以获得更快的加工速度。

6）加工稳定性。在电火花加工中，加工稳定性是影响加工速度的重要因素。除了设计合理的脉宽、间歇和峰值电流等电参数以外，对非电参数的控制也非常重要。

7）“抬刀”高度和频率的设定。在加工过程中，定时抬刀有利于加工屑的排出，因此在加工不稳定时，提高“抬刀”高度和频率是消除加工不稳定的主要手段。

8）工具伺服进给速度。高的伺服进给速度可以提高加工速度，但过高则会引起工具电极的超进给，从而引起加工的不稳定。所以，工具电极的伺服进给速度要根据加工状况以及加工型腔的形状等因素综合考虑，进行合理设置。

此外，加工液的状况，加工工件材料的状况以及加工型腔的形状、深度，加工液排出的难易程度等，都会影响加工的稳定性，从而影响加工速度。

（3）加工精度

电火花加工的加工精度，包括尺寸精度和仿型精度两顶主要指标，其主要影响因素是放电间隙、电极损耗以及平动方式等。

1）放电间隙。在电火花加工中，工具电极和工件在侧壁间的二次放电，造成型腔侧壁尺寸的扩大，以及侧壁加工间隙的不均匀。对于加工直壁型腔，容易形成入口放电间隙大于出口放电间隙的加工斜度。对于二次放电造成的加工斜度及仿型失真可以用减少二次放电的机会来减少，对于二次放电造成的加工斜度及仿型失真可以用增加加工修正量来修正。在实际加工中，可以通过提高工作介质的纯净度、改善电极间的排屑状况以及提高加工的稳定性等手段来减少二次放电的机会。

此外，在电火花加工中要尽量避免其他因素造成的放电间隙的改变，如工具电极强度不够引起的应力变形及热变形等等。

2）电极损耗。工具电极的损耗是影响加工精度的直接因素。在电火花成形加工中，工具电极棱角的损耗速度一般比较快，从而影响了电火花成形加工的仿型精度。因此，要设计合理的加工工艺，尤其是手动方式，要确保工具电极的最小损耗。对高精度要求的工件，可采用粗、中、精多电极加工，以确保加工精度。

（4）表面粗糙度

表面粗糙度是电火花加工后加工表面的微观不平度。由于电火花加工大多为最终加工，因此加工表面的粗糙度直接影响工件使用性能。

电火花加工的表面粗糙度，主要取决于电火花加工时单个脉冲的能量。单个脉冲的能量越大，放电蚀除的坑穴越大、越深，加工速度就越快，表面就越粗糙。由此可见，表面粗糙度和加工速度是一对矛盾，我们既要高的加工速度，又要好的表面加工质量，因此选择合理的加工设计方案就变得非常重要。

（5）工具电极的损耗

在单位时间内工具电极被蚀除的体积、重量或长度被称为电极的绝对损耗；工具电极的绝对损耗与工件加工速度的百分比被称为工具电极的相对损耗。在电火花成形加工中，工具电极的损耗直接影响仿形精度，特别是对型腔加工，电极损耗是较加工速度更为重要的工艺指标。

影响工具电极损耗的主要参数有以下几种。

1）加工极性。由于电火花加工的极性效应，当采用比较长的脉冲宽度加工（粗、中加工）时，工件接负极、工具电极接正极——也就是负极加工，此时电极损耗比较小。而当采用比较窄的脉冲宽度加工（精、微加工）时，工件接正极、工具电极接负极——也就是正极性加工，这样电极损耗比较小。

2）脉冲宽度。当加工中的峰值电流不变时，脉冲宽度越大，电极损耗就越小。所以，只有在宽脉冲加工时，才容易实现工具电极的低损耗。随着脉宽的增加，工具电极相对损耗降低的原因主要是：随着脉宽的增加，单位时间内脉冲放电次数减少，使放电击穿所引起的电极损耗减少，而且随脉宽加大后，电极表面的局部温度升高，使覆盖效应加强，在工具电极的表面更易生成覆盖层，保护工具电极的表面，使工具电极的损耗降低。因此，精加工时工具电极的相对损耗比粗加工时工具电极的相对损耗大。

3）脉冲间隔。在脉宽不变的情况下，加大间隔，会使工具电极表面的局部温度降低，使覆盖效应减小。因此，随着间隔的加长工具电极的损耗也会加大，特别是在小脉宽加工时较为明显。

4）峰值电流。峰值电流与电极损耗关系很大。在一般情况下，随着峰值电流的增加工具电极的损耗会加大，但加工电流的大小又直接决定了加工速度。因此，既要提高加工速度，又要实现工具电极的低损耗，就要根据加工面积来合理地设计峰值电流。

5）间隙电压。一般情况下，放电间隙随间隙电压的升高而加大，随间隙电压的降低而减小。在精、微加工时，电加工条件选取较弱，此时放电间隙很小，蚀除物在爆炸力与工作液的作用下，对工具电极的表面不断撞击，极大地加大了工具电极的损耗。因此在精、微加工时，适当加大间隙电压、增加放电间隙、改善排屑状况，即可有效地排出工具电极的损耗。

工作液的位置及流量的大小和排气孔位置的设置等要根据加工型腔的形状、深度及加工精度的要求来设计。合理的设计可以加快加工速度，减少电极损耗，提高加工精度，并能保证加工的稳定性。

18. 数控机床有哪些种类？

数控机床是在普通机床的基础上发展起来的，各种类型的数控机床基本上起源于同类型的普通机床，按工艺用途的分类大致如下：

1）数控车床（NC Lathe）。

2）数控铣床（NC Milling Machine）。

3）加工中心（Machine Center）。

4）数控钻床（NC Drill Press）。

5）数控镗床（NC Boring Machine）。

6）数控齿轮加工机床（NC Gear Cutting Machine）。

7）数控平面磨床（NC Surface Grinding Machine）。

8）数控外圆磨床（NC External Cylindrical Grinder Machine）。

9）数控轮廓磨床（NC Contour Grinding Machine）。

10）数控工具磨床（NC Tool Grinding Machine）。

11）数控坐标磨床（NC Jig Grinding Machine）。

12）数控电火花加工机床（NC Die Sinking Electric Discharge Machine）。

13）数控线切割机床（NC Linear Cutting Machine）。

14）数控激光加工机床（NC Laser Beam Machining）。

15）数控冲压机（NC Punching Press）。

16）数控超声波加工机床（NC Ultrasonic Machine）。

17）其他（如三坐标测量机等）。

其中，加工中心、放电加工机床、数控激光加工机床等新型加工设备的出现，与传统上的普通的机床有着很明显的差别，并随之带来一些新特点。随着数控机床在多功能、高精度、良好的加工能力等方面的较大发展，同时带来数控机床种类的更新与多样化。

19. 什么是模具的数控加工，它有哪些特点？

（1）数控加工基本概念

1）数控与数控机床。数字控制（Numerical Control）是用数字化信号对机床的运动及其加工过程进行控制的一种方法，简称为数控（NC）。它是一种自动控制技术。

数控机床就是采用了数控技术的机床，或者说是装备了数控系统的机床。

数控技术是一种特殊的和多用途及柔性自动化技术。最初它是为了控制机床的操作与运动发展起来的，但其应用可覆盖到许多领域。

2）数控加工。数控加工是指在数控机床上进行零件切削加工的一种工艺方法。

数控加工与普通加工方法的区别在于控制方式。在普通机床上进行加工时，机床动作的先后顺序和各运动部件的位移都是由人工直接控制。在数控机床上加工时，所有这些都由预先按规定形式编排并输入到数控机床控制系统的数控程序来控制。因此，实现数控加工的关键是数控编程。由于通过重新编程就能加工出不同的产品，因此它非常适合于多品种，小批量生产方式。

3）数控加工研究的主要内容。

①数控加工工艺设计。工艺设计是对工件进行数控加工的前期工艺准备工作，它必须在程序编制工作以前完成，因为只有工艺设计方案确定以后，程序编制工作才有依据。工艺设计搞不好，往往要成倍增加工作量，是造成数控加工差错的主要原因之一。所以编程人员一定要先做好工艺设计，再考虑编程。工艺设计内容主要如下所述：

a．选择并决定零件的数控加工内容。

b．零件图纸的数控加工工艺性分析。

c．数控加工的工艺路线设计。

d．数控加工的工序设计。

e．数控加工专用技术文件的编写。

②对零件图形的数学处理。

③编写数控加工程序单。

④按程序单制作控制介质。

⑤程序的校验与修改。

⑥首件试切加工与现场问题处理。

⑦数控加工工艺技术文件的定型与归档。

（2）数控加工的特点

1）加工精度高。数控机床是精密机械和自动化技术的综合，所以机床的传动精度与机床的结构设计都考虑到要有很高的刚度和热稳定性，它的传动机构采用了减小误差的措施，并由数控装置补偿，所以数控机床有较高的加工精度。数控机床的定位精度可达±0.005 mm，重复定位精度为±0.002 mm。而且数控机床的自动加工方式还可以避免人为的操作误差，使零件尺寸一致，质量稳定，加工零件形状愈复杂，这种特点就愈显著。

2）自动化程度高和生产率高。数控加工是按事先编好的程序自动完成零件加工任务的，操作者除了安放控制介质及操作键盘、装卸零件、关键工序的中间测量以及观察机床的运动情况外，不需要进行繁重的重复性手工操作，因此自动化程度很高，管理方便。同时，由于数控加工能有效减少加工零件所需的机动时间和辅助时间，因而加工生产率比普通机床高很多。

3）适应性强。当改变加工零件时，只需更换加工程序，就可改变加工工件的品种，这就为复杂结构的单件，小批量生产以及试制新产品提供了极大的便利，特别是普通机床很难加工或无法加工的精密复杂型面。

4）有利于生产管理现代化。用数控机床加工零件，能准确地计算零件的加工工时，并有效地简化了检验和工夹具、半成品的管理工作。这些都有利于使生产管理现代化，便于实现计算机辅助制造。

5）减轻劳动强度，改善劳动条件。操作者不需繁重而重复的手工操作，劳动强度和紧张程度大大改善，另外工作环境整洁，劳动条件也相应改善。

6）成本高。数控加工不仅初始投入大（数控设备及计算机系统），而且复杂零件的编程工作量也很大，从而增加了它的生产成本。

（3）数控加工的应用

从数控加工的一系列特点可以看出，数控加工有一般机械加工所不具备的许多优点，所以其应用范围也在不断地扩大。但目前它并不能完全代替普通机床，也还不能以最经济的方式解决机械加工中的所有问题。数控加工对于加工多品种、中小批量以及结构形状复杂、加工精度要求高，需要频繁改型的产品零件更具有选用价值，例如面广量大的模具制造业正越来越多地倚重于数控加工技术。

（4）数控加工技术的发展

数控加工技术是综合运用了微电子、计算机、自动控制、自动检测和精密机械等多学科的最新技术成果而发展起来的，它的诞生和发展标志着机械制造业进入了一个数字化的新时代。为了满足社会经济发展和科技发展的需要，它正朝着高精度、高速度、高可靠性、多功能、智能化及开放性等方向发展。

1）高速度高精度化。速度和精度是数控加工的两个重要技术指标，它直接关系到加工效率和产品质量。最新型号的CNC都使用32位甚至64位微处理器技术，最小移动单位可达0.1 μm，最大进给速度可达100 m/min，高速主轴的转速可达40 000 ~ 50 000 r/min。

2）智能化。智能化是体现数控加工运用高技术的重要标志。它表现在运用自适应控制技术；运用人机会话自动编程功能，建立切削用量专家系统和示教系统；运用自诊断功能；运用模式识别技术。

3）小型化。CNC系统体积的小型化便于将机–电装置糅合为一体。新系统都采用三维安装方法，可用新型TFT彩色液晶薄型显示器。

4）提高可靠性。数控系统比较贵重，用户期望发挥投资效益，要求设备可靠，特别是对要用在长时间无人操作环境下运行的数控系统，可靠性成为人们最为关注的问题。

5）具有更高的通信功能。为适应FMC、FMS以及进一步联网组成CIMS的要求，一般的数控系统都具有RS—232C和RS—422高速串行接口，高档的数控系统应具有DNC接口。现代数控机床为了适应自动化技术的进一步发展，满足工人自动化规模越来越大的要求，满足不同厂家不同类型数控机床联网的需要，纷纷采用MAP工业控制网络。

6）具有开放性。传统的数控系统是一种专用封闭式系统，各个厂家的产品之间以及与通用计算机之间不兼容，维修、升级困难，越来越难以满足市场对数控技术的要求。为此，提高了开放式数控系统的概念，国内外正在大力研究开发开放式数控系统，有些已进入实用阶段。

20. 模具技术状态的检测有哪些内容?

（1）检测的重要性

模具作为一种特定的工艺装备，在其使用前、使用过程中和报废时都需要进行技术状态的检测。

在模具制造完成，正常投入使用之前进行的技术状态检测是判断模具是否达到设计要求，在制件质量、模具寿命和功能上是否满足生产要求的重要步骤。这种检测主要是判断模具是否合格，能否投入使用。在检测中，各有关部门和人员要齐心协力排除缺陷和不足。

模具在使用过程中，由于模具零件的自然磨损、模具制造工艺不合理、模具在机床上安装或使用不当以及设备发生故障等原因，都能使模具失去原有的使用精度。模具技术状态必然日趋恶化，也将直接影响制件质量和生产效率。因此，在模具管理上，模具使用一段时间或每次使用完毕都需要进行检测。这样管理人员就可以主动地掌握模具技术状态的变化，并认真及时地予以处理，使模具经常在良好或最佳状态下工作。

模具经过长期使用，在报废前也要进行技术状态检测，对模具做出正常的结论，给报废模具做特定标记，及时更新模具。

此外，在各次技术状态检测中，要把模具检测的结果连同制件产生缺陷的内容与原因和采取的措施以及模具的磨损程度、损坏原因和修理内容作详细记录，并进一步整理出资料，为模具设计、工艺和使用等方面提供十分重要而有用的技术资料。

（2）检测的方法

新模具制成和模具修理后，模具的技术状态是通过试模来检测的。使用中模具技术状态的检测是通过对制件质量状态和模具工作性能的检查来进行。

重大的技术状态检测应由产品工艺人员、模具设计人员、模具工艺人员、检验人员、模具制造和使用人员以及模具生产管理人员共同参与和完成。在检测中要做到模具工作的设备及状态、试用的原材料或半成品、试用的原材料或半成品、试用的工艺条件要符合产品工艺规程的规定。同时，对试用中的制件的数量要有明确的规定。

1）制件质量的检查。由于模具精度直接表现为制件精度，因此，制件质量的检查是模具技术状态检测的重要一环。

①制件质量检查主要内容有以下方面：

a．制件尺寸精度是否符合图样要求。

b．制件形状及表面质量有无各种成形缺陷。

c．**飞边**是否超过规定要求。

②制件质量检查应分3个阶段进行。

a．模具开始作业时检查。应在模具安装调整完毕进行，先检查几个制件并与前一次模具检验时的测定值作比较，以检验模具安装是否正确。这是因为有时制件不良的原因不在于模具，而是由于模具安装方法不当而造成的。

b．模具使用中的检查。主要内容是进行制件尺寸测量和飞边测量，通过检查和掌握制件尺寸、形状和飞边大小来检测模具的磨损状态和使用性能。

c．模具使用后检查。检查最后几个制件的质量情况，其检查要根据工序的性质来确定，要检查外形尺寸、孔位变化、表面质量和尺寸等的变化。通过制件质量和模具生产制件的数量来判断模具的磨损情况或模具有无修理的必要，以防止在一次使用该模具时由于模具不良而引起事故或中断生产。

3个阶段的检查分别发挥着不同的作用，其主要目的是保证模具的精度，使模具保持良好的技术状态，最大限度地延长模具的寿命和防止制件出现缺陷。

2）模具工作性能的检查。模具使用后，除了检查制件质量外，还应对模具的工作性能进行一次详细的检查。其检查内容如下：

①检查工作件。结合制件质量情况，检查模具工作件是否完好。

②检查各工作系统。各工作系统动作是否协调，能否正常工作。

③检查导向装置。导向装置是否有严重磨损，导柱、导套的配合间隙是否过大以及有无松动现象。

④检查推出机构和侧抽装置。推出机构和侧抽装置动作是否灵活平稳，是否有严重磨损和变形状况。

⑤检查定位装置。定位装置是否可靠，有无松动和严重磨损。

⑥检查安全防护装置的完好状态。

通过以上检查来确认模具技术状态的良好程度，并以此为根据提出修、存的处理意见。对于每次检测中的制件质量、模具质量、留档制件和模具维护等方面的情况，要逐项记录在模具档案本上，由有关人员签字。历次检测都要记录在案直至报废。每副模具都有“技术状态检测档案本”。

☆飞边：①模塑过程中溢入模具合模线或脱模销等间隙处并留在塑料制件上的剩余料边，可用抛光、研磨等方法除去。②模锻时终锻模膛内多余的金属流入飞边槽而形成围绕锻件四周的一圈金属，具有保证金属填满模膛的作用。

第二部分　模具工操作基本技能

1. 模具零件的表面如何处理?

模具零件通过表面处理，在其表面形成一层高硬度的硬化层，而基体仍具有高的强韧性。目前，模具上应用的表面处理方法有：氮碳共渗、渗硼、渗硫、熔盐浸镀（TD）、化学气相沉积（CVD）、物理气相沉积（PVD）等。

（1）氮碳共渗

氮碳共渗即在550～570 ℃的温度下，用尿素、甲酰胺或氨气和渗碳气体作渗剂，向钢表面同时渗入氮原子和碳原子的过程。模具经氮碳共渗处理后，在表面形成一层由Fe_4（N·C）和Fe_2（N·C）组成的氮碳化合物层，硬度在1 000 HV左右，提高了表面的耐磨性和耐腐蚀性。

气体氮碳共渗主要应用于在热态下工作的压铸模、塑料模、热挤模及锤锻模等，但也常用于某些冷作模具。

（2）渗硼

渗硼就是使硼元素渗入钢件表面，在表面形成一层硼化合物，其硬度为1 400～2 000 HV，具有极高的耐磨性，同时还有良好的耐蚀性和抗高温氧化性。

模具渗硼常采用固体法。渗硼剂为硼铁15%、氟硼酸钾（KBF_4）5%和氧化铝粉（Al_2O_3）80%。渗硼后还要进行淬火、回火处理。

渗硼用于冷挤模、拉丝模、热锻模、热挤模、冲裁模、粉末冶金模及冷镦模等，效果都非常显著。

（3）渗硫

渗硫是向工件表面渗入硫原子的过程。钢铁工件表层形成FeS薄膜，可以降低摩擦系数，提高耐磨性。目前工业上应用较多的是低温电解渗硫和中温硫氮共渗。

1）低温电解渗硫。将模具置于180～250 ℃的硫氰酸盐浴中，进行10～20 min的电解渗硫。常用盐浴成分为（50%～80%）KSCH+（20%～50%）NaSCN，在盐浴中模具接阳极，盐槽接阴极。在直流电的作用下，发生如下沉积反应：

$$MCNS \longrightarrow M^{+} + CNS^{-}$$

$$CNS^{-} + 2e \longrightarrow CN^{-} + S^{2-}$$

$$Fe \longrightarrow Fe^{2+} + 2e$$

$$Fe^{2+} + S^{2-} \longrightarrow FeS \downarrow$$

形成的FeS层黏附于模具表面，其硬度虽较低，但摩擦系数很小，故可显著提高耐磨性和抗咬合性能。渗硫层呈多孔性，能储存润滑剂，并有固体润滑作用。因此，特别适用于受强烈摩擦的模具，如冷挤模等。

2）中温硫氮共渗。将模具置于520～560 ℃的无氰盐浴中处理1～3 h，便可获得一定厚度的渗层。无氰熔盐硫氮共渗剂的成分为50%$CaCl_2$+30%$BaCl_2$+20%Nacl，另外熔盐总量

8%～10%的FeS，并将NH_3通入熔盐（1～3 L/min）。其中氨气为渗氮剂，通入氨气还能起搅拌作用，减轻FeS的比重偏析，使熔盐中活性成分更为均匀。

模具经硫氮共渗后表面具有良好的耐磨性和抗疲劳性能。这种处理技术在压铸模中应用较广。

（4）熔盐浸镀（TD）

熔盐浸镀是利用盐浴在模具表面涂覆VC、NbC、Cr–C等碳化物镀层。此种涂覆硬度高，耐磨性好，摩擦系数小，抗咬合能力强，并具有良好的耐热疲劳性能和耐蚀性。

其处理过程是将模具置于（80%～90%）硼砂+（10%～20%）涂覆剂（Fe–V粉、Fe–Nb粉或V_2O_5、Nb_2O_5）的盐浴中，加热至800～1 000 ℃，保温一定时间后即可获得0.05～0.20 mm厚的VC、NbC涂层。

熔盐浸镀法适用于拉深模、切边模、剪切刀、冷挤模、锤锻模及压铸模等。

（5）化学气相沉积

这种工艺是将模具置于抽成真空并通有氢气或氮气的反应室中，同时向反应室通入CH_4和$TiCl_4$，将温度升至900～1 100 ℃，即发生化学反应，在模具表面沉积一层厚度为5～10 μm的TiC涂层。其化学反应如下：

$$TiCl_4+CH_4 \longrightarrow TiC\downarrow+4HCl$$

$$TiCl_4+2Fe（钢中）+C（钢中）\longrightarrow TiC\downarrow+2FeCl_2$$

由于TiC硬度极高（2 000～4 000 HV），因而气相沉积TiC涂覆层耐磨性极好，而且具有较好的耐蚀性和很小的摩擦系数。这种工艺适用于各种拉深模、冷挤模、冲裁模、冲头及粉末冶金模等。

（6）物理气相沉积

物理气相沉积是通过蒸发、电离溅射等过程，产生金属分子沉积在工件表面，形成金属涂层并与反应气体反应生成化合物涂层。PVD法的重要特点是沉积温度低于600 ℃，沉积速度快。PVD法有真空镀、真空溅射和离子镀三大类，其中离子镀发展最快。

离子镀前先抽真空至6.65×10^{-3} Pa以上，然后通入惰性气体，并使真空度为1.33×10^{-1} Pa。接通高压电源，则在蒸发源与工件之间建立起一个低压气体放电的低温等离子区。借助惰性气体的辉光放电，使镀料气化蒸发的原子大部分处于激发态或离子化，离子经过电场加速，以较高能量轰击工件表面而沉积成镀层。在工作室存在金属Ti蒸气的情况下，如引入反应气体N_2等，便可在工件表面得到TiN镀层。

离子镀涂覆层附着力强，硬度高和耐磨性好。常用于冷冲模、压铸模、塑料模等。

2. 模具零件如何划线，有哪些注意事项?

划线是零件在成型加工前的一道重要工序。零件经外形加后，以某些基面为基准，在待加工部位划出所有需加工部位的尺寸线及中心线，作为下道工序加工时定位、找正、加工和测量的依据。但尺寸精度仍需通过加工时的测量给予保证。

（1）划线方法

划线的方法见表2–1。

表2-1　划 线 方 法

<table>
<tr><th colspan="2">名　　称</th><th>内　　容</th></tr>
<tr><td colspan="2">普通划法</td><td>利用常规划线工具，以基本线条或典型曲线的划法进行划线，划线精度可达0.1～0.2 mm</td></tr>
<tr><td colspan="2">样板划线法</td><td>常用于多型腔及复杂形状的划线。利用线切割机床或样板铣床加工出样板，以某一基准为准在模块上按样板划出加工线</td></tr>
<tr><td rowspan="4">精密划线法</td><td>利用工具铣划线</td><td>应用工具铣的工作台及回转工作台的坐标移动及圆周运动进行划线，并应用块规、千分表及量棒等工具检测工作台的位移精度，划线精度可达0.05 mm</td></tr>
<tr><td>利用数控（显）工具铣划线</td><td>应用数控工具铣或数显工具铣划线，划线精度可达0.01 mm</td></tr>
<tr><td>利用坐标镗床划线</td><td>应用坐标镗床划线，划线精度可达0.005～0.01 mm</td></tr>
<tr><td>利用样板铣床划线</td><td>应用样板铣床划线，划线精度可达微米级</td></tr>
</table>

精密划线的加工线，可直接作为加工及测量的基准。操作中计算刻度时应消除丝杆的空回；校正打表时应与所划线条同方向的基准边平行；划针对好工件，接触深浅要适当，以划出清晰的线条为原则。

（2）划线注意事项

划线注意事项见表2-2。

表2-2　划线注意事项

项　　目	内　　容
检查零件	划线零件的外形加工精度，如上、下平面的平行度，相邻两侧面的垂直度。划线前毛刺应去除干净
消化图纸	在理解图纸的基础上，正确选择划线基准，尽量与设计基准或工艺基准一致
线条准确	按图纸的基本尺寸划出加工线及需要参照的所有尺寸线、中心线；线条必须准确、清晰，线条粗细度为0.05～0.1 mm

续表

项　目	内　容
划线方法 依加工方法而定	加工方法及所用的工具不同时，要划的加工线也不同。图中（a）为铣削型腔需划的加工线；（b）为电火花加工型腔的划线。电加式时电极以A面和B面为基准，工作台移动L及L_1距离，即可加工型腔 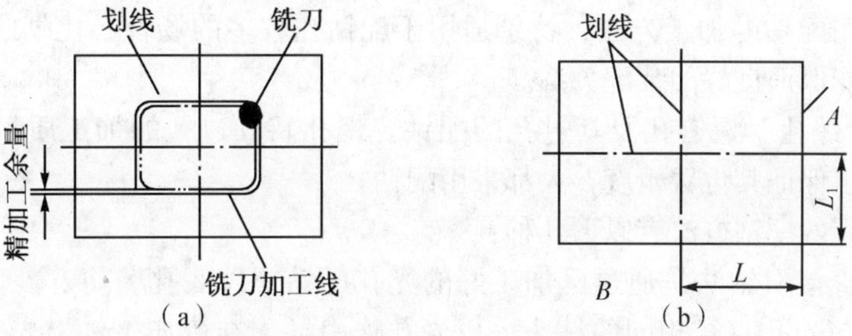 用于铣工和电加工的2种划线
尺寸一致的划法	2个以上零件必须保证尺寸一致时，为防止划线误差，每调整一次划线尺寸，就将各零件按统一的基准，依次划出需保持一致的所有尺寸线
脱模斜度	脱模斜度一般不划出。凸模或零件上的凸出部位，均按大端尺寸划线，凹模或零件上的凹入部位按小端尺寸划线，脱模斜度在加工中保证。用专用的斜度铣刀加工脱模斜度时，凹模或凹入部位、凸模或凸出部位划线时所取的尺寸线，应与上述方法相反

（3）打样冲眼

沿划出的加工线及中心位置的交点打样冲眼。样冲眼的深度应保证精加工后不会残留痕迹，中心位置交点处的样冲眼必须准确地打在交点的中心。要求精度较高时应在机床上用中心钻定中心，或利用坐标镗床定孔的中心。圆弧中心点的样冲眼要求打得准、轻，划规能站住脚。

3. 模具零件如何配钻，特殊孔如何加工？

模具零件上许多孔，如螺纹孔、螺栓穿孔、销钉孔、顶杆孔、型芯固定孔等，都需要经钻铰加工，达到孔径、孔距精度及表面粗糙度值的要求。这些孔大部分都在划线后加工，常用的加工方法有3种：

1）单个零件直接按划线位置钻孔。

2）配钻——通过已钻铰的孔对另一零件进行钻孔、铰孔。

3）同钻铰——将有关零件夹紧成一体后，同时钻孔、铰孔。

随着模具制造技术水平越来越高，配钻加工等的钻床操作，在模具制造中虽日益减少，但钻孔是钳工的基本操作内容之一，熟练地掌握这些基本作业仍然是必要的。

（1）配钻加工

模具零件上有许多孔，在模具组装时，各零件之间对孔位都要求有不同程度的一致性。这些孔，除孔位精度要求较高的采用坐标镗床与立铣等机床来钻孔、镗孔外，当孔距本身公差要求不高，而只要求2个或3个零件组装时孔位一致，常采用配钻和同钻铰方法来加工。

所谓配钻，就是在钻削某一零件时，其孔位不是按照图样中的尺寸和公差来加工，而是通过另一零件上已钻铰好的实际孔位来配钻。

所谓同钻铰，就是将待加工的有关零件夹紧成一体后，同时钻孔、铰孔。

采用配钻的加工方法，特别适用于配钻孔较多的场合，比划线后再钻孔的方法精度要高，且能保证良好的装配关系。

1）螺孔、螺钉孔及其过孔的配钻。螺孔及其过孔的加工质量对模具装配有很大的影响，为了保证其位置精度，大都采用配钻。

常用的配钻方法有以下几种：

①直接引钻法是通过已加工好的光孔配钻螺纹底孔，将2个零件按要求位置夹紧在一起，用与光孔直径相同的钻头，以光孔作引导，在待加工件上先钻一锥坑，再把2个件分开，以锥坑为准钻孔。

当配钻要求高时，可采用以下措施：

a．钻锥坑钻头顶角取105°～110°，以利导正后续钻头。

b．钻锥坑时，当钻头接触到工件便缓慢进刀，达锥坑深度后略回升，再慢进刀0.02～0.03 mm，可达到较高的同轴度要求。

通过已加工螺孔配钻过孔是将2个零件按要求位置夹紧在一起，用直径略小于螺孔顶径的钻头，在待加工件上钻孔，将两件分开，把小孔扩大到所需直径。

②螺纹中心冲印孔法是根据已加工的不通孔螺孔来配作时，可采用如图2-1（a）所示的螺纹中心冲印孔。该中心冲锥尖经淬硬处理并与螺纹中心有同轴度要求。使用时将螺纹中心冲旋入已加工的螺孔内，用高度尺找平，将两工件按装配位置叠在一起并加压，使在待加工的各对应孔中心压出中心冲眼后钻孔。该中心冲结构如图2-1（b）。

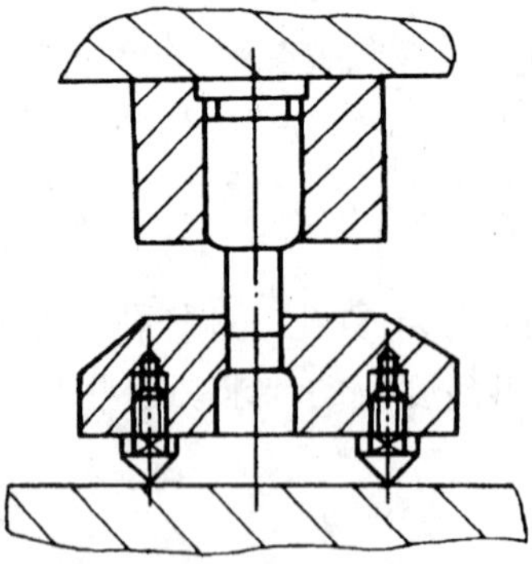

（a）用螺纹中心冲印孔位

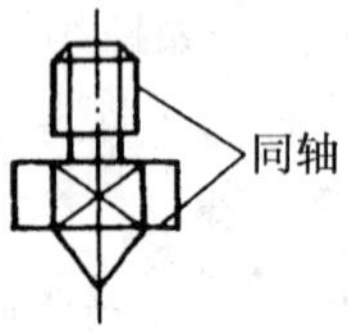

（b）螺纹中心冲

图2-1　螺纹中心冲印法

③复印法是在已加工的光孔或螺纹孔的平面上涂一层红丹粉，将两零件按装配位置叠在一起，使在待加工的平面上印出孔印，据此钻中心孔。

2）销孔的配钻铰。模具零件相互间的位置精度，常用圆柱销定位来保证，销钉孔的加工质量和销钉的定位准确程度，对整副模具的装配质量有很大的影响。所以销钉孔的加工，是在把装配调整好的各零件用螺钉紧固在一起后进行的，使各定位件所对应的销钉孔具有较高的同轴度要求。

若被固定件已淬硬，其销孔一般应预先加工好（用比该孔径小0.1～0.2 mm的钻头锪锥坑后），经该销孔作引导进行钻、铰；若被固定件未经淬硬，其销孔一般不预先加工出来，而是采用同钻、铰加工。

对淬硬件上的销孔，为了减少变形的影响，可采用以下措施：

①用硬质合金铰刀，对销孔精铰一次。

②用埋金法，即在淬火前先将销孔扩大，淬后用压入或无机粘结法镶实心软钢，再在软钢上加工销孔。此法用于淬硬件上的不通销孔，更显优越性。

③淬硬后磨削销孔。

④根据铸铁棒加研磨剂研磨的实际尺寸，配制非标准销钉。

⑤淬硬前将销孔扩大，淬后压入一空心销钉套，据此配作。

⑥线切割销孔，程序一次编出，并可互换。

为了保证销钉孔的加工质量，配钻铰销钉孔时，选用比已加工好的销钉直径小0.1～0.2 mm的钻头锪锥坑找正中心，再进行钻、锪，粗、精铰孔，但所留余量要适当，同时在铰销过程中要加注充分的切削液。

此外，加工销孔时还应注意：

①销孔的有效配合长度（R_a为0.4～0.8 μm）不宜过长，每个零件上孔的有效配合长度取孔径1～1.5倍，其余部分的孔径扩大，以免影响铰孔精度。

②用钻后铰孔工艺，在直径上留铰量约0.2 mm。

③用钻后扩孔再铰孔工艺，留铰量约0.1 mm。

（2）特殊孔的钻削加工

在模具加工中，常遇到各种不同形状和类型孔的加工，例如圆形、方形、多边形或不规则形的孔的加工；在硬质合金上或在橡胶上钻孔；缺乏专用铰刀时的钻精孔；加工排气或通气孔时钻小而深的孔等。加工这些特殊孔时，由于加工件的结构、加工材料、质量要求和钻孔部位等的不同，其加工工艺和所采取的措施也应随着改变。

1）钻斜孔。钻斜孔有3种情况：在斜面上钻孔、在平面上钻斜孔和在曲面上钻孔。它们都有一个共同的特点，即孔的中心线与钻孔端面不垂直。

钻斜孔时，由于钻头单边受力，作用在钻头切削刃上的径向分力，会使钻头向一侧偏移，很难保证孔的正确位置和钻孔的垂直度要求，且钻头也容易弯曲而折断。为此可采用以下几种办法：

①钻孔前先用孔径相同的立铣刀铣出一个与钻头轴线相垂直的平面，然后再钻孔，如图2-2（a）所示。也可用錾子在斜面上先錾出一个小平面，然后用中心钻在孔中心钻出一个较大的锥坑，而后再钻孔，如图2-2（b）所示。由于中心钻的柄部直径较好，不易弯曲，因此可以保持中心孔不会偏移原定位置。

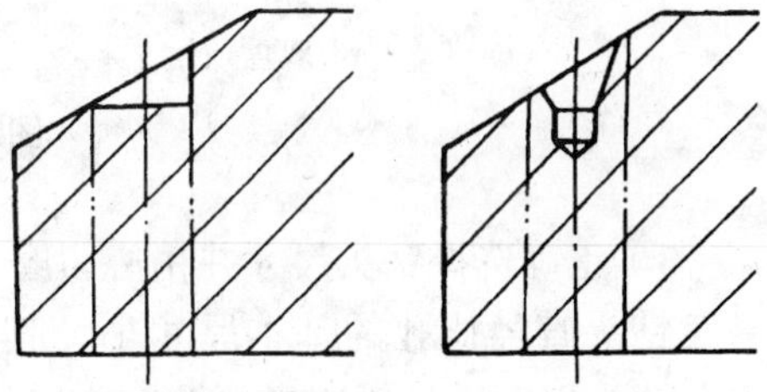

图2-2　钻斜孔的方法

②圆弧斜刃多能钻直接钻出斜孔，将钻头修磨成圆弧刃多能钻，如图2–3所示。这种钻头相似于立铣刀，圆弧刃各点均成相同的后角（6°～10°），横刃需经过修磨。这种钻头长度要短，以增强其刚度。钻孔时虽然是单向受力，由于刃呈圆弧形，钻头所受径向力小些，改善了偏切削力情况。钻孔时应选择低转速手进给。

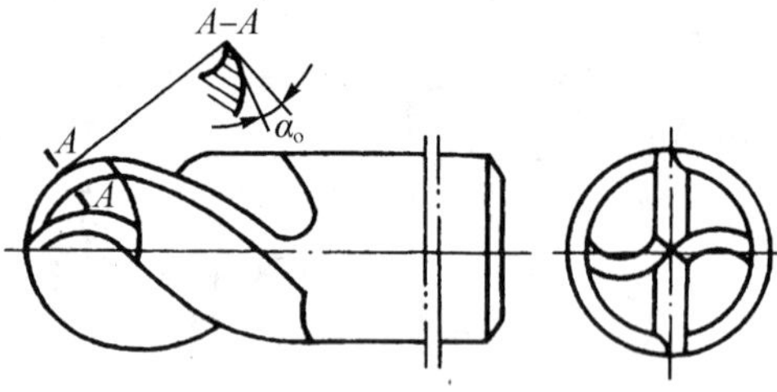

图2–3　圆弧斜刃多能钻

③可采用垫块垫斜度的方法，或者用钻床上有可调整斜度的工作台进行钻孔。

2）钻小孔。小孔是指直径在5 mm以下的孔。有的孔虽然直径大于此值，但深度为直径的10倍以上，加工困难，也应按钻小孔的特点进行加工。

钻小孔时由于钻头直径小、强度低、刚性差和排屑不畅等原因，易发生孔偏斜及折断钻头等问题。而且钻小孔时钻头转速又快，切削温度高，且不易散热，加剧了钻头的磨损，降低了钻头的寿命。为了提高钻头的寿命和加工效率，在生产中采用如下措施：

①正确选择钻头的形状。钻孔一般常用直柄麻花钻头或中心钻，前者刚性差，但钻孔深度大；后者刚性好，钻孔深度小。为此当需要经常加工小孔时，应采用加长切削部分长度中心钻等专用工具进行加工。

②改进钻形。钻小孔的钻形有几种形式，如图2–4所示。其特点为：

a．采用双重顶角或单边磨出第二锋角进行分屑，它用于ϕ2～5 mm钻头。

b．适当加大顶角（2ϕ=140°～160°），减少了刃沟的摩擦阻力，使切屑向上窜出，便于排屑。

③钻心稍稍磨偏，偏心量约为0.1～0.2 mm，这样就适当增加了孔的扩张量（在孔精度允许的情况下），减少摩擦和改善排屑。当采用单边第二顶角时，磨出适当的偏心量可用来重新达到近似的径向力平衡。

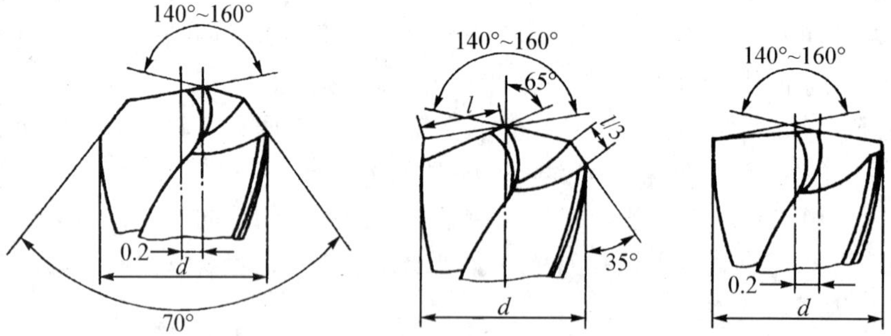

（a）双重顶角　（b）单边第二顶角　（c）偏尖大顶角

图2–4　钻小孔的钻形

3）正确选择钻头尺寸并精心刃磨。小孔钻头必须事先挑选，首先要选择合适的直径，一般钻头直径比孔的基本尺寸小，其差值随工件材料、钻床及夹具的精度、有无导向措施、钻头刃磨质量等因素而变，常采用试验方法选定。钻头的切削刃必须对称均匀，要精心刃磨。

4）正确安排钻孔顺序。一般钻孔前，必须在机床上选用小孔直径的中心钻定中心，并钻入一定深度，然后再用钻头加工小孔，当孔径大而深时则可一次加工，反之则需要几次钻孔。分次钻孔有2种形式：

①孔径较大，可先用小直径钻头（或旧钻头）钻孔，然后用要求尺寸的钻头进行钻扩加工。

②加工直径小而深的孔时，可先用新钻头钻到一定深度，然后以此为导向再用旧钻头钻孔。

5）正确选择机床、夹具及操作方法。钻孔用的机床主轴刚性应好，轴向窜动及径向圆跳动量小，工作台应能灵活移动，最好选用精密和转速较高的（加工孔系时应选用没有精密坐标尺的工作台）铣、钻、镗床及坐标镗床等。夹持钻头的夹具一般采用弹簧夹头，必须保持与机床主轴同心，夹持钻头时伸出长度只要保证钻孔的深度即可。

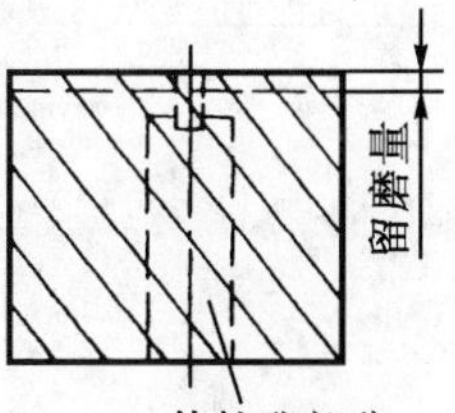

图2–5　端面留有余量

钻孔时最好钻头从正面钻入，钻入深度应比要求深度略深，端面应留磨量待加工后磨平，背面的扩孔部分应在钻孔后加工，如图2–5所示，这样可以防止钻头折断。钻孔时工件应固定牢。

6）提高转速减小进给力。钻孔时，切削速度及进给量应配合好，尽可能采用较高的转速，利用甩屑的作用促使切屑排出。但切削速度太高，会造成切削刃磨损快、被加工材料硬化、发热量大及排屑不良等弊病，且容易折断钻头。切屑形状以呈连续螺旋状为佳。加工时，进给力要小而均匀，尤其在开始钻进时进给力要小，防止钻头弯曲和滑移，以保证初始钻孔的正确位置。

7）及时排屑充分冷却润滑。钻孔时应及时退出钻头进行排屑，并使钻头在空气中得到冷却和向孔中注入充足的切削液。

（3）孔系的加工

在模具零件加工中，有些零件如凹模、凸模固定板、上下模座等常带有一系列圆孔，各圆孔的尺寸及它们之间的相对位置都有一定的要求，这些孔称为孔系。加工孔系时，除了要保证孔本身的精度外，还要保证孔与基准平面、孔与孔的距离尺寸精度，有的还要求保证各平行孔的轴线平行度、各同轴孔的轴线同轴度、孔的轴线与基准平面的平行度和垂直度等位置精度要求。孔系加工时，一般是先加工好基准平面，然后再加工所有的孔。这些孔除了采用坐标镗床、数控机床加工外，也可以根据孔距精度要求的不同程度和孔的深浅，在钻床上采用以下2种方法加工。

1）精密划线加工法。划线法是加工孔系最简单的方法。先在已加工过的工件表面上精确地划出各孔的中心线，并用中心冲在各孔的中心处冲出中心孔，然后在钻床上按照划线逐个找正和加工。因为划线和找正都有较大的误差，各孔间的相对位置精度比较低，孔距精度在 ± 0.05 mm以内。当孔的深度不深，精度要求不高时，可采用此方法加工。加工时应掌握以下几点：

①钻孔前先定好基准，划线要非常准确，直径较大的孔需划出扩孔前的孔圆周线。

②用0.5倍孔径的钻头按划线钻孔。

③先对基准（可以是待加工的孔，也可以是已加工好的孔），然后边扩镗边测量，直到符合要求为止。

2）找正加工法。找正法是在钻床等通用机床上，借助一些辅助装置来找正每个被加工孔的正确的位置。如图2-6所示，用精密心轴和量块来找正孔的位置，将芯轴分别插在机床主轴孔和已加工的孔内，用量块来找正主轴。在精度较高的钻床上，也可以由预先布置好的量套来确定欲钻孔的位置。如图2-7所示，加工前，先制作好与要加工孔孔数相同、磨至同一外径尺寸的若干孔（ϕ6 ~ 7 mm）的高度为15 ~ 25 mm的量套，其端面与外圆柱表面有较高的垂直度要求。当孔距精度要求在±（0.01 ~ 0.02）mm时，可采用此方法加工。其加工的具体方法如下：

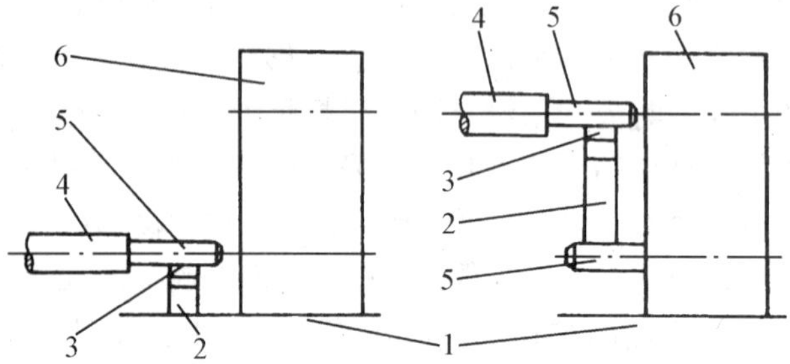

1-机床工作台　2-量块　3-塞尺　4-机床主轴　5-心轴　6-工件

图2-6　找正法加工

①用普通的划线方法划出各孔的圆周线。

②分别在工件各孔的中心位置上，攻小螺纹（M5或M6）。

③用螺钉2把量套3轻轻地紧固于各孔的中心位置，并用量块组1精确地调整量套的位置，如图2-7（a）所示。使各量套的中心距尺寸与图样要求一致，然后紧固。量块组尺寸H可用下式求得

$$H=A-\frac{D_1-D_2}{2}$$

式中　A——两孔要求的中心距（mm）；

D_1、D_2——分别为两量套的实际外径（mm）。

如果所要加工的孔与工件上某一基准面还有一定的尺寸要求时，可如图2-7（b）所示，在基准面上放一个精密角铁，然后再用量块来调整量套的位置。但这时量块尺寸应按下式求得

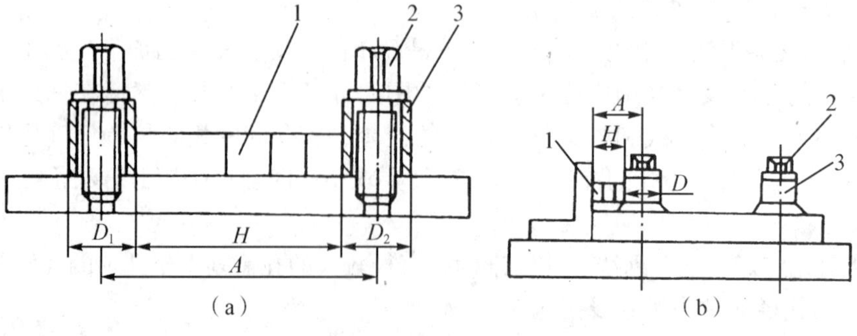

1-量块　2-螺钉　3-量套

图2-7　量套位置的调整

$$H=A-\frac{D}{2}$$

式中　A——孔中心到工件基准面的距离（mm）；

D——量套的实际外径（mm）。

④工件在加工前，如图2-8所示，先在钻床主轴2上装一个百分表1，使百分表的测头与其中任意一个量套的外圆柱面接触，然后调整工件的位置，使量套的中心与钻床轴线有一定的同轴度要求。调整好后，紧固工件，并拆去百分表和量套。

⑤在拆去量套的工件位置上用钻铰的方法进行加工。

⑥按照上述方法，依次逐个加工其他各孔至符合图样要求。

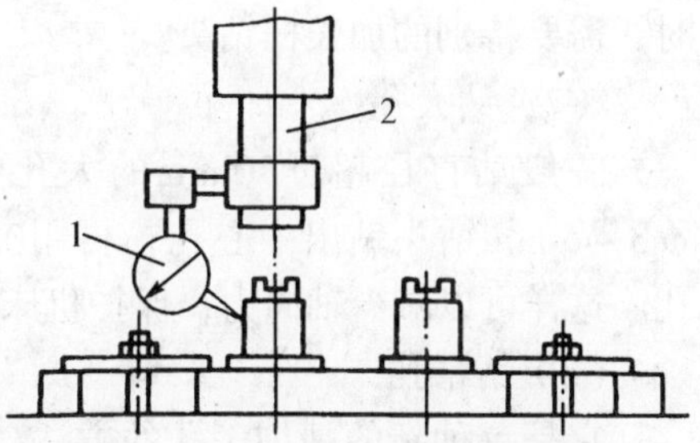

1-百分表　2-钻床主轴

图2-8　加工时工件位置的调整

（4）钻相交孔

在模具零件上有些孔是相交的，为了保证这些孔正确相交，在加工时需掌握如下几点：

1）对基准精确划线。

2）按划线时采用的基准钻孔，先钻直径比较大的孔，再钻直径比较小的孔。

3）分2～3次钻、扩孔。

4）当孔与孔即将钻穿时需减小手动进给，避免钻头折断或造成孔的歪斜。

（5）钻骑缝孔

在连接件上钻骑缝孔，例如浇注系统套与固定板、模柄与上模座之间装骑缝螺钉或销钉。此时尽量用短的钻头，钻头伸出钻头夹外面的长度也要尽量短，钻头的横刃要尽量磨窄，以增加钻头刚度，加强定心作用，减少偏斜现象。如两件的材料性质不同，则打中心样冲眼应往硬质材料一边偏些，以防止钻头偏向软质材料一边。

（6）钻深孔

塑料模中的冷却水道孔、加热器孔及一部分顶杆孔等都需要进行深孔加工。

一般冷却水道孔的精度要求不高，但要防止偏斜。加热器孔为保证热传导效率，孔径及表面粗糙度有一定要求，孔径一般比加热棒大0.1～0.3 mm，表面粗糙度值R_a为6.3～12.5 μm。而顶杆孔则要求较高，孔径一般为IT8级精度并有垂直度及表面粗糙度值的要求。常用的加工方法有：

1）中小型模具的冷却水孔及加热孔，常用普通钻头或加长钻头在立式钻床、摇臂钻床上加工，加工时应注意及时排屑、冷却，进给量要小，防止孔偏斜。

2）中型、大型模具的孔一般在摇臂钻床与镗床及深孔钻床上加工，较先进的方法是可在加工中心机床上与其他孔一起加工。

3）过长的低精度孔也可采用划线后从两头对钻。

4）垂直度要求较高的孔应采取一定的工艺措施予以导向，如采用钻模等。钻深孔时应注意：

①钻孔时一般钻深到直径的3倍时，需将钻头提出排屑，以后每进一定深度，钻头均应

退出排屑，以免钻头因切屑阻塞而折断。

②有的深孔深度超过钻头的总长度或更深一些，这时可使用加长杆钻头或连接杆钻头钻孔，这两种钻头可外购或自制。

③对于一些特殊的深孔，如某些透孔的加工，一般采用专用设备或在机床上进行，此时，需要特别的加长杆钻头。

（7）钻大孔

一般钻直径超过30 mm的大孔要分2次钻削，例如在模座上加工模柄安装孔。先用ϕ3 ~ 5 mm钻头钻出中心孔，再用0.5 ~ 0.7倍孔径的钻头钻孔，然后用所需孔径的钻头扩孔。这样可以减少轴向力，保护机床，同时也可以提高钻孔质量。

（8）钻精孔

它是一种新的精加工孔的方法，在某些特殊情况下，如孔径是非标准尺寸，而又缺乏专用铰刀时，采用这种方法来获得较高精度和较好表面质量的孔，就显得比较方便。

精孔一般分两次钻出，第一次先钻出底孔，根据孔径的大小，留0.2 ~ 1 mm的精加工余量；第二次用精孔钻再精扩到所需尺寸。为了能加工精度较高的孔，扩钻精孔时常采用以下几项措施：

1）钻头的几何参数主要有以下几方面（图2–9）。

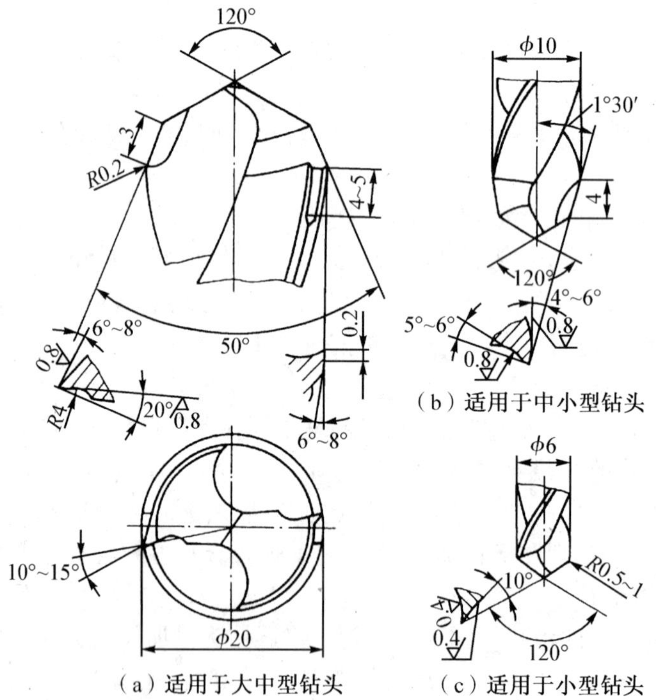

图2–9　钢材精孔钻头

①磨出第二顶角时，一般不超过75°（钻钢材时不超过60°）。新的切削刃长度约为3 ~ 4 mm，并在它和副切削刃的关联处，用油石磨出0.2 ~ 0.5 mm的小圆角。这样就可以形成粗、精加工联合切削刃，减少切屑变形，提高修光能力，改善散热条件，有利于提高孔的表面质量。2个新切削刃应尽可能对称，使2个切削刃的负荷均匀，从而提高切削稳定性。

当钻头直径较小时，可不磨出第二顶角。

②磨窄钻头前端刃带时，在钻头前端刃带4～5 mm的长度上，把刃带宽度修窄为0.1～0.2 mm，并磨出副后角6°～8°，形成锐角，减少字与孔壁的摩擦。

③磨出正的端面刃倾角时，一般为10°～15°，使切屑流向未加工表面，避免切屑与孔壁的挤刮，同时使副切削刃（刃带）变得锋利。

④主切削刃后角一般取6°～8°，不宜过大，以免产生振动。

2）减少摩擦与刮伤。切削刃口应锋利，并用油石研光切削刃的前、后刀面和刃带，表面粗糙度值R_a为0.8～0.4 μm，以保证切削省力。要及时清除刃带上的积屑瘤残痕，避免孔壁的撕裂和划伤。

3）降低转速和减少进给量。扩精钻钢件时，宜降低转速，切削速度一般在8～10 m/min，进给量约0.1 mm/r。

4）要充分冷却润滑。钻孔时应选择合适的切削液（如10%～20%的乳化液或菜油）予以充分冷却润滑，以减少切削层变形和降低切削温度，避免产生积屑瘤。

5）使用精度高的机床和较新的钻头。使用较新或尺寸精度接近公差要求的钻头，钻头尽可能短一些，以增加其刚性，同时选用精度较高的钻床。如钻床主轴的径向圆跳动误差较大时，应采用浮动夹头装夹钻头，以提高钻头与工件的相对运动的精度。

6）提高预钻孔质量。预钻孔所留精度加工余量要合适，并应防止产生冷硬层，否则会增加钻削负荷和精孔钻头的磨损。因此，在钻削底孔时，应保持钻头切削刃锋利，并施加足够的切削液。

（9）在硬度高的钢材上钻孔

这里所说的硬度高的钢材是指经过热处理后，其硬度达到38～43 HRC的钢材或弹簧钢和工具钢等难加工材料。在这些材料上钻孔时，其主要问题是硬度高、强度大、切削力大。如用普通高速钢钻头钻孔时，应针对材料切削负荷大的特点，采取如下几方面的措施：

1）采用钻硬材料的钻头。这种钻头如图2-10所示，其特点是：

①在外刃上磨出单边分屑槽，并适当减少钻头外刃部分的前角，提高了断屑能力，增强了刃口的强固性，保持了钻刃的切削能力。

②选用较小的顶角（$2\varphi=118°$）和加大月牙槽圆弧半径，增强了外缘刀尖角，提高了刀齿强度，增加了散热能力。横刃修窄后，减少了轴向力。

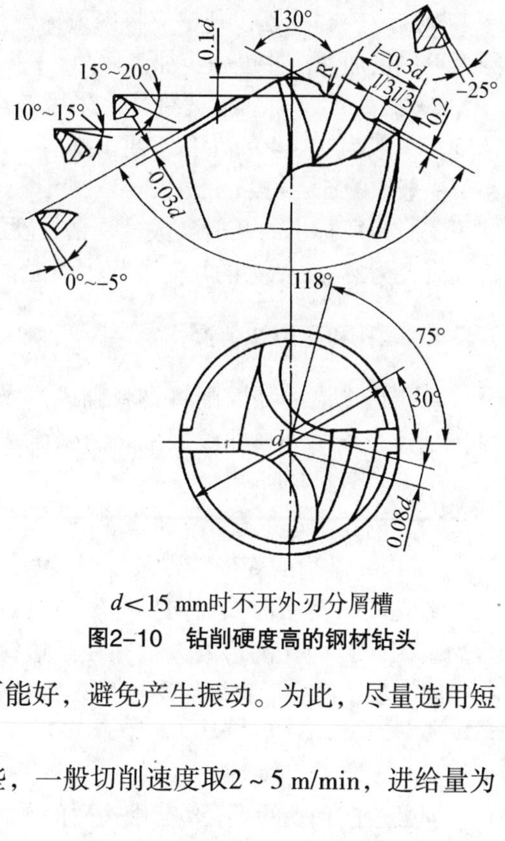

$d<15$ mm时不开外刃分屑槽

图2-10 钻削硬度高的钢材钻头

2）增强系统刚性。钻孔时要求系统刚性尽可能好，避免产生振动。为此，尽量选用短头和刚性大的机床。

3）降低转速和减少进给量。切削用量要小些，一般切削速度取2～5 m/min，进给量为0.03～0.05 mm/r或用手动进给。

4）使用油作切削液。钻孔时最好不要用乳化液，因为少量的乳化液在切削刃与孔底之间显得很滑，不利于切削刃对薄切削层的切入。钻削时应着重考虑切削液的润滑作用，最好采用油作切削液。

（10）在橡胶上钻孔

橡胶是弹性体，受到很小的力就会有很大的变形。在橡胶上钻孔时，如果钻头刃口不锋利，橡胶会产生很大的变形，使孔径收缩量很大，易成上大下小的锥形，严重时孔壁有撕伤，甚至不成孔形。为获得较好的钻孔质量，应采取如下措施：

1）采用橡胶钻。将钻头按图2–11所示的形式进行修磨，其要点是：

①将两外缘处径向（即朝向钻心）的圆弧刃磨出一条很锋利的沿着刃带圆周切线方向的切削刃，并使这一小段刃口稍向前倾斜。由于切向刃口方向与切削速度方向一致，且循序切入，减少了变形，使切口光洁整齐。然后，里边的圆弧刃把已经与孔壁分离的料心切屑成屑瓣，减少对孔壁的影响。

②选用较大的后角（本图为30°），减少材料变形对钻头切削刃后刀面的摩擦。

③修短横刃（本图横刃长为0.2 mm），减少内刃锋角（本图为95°），使钻心先切入，既能定住中心，又能减轻轴向压力。

橡胶越软、越厚，则越应将内刃锋角减小，使圆弧刃尽量加深，并进一步加大后角。

2）提高转速和减小进给量。采用较高的切削速度，一般为30 ~ 40 m/min，便于排屑。进给量要小，一般取0.05 ~ 0.12 mm/r。

图2–11所标出的几何参数，是钻较硬的薄橡胶板，直径为23 mm钻头的几何参数，供读者参考。

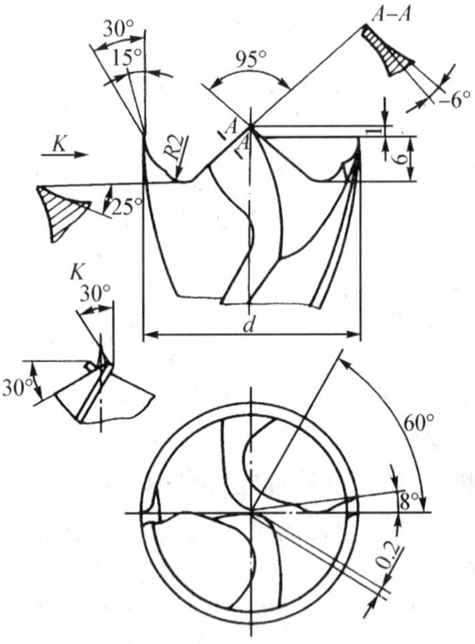

图2–11　钻橡胶的钻头

4. 翻孔和翻边如何操作？

翻孔是指沿内孔周围将材料翻成侧立凸缘的冲压工序。翻边是指沿外形曲线周围将材料翻成侧立短边的冲压工序。如图2–12所示。

（1）内孔翻边

1）内孔翻边的变形特点及变形系数。内孔翻边主要的变形是坯料受切向和径向拉伸，愈接近预孔边缘变形愈大。因此，内孔翻边的失败往往是边缘拉伸变形的大小。内孔翻边的变形程度用翻边系数K_0表示。

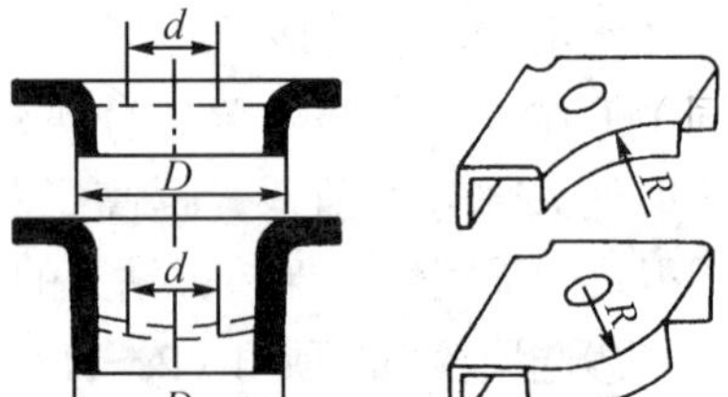

（a）内孔翻边　　（b）外缘翻边

图2–12　翻边形式

$$K_0=\frac{d_0}{D}$$

即翻边前预孔的直径d_0与翻边后的平均直径D的比值。K_0值愈小，则变形程度愈大。圆孔翻边时孔边不破裂所能达到的最小翻边系数称为极限翻边系数。K_0可从表2–3中查得。

表2-3　各种材料的翻边系数

经退火的毛坯材料	翻边系数	
	K_0	K_{max}
镀锌钢板（白铁皮）	0.70	0.65
软钢　t=0.25～2.0 mm t=3.0～6.0 mm	0.72 0.78	0.68 0.75
黄铜　t=0.5～6.0 mm	0.68	0.62
铝　t=0.5～5.0 mm	0.70	0.64
硬铝合金	0.89	0.80
钛合金TA1（冷态） TA1（加热300～400 ℃） TA5（冷态） TA5（加热500～600 ℃）	0.64～0.68 0.40～0.50 0.85～0.90 0.65～0.70	0.55 0.75 0.55
不锈钢、高温合金	0.65～0.69	0.57～0.61

极限翻边系数与许多因素有关，主要有：

①材料的塑性。塑性好的材料，极限翻边系数小。

②孔的边缘状况。翻边前孔边缘断面质量好、无撕裂、无毛刺，则有利于翻边成形，极限翻边系数就小。

③材料的相对厚度。翻边前预孔的孔径d_0与材料厚度t的比值d_0/t越小，则断裂前材料的绝对伸长可大些，故极限翻边系数相应小。

④凸模的形状。球形、抛物面形和锥形的凸模较平底凸模有利，故极限翻边系数相应小些。

2）非圆孔翻边。非圆孔翻边的变形性质比较复杂，它包括有圆孔翻边、弯曲、拉深等变形性质。对于非圆孔翻边的预孔，可以分别按翻边、弯曲、拉深展开，然后用作图法把各展开线光滑连接。

在非圆孔翻边中，由于变形性质不相同（应力应变状态不同）的各部分相互毗邻，对翻边和拉深均有利，因此翻边系数可取圆孔翻边系数的85%～90%。

（2）螺纹底孔的变薄翻边

材料的竖边变薄，是由拉应力作用使材料自然变薄，是翻边的自然现象。当工件很高时，也可采用减小凸、凹模间隙，强迫材料变薄的方法，以提高生产率和节约材料。

螺纹底孔的变薄翻边属于体积成形，其基本形式如图2-13所示。凸模的端头做成锥形（或抛物线形），凸、凹模之间的间隙小于材料厚度，翻边时孔壁材料变薄而高度增加。

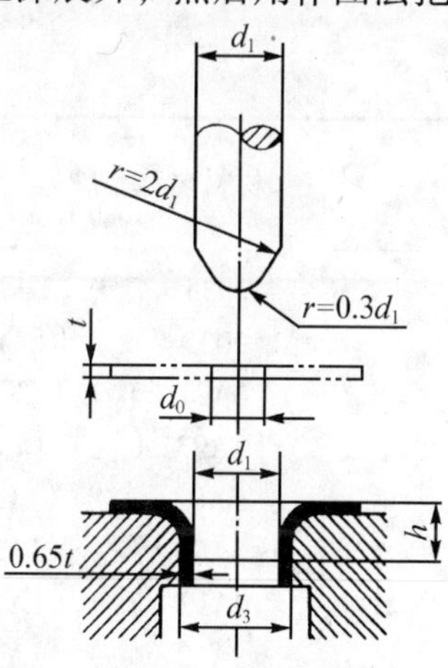

图2-13　小孔翻边模

对于低碳钢、黄铜、纯铜及铝，翻边预孔直径为：

$$d_0=(0.45\sim0.5)d_1$$

翻边孔的外径为：

$$d_3=d_1+1.3t$$

翻边高度为：

$$h=\frac{t\left(d_3^2-d_0^2\right)}{d_3^2-d_1^2}(0.1\sim0.3)$$

凹模圆角半径一般取$r=(0.2\sim0.5)t$，但≥0.2 mm。

（3）外缘翻边

外凸的外缘翻边，其变形性质、变形区应力状态与不用压边圈的浅拉深一样。如图2–14（a）所示，变形区主要为切向压应力，变形过程中材料易于起皱。内凹的外缘翻边，其特点近似于内孔翻边，如图2–14（b）所示，变形区主要为切向拉伸变形，变形过程中材料易于边缘开裂。从变形性质来看，复杂形状零件的外缘翻边是弯曲、拉深、内孔翻边等的组合。

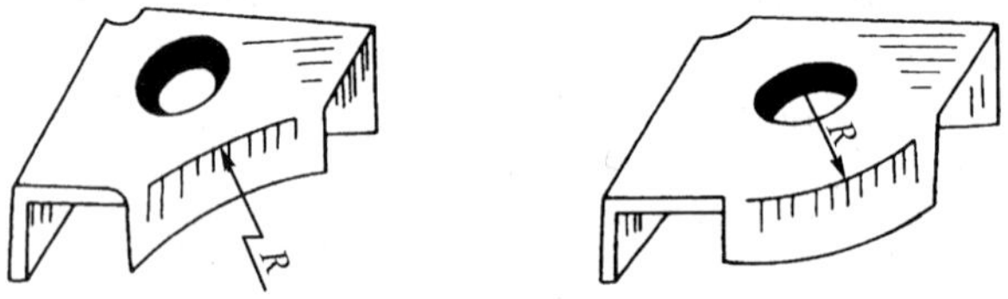

（a）　（b）

图2–14　外缘翻边

外凸的外缘翻边变形程度$E_{凸}$的计算式为：

$$E_{凸}=\frac{b}{R+b}$$

内凹的外缘翻边变形程度$E_{凹}$的计算式为：

$$E_{凹}=\frac{b}{R-b}$$

外缘翻边的极限变形程度可参考表2–4。

表2–4　外缘翻边允许的极限变形程度

材料名称及牌号	$E_{凸}$（%）		$E_{凹}$（%）	
	橡胶成形	模具成形	橡胶成形	模具成形
铝合金1035（软）（L4 M）	25	30	6	40
1035（硬）（L4Y1）	5	8	3	12
3A21（软）（LF21 M）	23	30	6	40
3A231（软）（LF21Y1）	5	8	3	12
5A02（软）（LF2 M）	20	25	6	35
5A03（硬）（LF3Y1）	5	8	3	12
2A12（软）（LY12 M）	14	20	6	30
2A12（硬）（LY12Y）	6	8	0.5	9
2A11（软）（LY11 M）	14	20	4	30
2A11（硬）（LY11Y）	5	6	0	0

续表

材料名称及牌号	$E_凸$（%）		$E_凹$（%）	
	橡胶成形	模具成形	橡胶成形	模具成形
黄铜H62软	30	40	8	45
H62半硬	10	14	4	16
H68软	35	45	8	55
H68半硬	10	14	4	16
钢 10	—	38	—	10
120	—	22	—	10
1Cr18 Mn8Ni5N（1Cr18Ni9）软	—	15	—	10
1Cr18 Mn8Ni5N（1Cr18Ni9）硬	—	40	—	10

（4）固定套翻边模设计实例

工件名称：固定套；

生产批量：中批量；

材料：08钢；

料厚：1 mm；

工件简图：如图2–15所示。

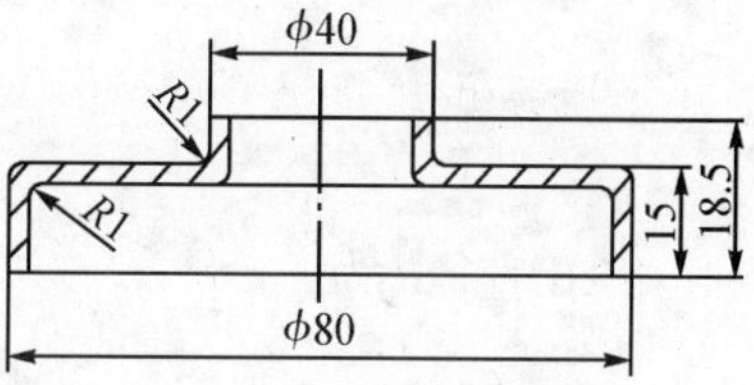

图2–15 定位套零件

1）工件工艺性分析。由工件简图可知，φ40 mm处由内孔翻边成形，φ80 mm是圆筒形拉深件，可一次拉深成形。工序安排为落料、拉深、冲预孔、翻边等。翻边前为φ80 mm、高15 mm的无凸缘圆筒形工件，如图2–16所示。

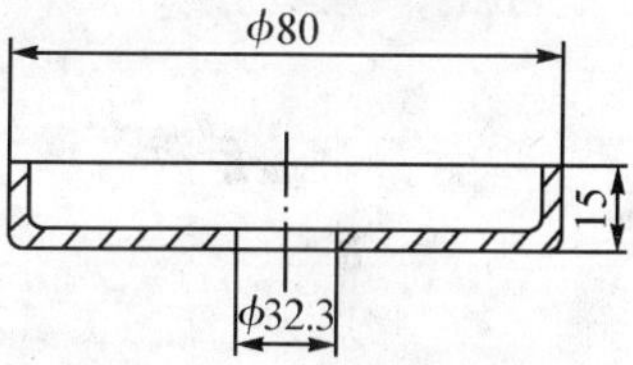

图2–16 翻边前工件

2）固定套翻边件工艺计算。

①平板毛坯翻边时预孔直径及翻边高度。在内孔翻边工艺计算中有两方面内容：一是根据翻边零件的尺寸，计算毛坯预孔的尺寸d_0；二是根据允许的极限翻边系数，校核一次翻边可能达到的翻边高度H（如图2–17所示）。

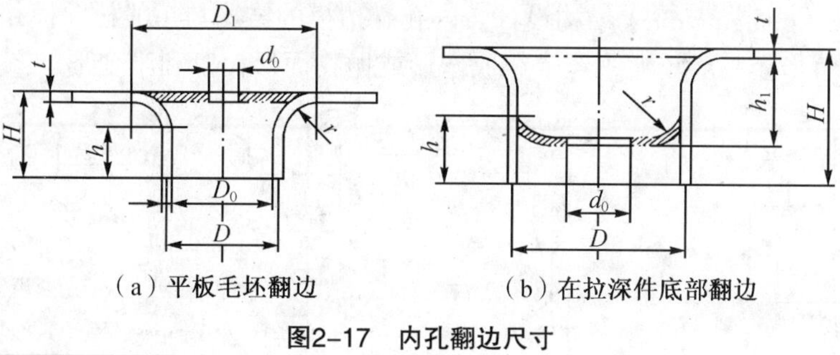

（a）平板毛坯翻边　（b）在拉深件底部翻边

图2–17 内孔翻边尺寸

内孔的翻边预孔直径d_0可以近似地按弯曲展开计算：

$$d_0=D_1-\left[\pi-\left(r+\frac{t}{2}\right)+2h\right]$$

本例可认为是平板毛坯内孔翻边，已知：D=39 mm，H=4.5 mm，则

$$D_1=D+2r+t=39+2\times 1+1=42\ \text{mm}$$

$$h=H-r-t=4.5-1-1=2.5\ \text{mm}$$

得：$d_0=D_1-\left[\pi-\left(r+\dfrac{t}{2}\right)+2h\right]$

$=42\ \text{mm}-\left[\pi-\left(1+\dfrac{1}{2}\right)+2\times 2.5\right]\text{mm}$

$=32.3\ \text{mm}$

内孔的翻边极限高度为：

$$H_{max}=\frac{D}{2}(1-K_{0min})+0.43r+0.72t$$

若在拉深件的底部冲孔翻边，其工艺计算过程是：先计算允许的翻边高度h，然后按零件的要求高度H及h确定拉深高度h_1及预孔直径d_0。允许的翻边高度为：

$$h=\frac{D}{2}(1-K_0)+0.57\left(r+\frac{t}{2}\right)$$

预孔直径d_0为：

$$d_0=K_0D\text{或}d_0=D+1.14\left(r+\frac{t}{2}\right)-2h$$

拉深高度为：

$$h_1=H-h+r$$

②计算翻边系数

$$K_0=\frac{d_0}{D}=\frac{32.3}{39}=0.828$$

由表2–3可查低碳钢的极限翻边系数为0.65，小于所需的翻边系数，所以该零件可一次翻边成形。

③计算翻边力。由相关资料中查得σ_s=200 MPa

$$P=1.1\pi(D-d_0)t\sigma_s=1.1\times\pi(39-32.3)\times 1\times 200\ \text{kN}=4.628\ \text{kN}$$

3）翻边模（planging die）结构设计。内孔翻边模的结构与一般拉深模相似，所不同的是翻边凸模圆角半径一般较大，经常做成球形或抛物面形，以利于变形。图2–18是几种常

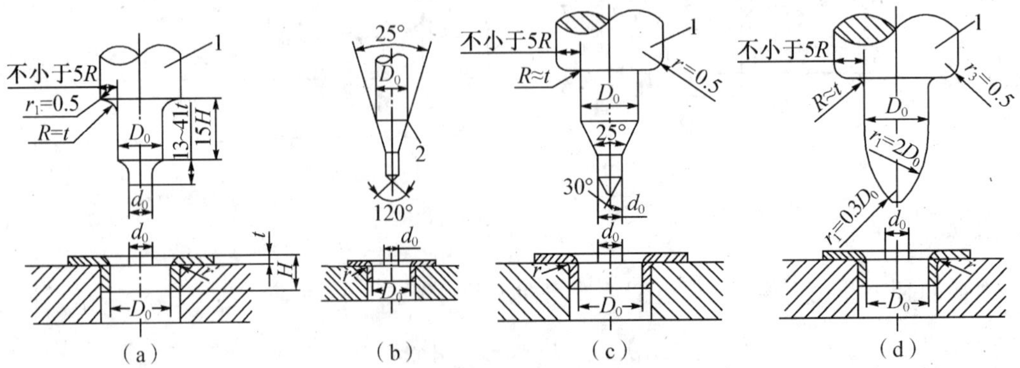

图2–18　翻边凸模结构形式

见圆孔翻边模的凸模形状和尺寸。其中图（a）可用于小孔翻边（竖边内径$d \leqslant 4$ mm），图（b）用于竖边内径$d \leqslant 10$ mm的翻边，图（c）适用于$d \geqslant 10$ mm的翻边，图（d）可对不用定位销的任意孔翻边。对于平底凸模一般取$r_{凸} \geqslant 4$ t。

图例中是便于坯件定位，翻边模采用倒装结构，使用大圆角圆柱形翻边凸模，坯件孔套在定位销上定位，靠标准弹顶器压边，采用打料杆打下工件，选用后侧滑动导柱、导套模架。翻边模如图2-19所示。

根据模架尺寸和闭合高度选用250 kN双柱可倾式压力机。

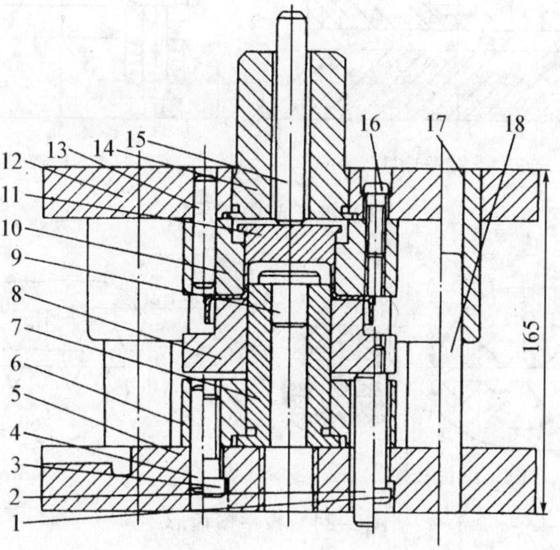

1–卸料螺钉　2–顶杆　3、16–螺栓　4、13–销钉　5–下模座　6–翻边凸模固定板
7–翻边凸模　8–托料板　9–定位钉　10–翻边凹模　11–打件模　12–下模座
14–模柄　15–打料杆　17–导套　18–导柱

图2-19　翻边模装配

5. 怎样校平与整形？

校平（Flattening）与整形（Sizing）是指利用模具使坯件局部或整体产生不大的塑性变形，以消除平面度误差，提高制件形状及尺寸精度的冲压成形方法。

（1）校平与整形的工艺特点

校平与整形允许的变形量很小，因此必须使坯件的形状和尺寸与制件非常接近。校平和整形后制件精度较高，因而对模具成形部分的精度要求也相应提高。

校平与整形时，应使坯件内的应力、应变状态有利于减少卸载后由于材料的弹性变形而引起制件形状和尺寸的弹性恢复。

由于校平与整形需要在曲柄压力下止点进行，因此，对设备的精度、刚度要求高，通常在专用的精压机上进行。若采用普通压力机，则必须设有过载保护装置，以防止设备损坏。

（2）校平

校平多用于冲裁件，以消除冲裁过程中拱弯造成的不平。对薄料、表面不允许有压痕的制件，一般采用平面校整模（如图2–20所示）。对较厚的普通制件，一般采用齿形校平模（如图2–21）所示。

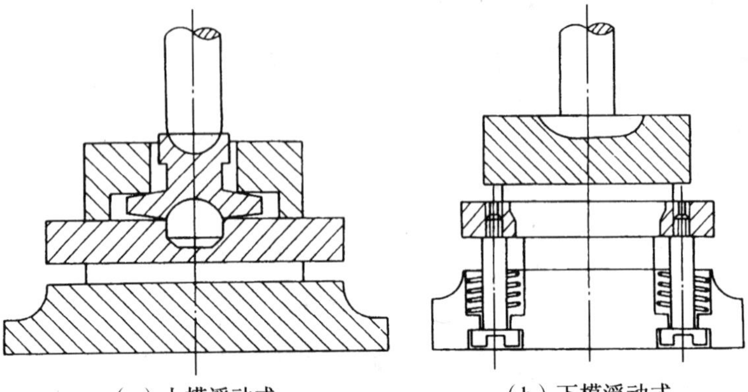

（a）上模浮动式　　（b）下模浮动式

图2–20　光面校平模

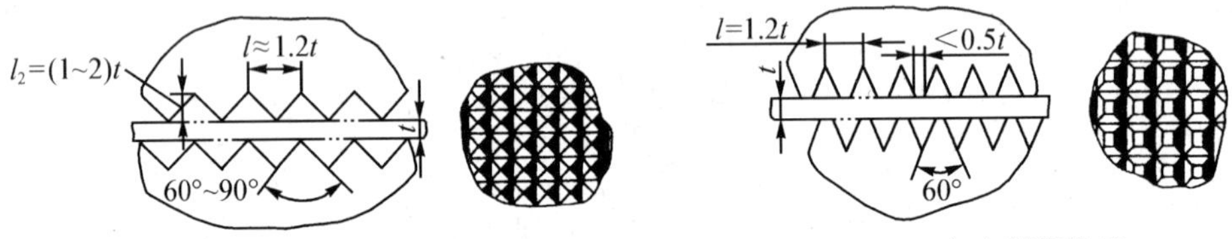

（a）细齿校平　　（b）粗齿校平

图2–21　校平模齿形

（3）整形

整形一般用于弯曲、拉深成形工序之后。整形模与一般成形模具相似，只是工作部分的定形尺寸精度高，表面粗糙度值要求更低，圆角半径和间隙值都较小。整形时，必须根据制件形状的特点和精度要求，正确地选定产生塑性变形的部位、变形的大小，恰当的应力、应变状态。

弯曲件的镦校（如图2–22所示）所得到制件尺寸精度高，是目前经常采用的一种校正方法。但是，对于带有孔的弯曲件或宽度不等的弯曲件，不宜采用，因为镦校时易使孔产生变形。

拉深件的整形采用负间隙拉深整形法（如图2–23所示），其间隙可取（0.9～0.95）t（t为料厚）。可把整形工序与最后一道拉深工序结合成一道工序完成。

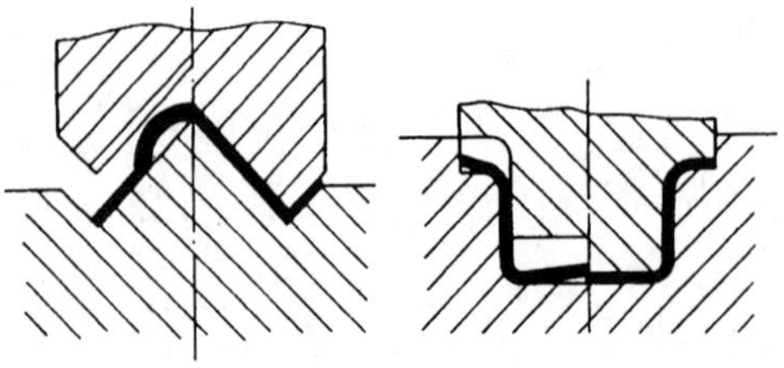

图2–22　弯曲件的镦校

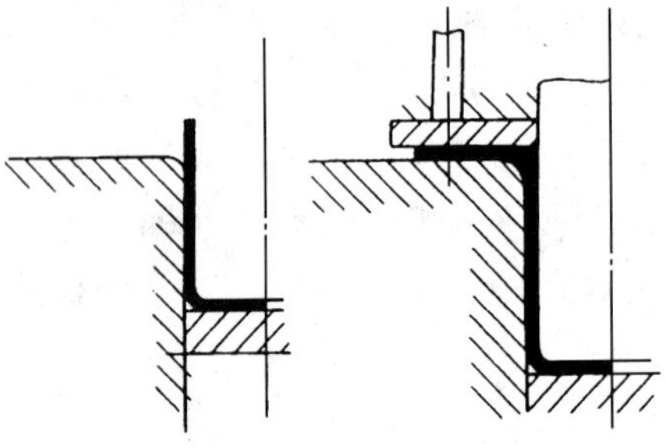

图2–23　负间隙拉深整形

（4）校平、整形力的计算

影响校平与整形时压力的主要因素是材料的力学性能、板料厚度等。其校平、整形力P为：

$$P=F_p$$

式中　F——校平、整形面积（mm^2）；

p——单位压力（MPa），见表2–5。

表2–5　校平整形时单位压力　（MPa）

校平（整形）材料	平板校平	整形、齿形校平
软　钢	8～10	25～40
软　铝	2～4	2～5
硬　铝	5～8	30～40
软黄铜	5～8	10～15
硬黄铜	8～10	50～60

6. 如何进行研磨与抛光？

（1）研磨

1）研具、研磨剂。

①油石。模具加工中常用的研具是油石，见表2–6。

表2–6　油　石

代　号	油石形状	代　号	油石形状
SF	正方形	SB	半圆形
SO	长方形	SP	珩磨油石
SJ	三角形	ST	T形珩磨油石
SY	圆柱形		

②研磨剂。研磨剂分液态研磨剂和固态研磨剂两类。常用的液态研磨剂配方，见表2–7。

表2–7　常用液态研磨剂配方

配　方	调　法	用　途
白刚玉（W_{14}）16 g 硬脂酸 8 g 蜂　蜡 1 g 油　酸 80 g 航空汽油 80 g 煤　油 80 g	先将硬脂酸、蜂蜡加热熔解，冷却后加入汽油搅拌，经双层纱布过滤，最后加入研磨粉、煤油、油酸搅拌均匀	粗研高速钢刀具及一般钢材

续表

配　方	调　法	用　途
白刚玉（W_7）　16 g 硬脂酸　8 g 蜂　蜡　1 g 航空煤油　80 g 煤　油　100 g	先将硬脂酸、蜂蜡加热熔解，冷却后加入汽油搅拌，经双层纱布过滤，最后加入研磨粉、煤油、油酸搅拌均匀	精研高速钢刀具及一般钢材
金刚砂　4~6 g 硬脂酸　2~3 g 航空煤油　90 g 煤　油　10 g	将硬脂酸和航空煤油在清洁的瓶中混合，然后加入金刚砂摇晃至乳白色且金刚砂不易下沉为宜，再滴入煤油即可	研磨各种硬质合金刀具

固态研磨剂即研磨膏，常用的是合成钻石研磨膏的配方，见表2–8。

表2–8　合成钻石研磨膏的配方

配　方	调　法	用　途
40%金刚砂（W_5） 20%氧化铬 25%硬脂酸 10%电容器油 5%煤　油	制件研磨膏时，先将氧化铬与电容器油放在一烧杯内加热10 min后取下，待冷却后将浮在上面的一层倒出待用	研磨硬质合金等高硬度材料

一般工厂可选用成品研磨膏。成品研磨膏分粗、中、细3种，根据模具精度要求选用。

2）研磨方法。

①手工研磨运动轨迹的形式（见表2–9）。

表2–9　手工研磨运动轨迹的形式

轨迹形式	直线式	螺旋式	8字式	摆动式
简　图	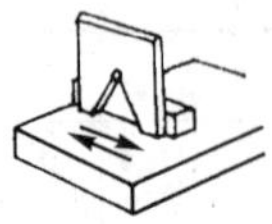	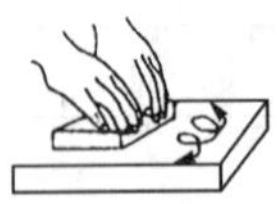	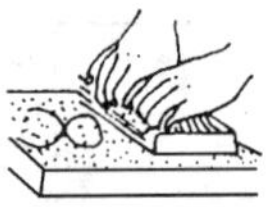	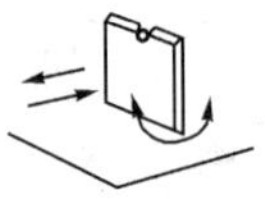
说　明	研磨键槽面或有台阶的狭长面	研磨圆片或圆柱形工件端面	研磨小平面工件	研磨某些圆弧面

②研磨压力、速度。

研磨压力与速度对研磨效果有明显的影响。在一定范围内，研磨压力与效率成正比。一般手工粗研磨压力约1～2 MPa，精研磨压力约0.2～0.5 MPa。粗研磨往复速度约50～60次/min，精研磨往复速度约20～30次/min。

③研磨余量，从3个方面考虑决定：

a．面积大、形状复杂、精度要求高的零件，应取较大的余量。

b．预加工质量高，应取较小的余量，否则取较大的余量。

c．双面、多面、位置精度要求很高的零件及不同加工方式，应根据具体情况选择研磨余量（见表2-10）。

表2-10　研磨余量　（μm）

零件形状	前工序	表面粗糙度（R_a）	研磨余量	研后表面粗糙度（R_a）
平面	精磨	0.8～0.4	3～15	0.1
	刮削	1.6～0.8	3～20	0.1
内圆	内圆磨	0.8～0.2	5～20	0.1
	精车	1.6	20～40	0.1
	铰孔	3.2～1.6	20～50	0.1
型腔	线切割	细钼丝：1.6	5～10	0.1
		粗钼丝：6.3	10～20	
外圆	外圆磨	0.8～0.4	10～30	0.1
	精车	1.6	20～35	0.1

3）常见问题及预防。研磨中常见问题形式、原因及预防（见表2-11）。

表2-11　常见问题及预防

问题	产生原因	预防
表面粗糙度超差	（1）研磨剂中混入杂质 （2）磨料太粗 （3）研磨剂涂抹不匀 （4）研磨液选用不当	（1）保持工作场地清洁，工件、平板要擦干净，各项工具、研磨剂防止混入杂物 （2）正确选用磨料粒度 （3）均匀涂抹研磨剂 （4）正确选用研磨液
平面平行度超差	（1）研磨剂太厚，工件边缘挤出在研磨剂未及时擦去，继续研磨 （2）研磨时工作压力不均衡 （3）运动轨迹没有错开 （4）研磨平板磨损	（1）研磨剂要均匀涂抹，及时擦去工件边缘挤出的研磨剂 （2）均衡控制工作压力 （3）正确控制运动轨迹 （4）修磨或换上合格平板

续表

问　题	产 生 原 因	预　　防
喇叭口	（1）研磨棒伸出太长 （2）研磨剂涂抹不均匀 （3）研磨棒与工件之间间隙太大，研具相对于工件孔的径向摆动太大 （4）模具（粉末冶金模）配研时，凸模（冲头）不端正	（1）控制研磨棒伸出长度 （2）均匀涂抹研磨剂 （3）调整研磨棒的直径到合适间隙，不能调整的则更换合适间隙的研磨棒 （4）端正工件
孔呈椭圆形或圆柱有锥度	（1）工件材料硬度不匀 （2）研磨时没有更换方向或及时调头 （3）研磨棒本身制造精度差	（1）进行热处理，使工件硬度均匀 （2）经常更换方向、调头 （3）提高研磨棒加工精度

（2）抛光

模具制造中，为了降低表面粗糙度，一般在机械加工后对模具零件进行抛光。

1）抛光前对加工零件的要求。

①预抛光零件，表面粗糙度值应小于R_a1.6 ~ 3.2 μm。

②零件在抛光前应留有0.1 ~ 0.12 mm的抛光余量。

2）抛光用工具、材料（表2–12至表2–13）。

表2–12　抛光用工具、材料

项　目	工具、材料
工　具	抛光机、布轮、油石、镊子、毛呢布、绸布
抛光剂	金刚砂、研磨膏（Cr_2O_3，见表2–13）
抛光液	煤油、机油与煤油的混合液、乙醇

表2–13　抛光用研磨膏配方

名　　称	选　　法	百分比（%）	名　　称	选　　法	百分比（%）
氧化铬 石　蜡 蜂　蜡	筛选精细	60 20 5	硬脂酸 煤　油	加热沉淀	12 3

3）抛光工艺（见表2–14）。

表2-14　抛光工艺

序　号	内　　容
1	用细锉刀或刮刀先粗加工表面，较硬的表面可用油石加工，不应留有明显的刀纹和加工痕迹
2	用细砂布把表面抛光（砂光）
3	用研磨膏、金刚砂抛光时应用毡布或毛呢布或毛呢布蘸取润滑油与煤油的混合物在工件表面上摩擦。加工速度比研磨要快
4	选用抛光剂应先粗后细
5	湿抛后的表面应用毛呢布干抛一遍，干抛后用细丝绸布擦干净

4）注意事项。

①抛光时，用研磨加工的操作方法进行。

②前道抛光工序完成后，必须擦干净。

③复杂的表面抛光，应用乙醇作抛光液。

7. 磨削加工有哪些禁忌?

1）用平面磨床加工模具零件时，切忌模具零件的上下平面与基准面（塑料模为分型面，冷冲模为上模座上平面或下模座下平面）不平行，同时还应保证基准面与各有关平面的垂直度误差。

2）头架及顶尖忌跳动。轴类零件加工过程中，头架及顶尖相当于母线，如果其存在跳动问题将影响零件的质量，因此在加工前要做好头架及顶尖的检测工作。加工薄壁轴类零件，最好采用夹持工艺台，夹紧力不可过大，否则容易在工件圆周上产生“内三角”变形。

3）板类零件加工忌平行度达不到要求。板料大部分采用平面磨床加工，在加工中常会遇到一种长而薄的薄板零件，此类零件加工时，在磁力的吸附作用下，工件产生形变，紧贴于工作台表面，当拿下工件后，工件又会产生回复变形，厚度测量一致，但平行度误差达不到要求。解决的办法可采用隔磁磨削法，即磨削时以等高块垫在工件下面，四面挡块抵死，加工时采用小进给量，多次进给，加工好一面后，可不用再垫等高块，直接吸附加工，这样可改善磨削效果，达到平行度要求。

4）操作时忌不注意砂轮与工件表面的接触状况。切削液宜选用浓度稍高的皂化液，使用前必须经过严格的清洁过滤，然后进给。每次每双行程进给量为0.005 mm。至火花消失时，磨削完毕，此时将横向进给手轮向进给方向按住，使砂轮向工件微微压近，但不作进给，即等于对工件进行一次抛光，以进一步提高磨削表面质量。

5）在环境温度较高（如夏季）情况下进行磨削时，机床照明灯忌靠近工件，以防止工件受热膨胀而影响磨削质量。

6）切削液忌不干净，当如出现工件表面拉毛现象，说明切削液不干净或砂轮表面有浮砂，应重新过滤切削液或刷掉砂轮表面浮砂。

7）如出现工件局部烧伤现象，可能是切削液不充分或进给量过大，或砂轮钝化等原因所致。如加工后的工件表面局部出现细微波纹，可能是主轴松动、电动机振动或其他原因造成的，可视具体情况采取相应措施加以解决。

8）加工过程中忌产生磨削热。磨削深度是影响磨削热的主要因素，提高工件与砂轮的速度可减少切削热的发生。在磨削中还要注意修整砂轮，保持磨削刃的锋利。合理使用切削液，发挥其冷却、洗涤、润滑的3大作用。保持清洁，从而控制磨削热的增加，使磨削热在允许范围内，这样可以防止工件热变形。

9）加工过程中忌产生磨削裂纹。要在磨削工艺方面、零件热处理和零件材质方面综合考虑，以防止磨削裂纹的产生。

①磨削裂纹的产生是因为磨削过热所致，所以降低磨削热是解决磨削裂纹的关键。一般所采用的湿磨法，无论如何注入切削液，切削液都不可能在磨削的同时进入磨削面，因而无法降低磨削点位置的磨削热。切削液只能是使砂轮和零件的磨削点在磨削走过后瞬时受到冷却，同时切削液对零件的磨削点起淬火作用，因而事实上加大了磨削裂纹的产生。如果采用干磨法（背吃刀量选择较小的磨法），则可减少磨削裂纹。但是这种方法效果不是很显著，而且灰尘飞扬，影响工作环境，不宜采用。

②选用硬度较软、粒度较粗的砂轮来磨削，可以降低磨削热。但如果粒度太粗时会影响加工出工件的表面粗糙度。对于表面粗糙度质量要求高的工件，不能采用此法。

③分粗精磨，即粗磨选用粒度较粗的软砂轮磨削，便于强力磨削，提高效率，然后再用粒度细的砂轮进行精磨（背吃刀量较小）。分两台磨床进行粗磨和精磨，这是一种比较理想的方法。

④刚出炉的工件，必须待工件自然冷却后（冷却到常温）才能进行磨削。如果在时间允许的情况下，最好让工件自然时效1 ~ 2个月，消除应力后再进行磨削，这也会收到很好的效果。

⑤选用粒度较为锋利的砂轮，及时清除砂轮表面积屑，减小背吃刀量，增加进给（磨削）次数，减小工作台速度，取1 ~ 2 m/min，也是一种有效地减少磨削裂纹的途径。

⑥产生磨削裂纹的根本原因在于淬火件的马氏体组织是一种膨胀状态，有应力存在，要减少和消除这种应力，应进行去应力回火即淬火后应马上进行回火处理。

有时经过一次回火后仍可能产生磨削裂纹，这时可以进行二次回火或人工时效，这个方法非常有效。如果零件硬度要求不高，而零件外观表面要求较高时，可以将回火温度提高到400 ℃以上回火，即调质处理，这时零件表面不会再出现磨削裂纹。

⑦当零件硬度要求较高而不能在300 ℃以上回火时，便要在零件材质上想办法。马氏体的膨胀收缩率随着钢中含碳量的增加而增大，故碳素工具钢（T8以上）和渗碳淬火钢产生磨削裂纹尤为严重。所以，当零件硬度和表面外观质量均要求较高时，便不能选用T8以上的碳素工具钢和渗碳淬火钢，而应选用含碳量低的1Cr13、16 Mn等钢种。

8. 压铸模怎样装配？

铝合金压铸模实例如图2-24所示，其装配要点见表2-15。

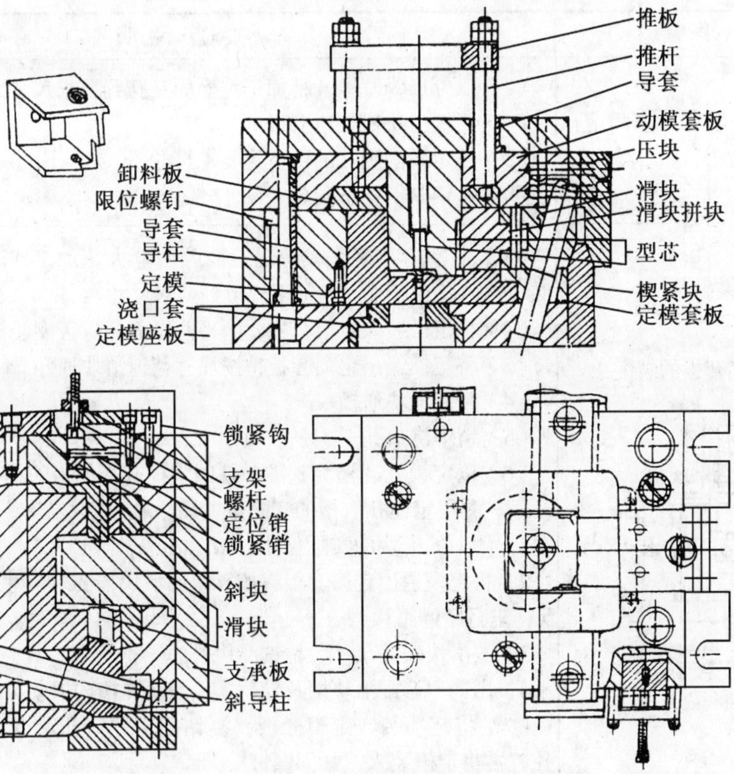

图2-24　铝合金压铸模

表2-15　铝合金压铸模装配要点

装配步骤	要点说明
同镗定模座板、定模套板、动模套板上的导柱、导套孔	（1）各零件前工序完成情况：各板外形每边均留出1 mm余量；在定模套板和动模套板的安装部位去除废料；各板两平行面均磨平行，并留装配磨量 （2）将各板叠合一起，按划线镗导柱、导套孔 （3）锪台肩部分
精铣各板外形至要求尺寸，并严格保证四边的垂直度 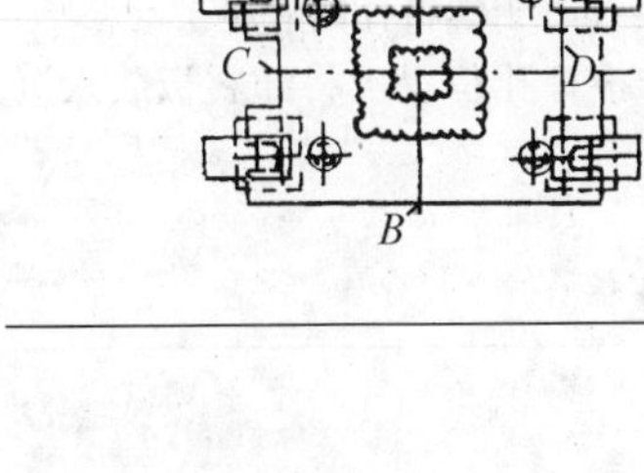 	（1）在导柱、导套孔中压入工艺定位销 （2）将3板一起放到机床上，垫以等高垫板，校正中心，用压板压紧，加工A、B两面及C面的缺口 （3）将定模座板拆下，精加工定模套板和动模套板的C面和D面

续表

装 配 步 骤	要 点 说 明
在定模套板上加工定模固定孔和滑块槽	（1）以外形为基准，精加工定模固定孔到要求尺寸，并留装配修正量 （2）粗铣滑块槽，留磨量 （3）铣定模固定孔的台肩到要求尺寸 （4）铣锁紧销槽坑到要求尺寸
定模与定模套板的装配 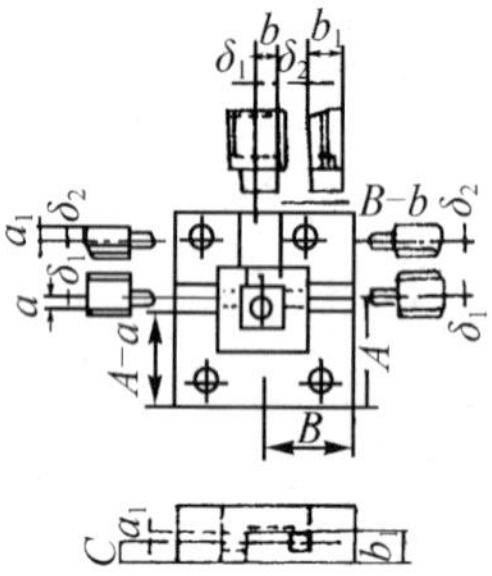	（1）定模前工序完成情况：内腔由电火花加工成形；由钳工修磨内腔；以内腔为基准，精加工外形到要求尺寸 （2）将定模装入定模套板，磨平两平面（保证型腔深度） （3）将定模退出定模套板，按尺寸精镗滑块通孔 （4）精铣滑块通槽 （5）精车浇口孔 （6）以定模孔、槽为基准，精磨定模套板的滑块槽。将定模装入定模套板，测得定模孔、槽的实际位置尺寸A、B、C 1）测得的滑块的实际尺寸a、a_1和b、b_1 2）将定模退出定模套板，按算得的滑块槽要求尺寸$A-a$、$C+a$和$B-b$及b_1，进行精磨滑块槽 3）按滑块实际尺寸，精铣滑块槽的导轨 4）用锉刀修配滑块槽及导轨，使滑块在槽内滑动灵活 （7）将定模装入定模套板，复钻固定螺钉孔。退出定模钻、攻螺钉孔，再将定模装入，紧固螺钉 （8）按划线钻限位杆通孔
车浇口套固定孔 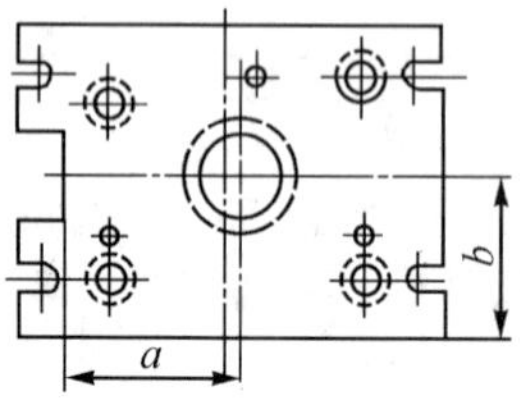	（1）以外形为基准，按尺寸a及b车浇口套固定孔 （2）按划线钻、攻限位螺钉孔 （3）将浇口套压入定模座板，并磨平两平面
在动模套板上铣卸料板沉坑	（1）在车床上去除沉坑的废料 （2）以外形作基准，精铣凹坑的深度和斜面 （3）按划线铣出其他非配合的凹坑和台阶面 （4）按划线钻4个推杆孔
在卸料板上复钻、加工螺钉孔	（1）零件前工序完成情况：卸料板除上平面留有装配修正量外，其余全部精磨到要求尺寸；支承板上的固定螺孔、螺钉通孔全部加工完成；销钉孔待铰；导套孔在铣床上镗后铰光 （2）钳工修整卸料板侧面，使底面和侧面同时接触 （3）在支承板上安装工艺钻套（钻套内径等于螺钉孔的底径） （4）将动模套板和支承板叠合，对准推杆孔位置。将卸料板放入沉板，然后用平行夹头一起夹紧 （5）通过工艺钻套复钻卸料板上的孔 （6）取出卸料板进行攻丝　**注意：**保证垂直度

续表

装配步骤	要点说明
在卸料板和动模套板上加工型芯孔 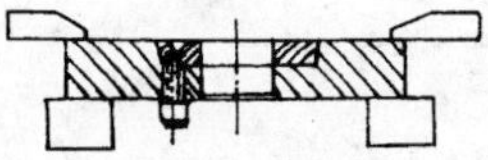	（1）去除卸料板上废料 （2）将卸料板和动模套板用螺钉紧固在一起 （3）在线切割机上加工内形（以定模为基准），留精锉余量，在铣床上加工固定型芯的台肩 （4）根据磨削成形的型芯，精修内形成过渡配合。同时必须保证内形与外形基准的位置尺寸 （5）取出卸料板，修锉内形，使与型芯达到动配合要求。修锉过程中，用红粉检查修锉的均匀度
型芯与动模套板、卸料板的装配 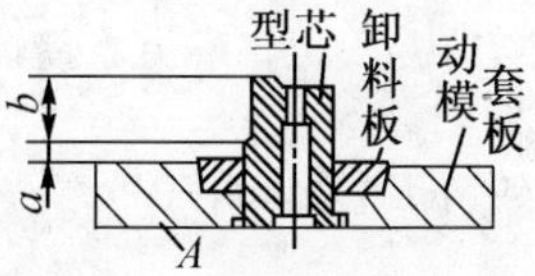	（1）将型芯压入动模套板，套上卸料板 （2）测量a尺寸，并修磨卸料板平面，达到压铸件的要求尺寸（b尺寸的余量暂不修正）
在定模座板、定模套板、动模套板上分别压入导柱或导套	在压力机上进行，保证垂直度
型芯与定模的配合	（1）在型芯与定模的接触部位涂以红粉，然后闭合。按接触情况精修配合面 （2）动模、定模闭合后测得分型面的间隙，按此修磨型芯顶面尺寸b，使之密合
滑块、型芯与定模的装配 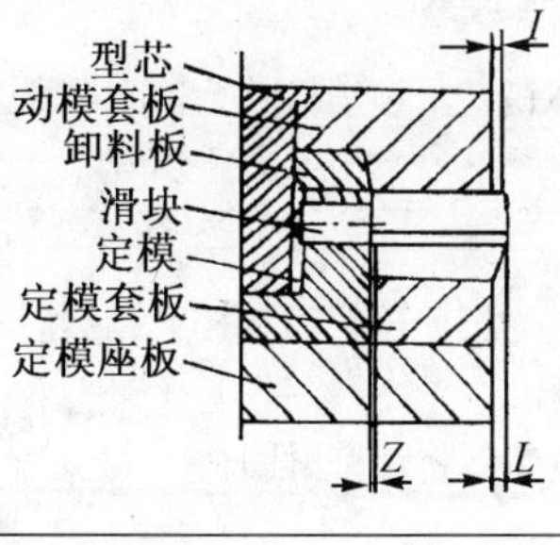	（1）检查并修磨滑块的吻合面 （2）修磨滑块的吻接面与台肩面，使两者同时接触 在不装入型芯的情况下，使滑块台肩和定模外侧相接触，测得尺寸I 在装入型芯的情况下，使滑块的吻接面和型芯接触，测得尺寸L 按算得的修磨尺寸$L-I=Z$，修磨滑块的吻接面
楔紧块的装配	（1）楔紧块前工序完成情况：螺钉通孔与销钉孔已加工完毕，热处理得到要求硬度，安装面和工作面磨削成形 （2）在楔紧块安装面与工作面涂以红粉，检查工作面与滑块斜面是否吻合，如有误差，修磨楔紧块 （3）定模座板与定模套板之间垫0.2 mm厚金属片 （4）按楔紧块位置在定模座板上钻、攻螺钉孔 （5）将楔紧块用螺钉初步紧固于定模座板上，并调整楔紧块位置，使斜面与滑块紧密贴合 （6）紧固螺钉，复钻销钉孔，铰光后压入销钉

续表

装配步骤	要点说明
安装斜导柱	（1）按划线镗斜导柱孔 （2）按定模套板上已镗的斜导柱孔，扩铣成要求的长圆孔 （3）将斜导柱压入定模座板 （4）斜导柱在定模座板平面上凸出部分，可用砂轮局部修平
将中央小型芯装入大型芯	一起磨平动模套板的A面与型芯的台肩凸起部分
支承板与动模套板的装配	（1）支承板前工序完成情况：安装螺孔、螺钉通孔和销钉孔（留铰量）均按划线加工完毕，导套孔（包括台肩）均加工完毕 （2）压入导套 （3）将支承板和动模套板叠合在一起，在导套内插入推杆，并与卸料板连接，用平行夹钳夹紧，复钻螺钉孔及销钉孔 （4）将支承板和动模套板分开，在支承板上攻丝 （5）将支承板和动模套板用螺钉紧固，铰销孔并压入销钉
安装压块	（1）在压块的安装面和工作面涂以红粉，测试斜面与楔紧块是否吻合，如有误差予以修磨 （2）按压块位置在动模套板上钻、攻螺钉孔 （3）将压块用螺钉初步紧固于动模套板，并调整压块位置，使斜面与楔紧块紧密贴合 （4）紧固螺钉，复钻销钉孔，铰光后压入销钉
安装锁紧钩	（1）将锁紧销装入定模套板的槽内，旋入定位销 （2）动模、定模闭合，在锁紧钩与锁紧块相接触的情况下，复印出螺孔位置，并钻、攻螺钉孔 （3）将锁紧钩调整到正确位置后紧固螺钉，复钻销钉孔，铰光后压入销钉
安装斜块	（1）将定模座板和定模套板分开到斜块与锁紧钩斜面相接触，然后在定模座板上复印出螺孔位置，并钻攻螺钉孔 （2）使两旁的斜块与锁紧销同时接触，然后将螺钉紧固 （3）装上支架和螺杆
安装推杆与推板	保证滑动灵活
装配后检查	（1）型芯与定模的型腔、滑块拼块的接合面应同时接触 （2）滑块与定模及定模套板同时保证滑动配合 （3）卸料板与动模套板的配合应紧密无缝 （4）推杆与卸料板联接后应保证滑动灵活 （5）两边的锁紧装置应同时锁紧和同时开启

9. 锻模怎样装配？

装配就是按照图样规定的技术要求，将相关零件与部件配合、连接，使之成为具有特定功能的成品或半成品的工艺过程。

装配工作是模具生产制造工艺过程中的最后一道工序，装配工作的好坏，对模具的质量起着十分重要的作用。相配合的零件之间的配合精度不符合要求，相对位置不准确，直接影响模具的寿命和锻压零件的质量。在装配过程中，不重视清洁工作、粗心大意和不按工艺要求装配，也不可能装配出好的模具。装配是一项十分重要而细致的工作，必须认真、仔细地去做。

（1）装配工作的要点

要保证模具的装配质量，就应该按照规定的装配技术要求去执行。不同的模具其装配技术要求虽不尽相同，但在装配过程中有许多工作要点是必须共同遵守的，它们包括：

1）做好零件的清理和清洗工作。清理工作包括除去残留的型砂、铁锈、切屑等，对于孔、槽、沟及其他容易存留杂物的地方，尤其应该仔细的进行清理。零件加工后的去毛刺和倒角的工作应保证做得完善，但要防止因动作粗暴而损伤其他表面或影响精度。

零件的清洗工作一般都是不可缺少的，其清洁的程度，可视相配表面的精密性高低允许有所差别。特别要引起注意的是：对于已经仔细清洗过的零件，装配时随意拿纱头再去擦几下，这反而是一种很有害的做法。

2）相配表面的润滑。相配表面在配合或联接前，一般都需加油润滑，因为如果在配合或联接之后再加油润滑，往往不方便和不全面。对于过盈联接件，配合表面如缺乏润滑时，即使配合间隙准确，也常常因有卡滞而影响正常的活动性能，而有时被误认为配合不符合要求。

3）相配合零件的配合尺寸要准确。装配时，对于某些较重要的配合尺寸进行复验或抽验，这是很有必要的，尤其是当需要知道实际的配合间隙或过盈时。过盈配合的联接一般都不宜在装配后再拆下重装，所以对实际过盈量的准确性要十分重视。

4）做到边装配边检查。当所装的模具较复杂时，每装完一部分就应检查一下是否符合要求，而不要等大部分或全部装完后再检查，此时发现问题往往为时已晚，有的甚至不易查出问题产生的原因。

在对螺纹联接件进行紧固的过程中，还应注意对其他有关零部件的影响，即随着螺纹联接件的逐渐拧紧，有关的零部件位置也可能有所变动，此时要防止发生卡住、碰接等情况，以免产生附加应力而使零部件变形或损坏。

（2）螺母和螺钉的装配要点

1）螺母和螺钉与被联接件的接触面应平整。螺母和螺钉与被联接件的接触面应平整无倾斜，通常被联接件的接触面都需经过加工，否则会使螺钉或螺栓弯曲、螺纹受损坏以及联接紧固性降低。

2）螺母或螺钉的接触表面应保持清洁。螺母或螺钉的接触表面（包括螺纹部分）都应保持清洁，螺纹部分最好经过清洗，尤其是螺孔的清洁工作常被轻视，而使螺纹表面遭到损坏。

3）拧紧成组的螺母或螺钉。拧紧成组的螺母或螺钉时，要按一定的顺序进行，并做到分次逐步拧紧，否则会使被联接件产生松紧不匀和不规则的变形。例如，拧紧长方形分布的成组螺母或螺钉时，应从中间的螺母或螺钉开始，依次向两边对称地扩展，如图2–25所示。在拧紧圆形或方形分布的成组螺母或螺钉时，必须对称地进行，如图2–26所示。

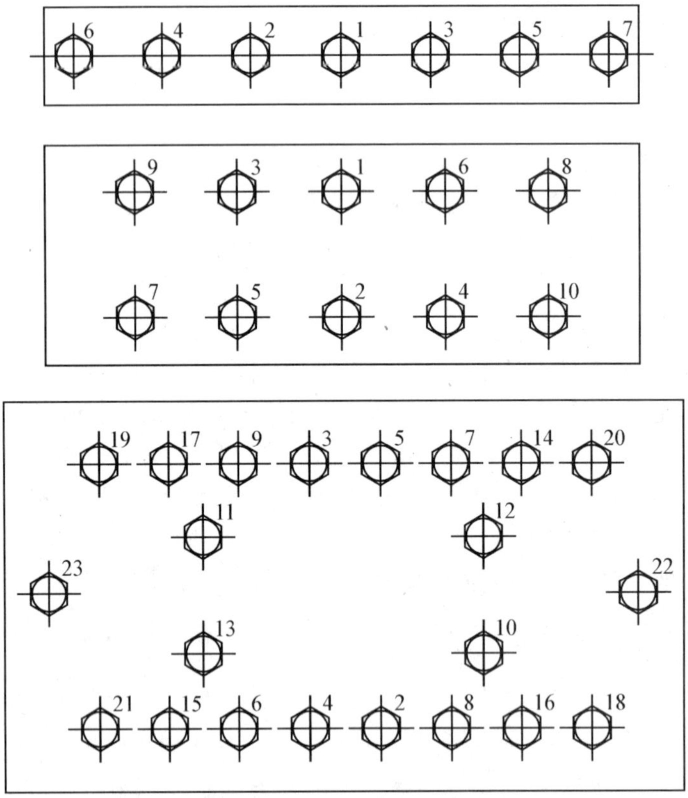

图2–25　拧紧长方形分布成组螺钉的顺序

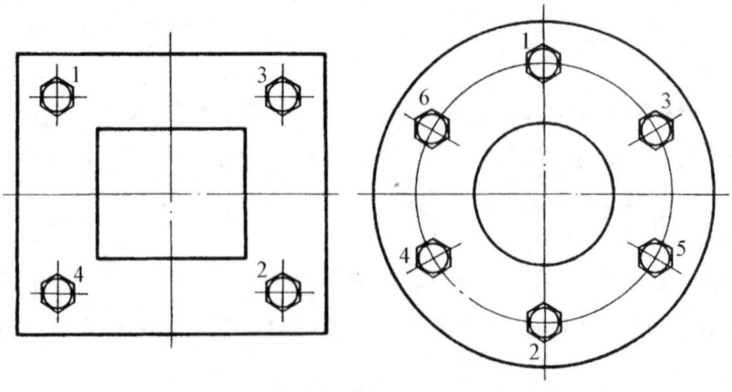

图2–26　拧紧方形或圆形分布成组螺钉的顺序

4）拧紧力矩必须适当。这对装配者来说并不是轻而易举的事，在没有规定拧紧力矩和专用工具的条件下，全凭经验确定。过大的拧紧力矩常常造成螺杆断裂、螺纹滑牙和零件变形的弊病；而过小的拧紧力矩同样会因联接紧固性不足，使零件经受不住工作负荷，以致遭受损坏。为了容易控制适当的拧紧力矩，采用呆扳手来拧紧螺母是比较合理的，它的柄长与开口尺寸保持了适宜的比例，在一般的拧紧臂力作用下，拧紧力矩不会产生过于悬殊的出入。同理，在选用旋具拧紧螺钉时，也要按照尺寸小的螺钉选用规格小的旋具来拧紧。

（3）螺纹联接损坏的形式和修理

螺纹联接损坏的形式一般有：螺纹有部分或全部滑牙、螺钉头损坏、螺杆断裂等。对于螺钉、螺栓或螺母的任何形式的损坏，通常都以更换新件来解决；螺孔滑牙后有时需要修理，其方法大多是扩大螺纹直径；而镶入套圈后再重新攻螺纹的方法，一般在不得已时才被采用。

螺纹联接修理时，常会遇到锈蚀的螺纹难于拆卸，这时可采取以下几种辅助措施：

1）用煤油浸润或把锈蚀零件放入煤油中，间隔一定时间后利用煤油的渗入，可使锈蚀处疏松，再用工具拧转螺母或螺钉，就比较容易拆卸。

2）用手锤敲击螺钉或螺母，使其受震动而使锈蚀处松动。

3）用火焰对锈蚀部位加热，经过膨胀或冷却后收缩的作用，使锈蚀处松动。

（4）销联接的装配修理

1）圆柱销的装配。圆柱销装配时，销与销孔的配合要求按使用场合的不同有一定差别，改变圆柱销的直径可以获得不同的配合性质。国家标准规定圆柱销可按n6、g6、h8和h9共4种偏差制造。

在大多场合下圆柱销与销孔的配合具有少量的过盈，以保证联接或定位的紧固性和准确性。此时销子涂油后可把铜棒垫在端面上，用手锤把它打入销孔中。过盈配合的圆柱销联接，不宜多次拆装，否则将使配合变松和降低配合精度。图2-27是销联接的示意图。

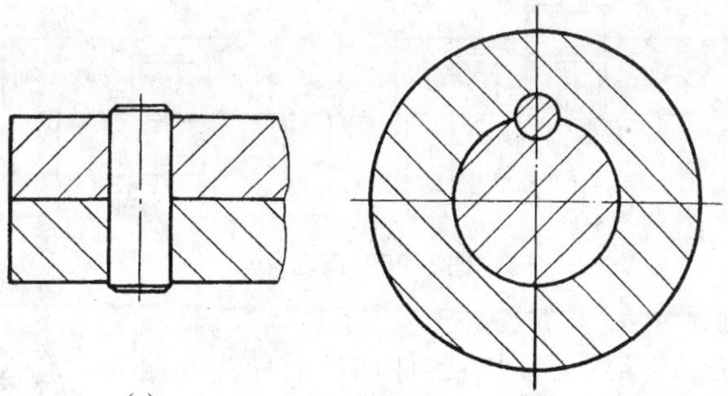

(a)　　(b)

图2-27　销联接

对于需要经常装拆的圆柱销定位结构，为了便于装拆，一般采用间隙配合。

圆柱销装配工作中，保证两销孔的中心重合是很重要的，因此一般都将两销孔同时进行钻铰，其表面粗糙度值$R_a \leqslant 1.6$。

2）圆锥销的装配。圆锥销具有1：50的锥度（少数场合也采用其他锥度），所以定位准确和装拆方便，应用较广泛。圆锥销以小端直径和长度表示其规格。装配时，被联接或定位的两销孔也应同时钻铰，但必须控制好孔径大小。一般用试装法测定，即铰孔时将销子在销孔中试插，当销子能自由插入销子长度的80%时为宜，但试插时务必做到销子与销孔都应十分清洁。销子装配后要求大小端都有少量长度（一般为稍大于倒角尺寸）露出销孔表面。

3）销联接的修理。销联接磨损或损坏时，通常都要更换销子，而将销孔重铰修复后再配制特殊尺寸的销子，标准销子一般不能满足所需的配合要求。

用手锤敲击法拆卸销子时，要注意不能用力过猛，以免一时不能松动而将销子端部胀大，增加拆卸工作的困难。销子端部有螺纹的（顶丝）应尽量利用它来进行拆卸。

（5）过盈联接的装配

1）过盈联接的装配要点。

①配合表面应具有较小的表面粗糙度值，一般都要达到R_a0.8。圆锥面的过盈联接要求配合的接触面积达到75%以上，以保证配合的稳固性。

②配合面必须十分清洁，在配合前应加油润滑。

③压入配合时，压入过程必须连续，速度不宜太快，一般为2～4 mm/s（不应>10 mm/s）。

④压入时必须保证孔和轴的中心线一致，不允许存在倾斜现象，并要随时进行检查。

⑤对于细长件和薄壁件，压入时要特别细心，防止发生变形或损坏，最好采用加热法或冷缩法装配。

2）过盈联接的装配方法。圆锥面的过盈联接是利用包容件和被包容件相对轴向位移后，相互压紧而获得配合过盈的。过盈联接对于圆柱面配合常采用以下3种方法：

①压入法。用外力把配合件压入的方法叫做压入法，如图2-28所示。

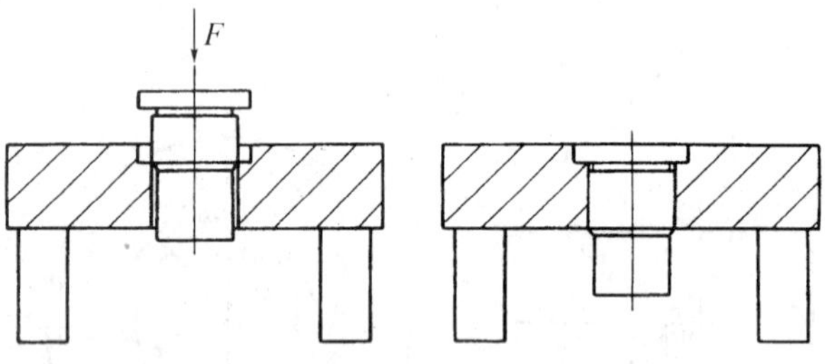

图2-28　压合件

②热胀法。热胀法又称红套，对包容件加热后使内孔胀大，套入被包容件待冷却收缩后，便使两配合面获得要求的过盈量。

加热的方法应根据包容件尺寸大小而定，一般中小型零件可用电炉加热，有时也可浸在油中加热（加热温度一般控制在80～120 ℃）。对于大型零件则可利用感应加热或乙炔等火焰加热。

采用热胀法装配时，内孔的热胀量可用下式计算：

$$\Delta d=\alpha\left(t_2-t_1\right)d$$

式中　Δd——热胀量（mm）；

α——包容件的线胀系数（1/℃），对于钢料，取$\alpha=11\times10^{-6}$/℃；

t_2——加热温度（℃）；

t_1——环境温度（℃）；

d——内孔直径（mm）。

③冷缩法。冷缩法是将被包容件进行低温冷却使其尺寸缩小。对于过盈量较小的零件，可用干冰（固体二氧化碳）冷缩，它可冷至-78 ℃；对于过盈量较大的零件，则可采用液氮冷缩，它可冷至-195 ℃。

（6）锻模的装配

模具的装配工艺过程由以下几个部分组成：

1）装配前的准备工作。装配前的准备工作包括以下4项：

①研究和熟悉装配图，了解模具的结构、零件的作用以及相互的联接关系。

②确定装配的方法、顺序和准备所需的工具。

③对零件进行清理和清洗。

④对某些零件有时要进行修配。

2）组件装配。把几个零件装配在一起，组成一个完整的组合零件的过程叫组件装配。

3）部装和总装。装配工作它通常分为部装和总装。

①部装。把零件装配成部件（若干零件结合为模具的一部分即称为部件）的过程称为部件装配，即部装。

②总装。把零件和部件装配成最终产品的过程称为总装。

4）涂油和入库。装配好锻模一般应满足以下9项技术要求：

①装配好的锻模，其闭合高度应符合设计要求。

②导柱和导套装配后，其中心线应分别垂直于下模座底平面和上模座底平面，其垂直度应符合设计要求。

③上模座上平面应和下模座的底面平行，其平行度误差应符合设计要求。

④装入模架的每一对导柱和导套的配合间隙（或过盈量）应符合设计要求。

⑤装配好的模架，其上模座沿导柱移动应平稳，无阻滞现象。

⑥凸模和凹模的配合应符合设计要求。

⑦ 定位装置应保证定位正确可靠。

⑧ 卸料及顶件装置活动灵活、正确。

⑨ 模具应在生产的条件下进行实验，锻造的制件应符合设计要求。

（7）装配的实例

这里以图2-29所示的行星齿轮精锻模具图为例介绍锻模的装配过程。行星齿轮精锻模具的装配过程实际上包括了组件装配、下模部分装配、上模部分装配和总装配。如图2-29所示，行星齿轮精锻模具分为上模和下模两个部分，上模部分由上模座13、压缩弹簧12、内六角螺栓11、拉杆10、凸模9和导模8等零件组成。下模部分由下模座1、顶杆2、螺栓3、下模块4、凹模5、应力圈6和压紧套圈7等零件组成。

1）清理工作场地。模具装配时要求工作场地干净、整洁，不能有任何杂物。

2）零件的准备。根据模具装配图准备和清点装配所需的模具零件，联接零件和辅助材料。

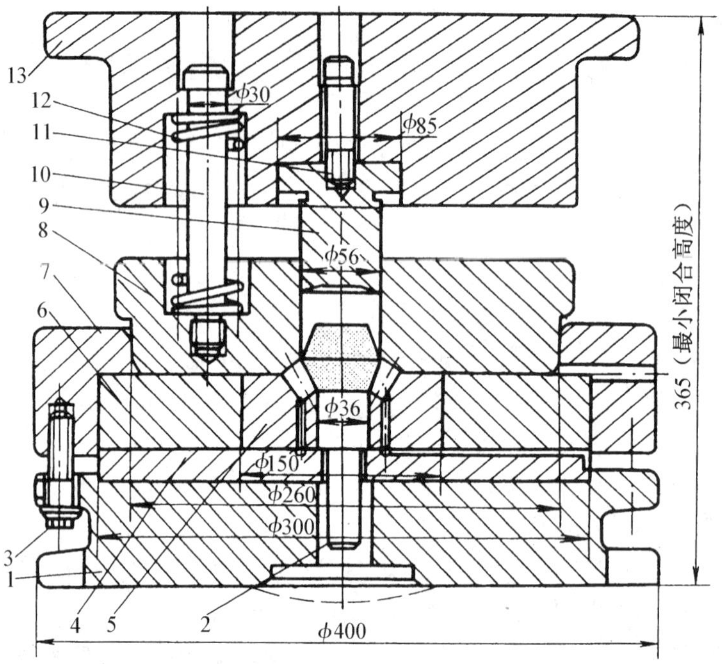

1–下模座　2–顶杆　3–螺栓　4–下模块　5–凹模　6–应力圈　7–压紧套圈
8–导模　9–凸模　10–拉杆　11–内六角螺栓　12–压缩弹簧　13–上模座

图2–29　行星齿轮精锻模具

3）准备必须的工具、量具、辅具及所需的设备。它们包括活动扳手、内六角扳手、铜棒、平行等高垫块、支承环、手锤、旋具、润滑油、盛物容器、油石、模具抛光设备、游标卡尺、钢直尺、90° 角尺、拐尺等。

4）组合凹模的装配。组合凹模由凹模5和应力圈6等2个零件构成。

①装配前首先检查凹模5的型腔和压装配合面的粗糙度值是否达到设计要求，若粗糙度值偏大则应对其进行抛光处理；检查型腔内的棱边是否按图样要求倒圆，若未达到图样要求则应重新进行倒圆处理；检查型腔和排气孔内有无杂物，如有杂物应立即清理干净。零件检查合格后将其擦拭干净并在其表面涂上一层薄薄的润滑油备用。

检查应力圈6的锥孔面的粗糙度值是否达到图样要求，若粗糙度值偏大，则应进行抛光处理；检查零件上的棱边是否按图样要求倒圆，若没有倒圆则应进行倒圆处理。零件检查合格后将其擦拭干净并在表面涂上一层薄薄的润滑油的备用。

②压装。首先把支承环放在压力机工作台中间，再把应力圈6放在支承环上，应力圈的锥孔大端向上，然后将装配面涂油后的凹模5型腔面向下放入应力圈6的锥孔内，并保证凹模5的中轴线与应力圈6的端面垂直后开始压装。压装完成后，磨平组合凹模底面。

5）下模部分的装配。

①首先应对下模部分的各个组成构成件进行清理检查，对个别零件的不合格处，按图样要求进行修理，及时清除个别零件槽孔中没有清理干净的杂物或铁屑。检查完毕后把零件擦拭干净，并在各个零件的配合面（包括螺纹连接件）涂上一层薄薄的润滑油备用。

②装配。将2根同样大小枕木放在地面上，把下模座1吊到枕木上放好，再把下模块4装入下模座1上端的沉孔内，下模块4上带汽槽的面向上，用铜棒敲击下模块4的上端面使其与下模座1的沉孔端面充分接触。把组合凹模放在下模块4上面并使组合凹模的排气孔与下模板4上的排气槽对正，再把压紧套圈7盖在组合凹模上，并套在下模块4的外圆以上以保证组合凹模与下模块4和下模座1之间有一个相对不变的位置关系。然后用螺栓3把压紧套圈7、组合凹模、下模块4固定在下模座1上。拧紧螺栓3时，要按一定的顺序进行，并做到分次逐步拧紧，否则会使被联接件产生松紧不匀和不规则的变形。最后装入顶杆2并检查顶杆2的活动情况，若有卡滞现象则需进行修配。至此，下模部分装配完毕。

6）上模部分装配。

①对上模部分的各个组成构件进行清理和检查，对个别零件的不合格处，按图样要求进行修理，及清除个别零件槽孔中没有清理干净的杂物或铁屑。检查完毕后把零件擦拭干净并在各个零件的配合面涂上一层薄薄的润滑油后备用。

②上模座13与凸模9装配。凸模9是用内六角螺栓11固定在上模座13上的，装配时先在地上放2根枕木，再把上模座13吊到枕木上，并使上模座13的端面与枕木垂直，然后把凸模9装入上模座13中间的ϕ85的沉孔内，并用铜棒敲击凸模9使其配合端面充分接触后，用涂有润滑油的内六角螺栓11加上弹簧垫圈后将凸模9固定在上模座13上。

③装配上模部分。首先检查导模8与压紧套圈7的配合尺寸是否符合设计要求，如不符合设计要求，装配后有卡滞现象，应立即进行修理。装配时在地上放2根枕木，把导模8吊到枕木上小端向下水平放置，再把压缩弹簧12装入导模8大端面的弹簧沉孔内，然后把固定有凸模9的上模座13吊到导模8的上方慢慢放下，与此同时用手移动上模座13使凸模9的工作部分进入导模8中间的配合孔内，使压缩弹簧进入上模座13的弹簧沉孔内，最后用涂有润滑油的拉杆10把固定有凸模9的上模座13、压缩弹簧12和导模8连接在一起构成模具的上模部分。

7）合模。将装配好的上模部分与装配好的下模部分合模，即将装配好的上模部分吊到装配好的下模部分上方慢慢放下，与此同时用手移动上模部分，使上模部分的导模8的小端装进下模部分的压紧套圈7中间的导向孔内后，这套行星齿轮精锻模具的装配过程即告结束。这套模具进入试模阶段。

10. 锻模加工有哪些方法?

（1）样板的设计与制造

样板是与模具某一切面或某一表面（或其投影）相吻合的板状检测工具，它的主要作用是对模具的几何形状和尺寸进行检测和控制。

1）样板的分类与用途见表3–16。

2）样板设计。编制模具工艺规程时应作样板设计，基本原则是在能测量模具的全部尺寸（用通用量具测量的除外）和能满足制模中各工序需要的前提下，样板数量应尽可能少。锻模样板的基本要求是：

①制造公差。通常取模膛尺寸偏差的1/5～2/5，凹型面取负值，凸型面取正值。

②表面粗糙度。制坯模膛和自由锻胎模模膛样板：R_a<2.5～1.6 μm。

普通锻模样板：R_a<12.5～0.4 μm。精锻模样板：R_a<0.63～0.1 μm。

表3-16　样板分类和用途

分类		说明	用途
专用样板	全形样板	模具呈工作位置时，按锻件在分模面上的垂直投影的形状所制的样板	主要用于平面分模模具的划线和修型；切边模的粗加工，可缩短生产周期
	截面样板	反映某一截面形状或其某一局部形状的样板	一般供钳工修型、靠模加工和检验某截面的形状
	立体样板	按锻件图制造的、具有主体型面且又符合样板要求的样板，可以是整体的，也可以是局部的	测量模膛立体型面，翻制截面样板或加工靠板
	检验样板	形状与样板反切，精度比一般样板高1～2级	用于批量生产或精度要求较高的模具
通用样板		锻模典型结构，不同模具通用样板，如燕尾、锁扣、键槽等	对不同模具相同结构要素的检测与控制

注：①根据模具图分析结构特点、技术要求、模具加工方案。②确定测量位置和样板定位基准。③明确样板使用方法和要求。④计算工艺尺寸和尺寸偏差。⑤绘制样板图并编号，同时在模具图上标注。⑥确定样板加工方案，编写工艺规程。

③材料要求。一般不需热处理，中小样板料厚1～2 mm，大型样板2～5 mm。批量生产模具样板需热处理，料的厚度为：中小型样板3～5 mm，大型样板5～8 mm。样板表面可作适当的防锈处理，如涂（喷）漆、发蓝、镀锌或镀铬等。

3）样板的加工方法见表2-17。

表2-17　样板加工方法

加工方法	加工过程	适用场合
按图板对线法	材料磨平后划图板线及样板线，按线加工、印记、修形。修形采用与图板对比的方法，最后按要求可进行热处理或表面处理	精度不高的普通锻模，且料厚$\delta \leqslant 3$ mm
按放大图加工法	材料磨平后划样板线，同时划放大图板线，按线加工、印记、修形。修形时采用投影放大对线法，其余与上相同	精度较高的锻模样板，料厚$\delta \leqslant 3$ mm
数控线切割加工法	材料扳平后，淬火或不热处理，磨平，线切割加工样板，留0.01～0.05 mm的研磨余量，最后由钳工研磨	精密样板加工
光学曲线磨加法	材料磨平后划线粗加工（铣或刨），钳工修正后留0.1～0.3 mm余量，打印，钻孔，需要时进行热处理，校平，磨平后工作面，符合放大图	较厚的精密样板加工

（2）锻模外表的加工要求

锻模外形加工主要包括：支承面、基准面、分模面、锁扣和燕尾及键槽等。加工步骤：先粗加工，留精加工余量；热处理后精加工，然后打磨、修光。大型模具加工要用大型设备，如龙门铣和龙门刨等。锁扣是锻模特有的，常用的有圆形和角形两大类，其加工方法如表2–18所示。

表2–18　锻模锁扣加工方法

加工方法	加工过程	适用场合
圆形锁扣	粗车时凸圆角车成锐角，根部车大圆角，热处理后精车外圆，凹圆角和凸圆角到精度尺寸	加工中用游标卡尺测量，用样板精修尺寸，根据图纸要求，透光值小于最大间隙为合格
角形锁扣	用铣床或刨床进行粗加工，对复杂曲面、分模面、锁扣等结构特殊的用仿形铣加工，先用直柄铣刀铣后用锥铣刀加工到工序尺寸，热处理后进行修正，先修凹锁配凸锁，一般只要求修对锁扣角度和两定位面互相垂直即可	用间隙规测量合模后的配合间隙

（3）模膛的加工

锻模模膛加工时，一般先粗加工，留精加工余量，热处理后再粗加工或钳工修正。表2–19为常用模膛的加工方法。

表2–19　常用模膛加工方法

加工方法	加工过程	适用场合
立铣加工	划线粗铣大部分余量，再用圆形球头沿划线粗铣，最后再精铣，小型模具留修磨余量，大型模具留精铣余量，热处理后再精铣修正。铣削顺序：先深后浅。尺寸控制方法：水平靠线，垂直深度靠样板	形状不太复杂锻模或设备条件较差的厂家
仿形铣加工	划线、做靠模，中小型模具精铣留修光余量，大型模具留精铣余量，热处理后精铣，修磨。粗铣用大直径球头刀，精铣用圆头刀。小于等于槽度圆角尺寸，斜角小于等于出模角。仿形销应与刀具形状相同，重量不超过规定重	形状较复杂，无窄槽模具的加工
电火花加工	要求电极损耗小，蚀除量大，采取相应的排屑方法。由于加工表面极硬，内应力极大，且有明显的脆裂倾向，必须除去。电火花加工后进行一次回火处理，消除应力，方便钳工精修。对大型模具加工余量较大时，在电火花加工前可进行适当的切削加工，以减少加工余量，提高效率	形状较复杂、分模面为平面的精度较高的模具加工
线切割	毛坯加工后热处理，切割通孔型腔或定位孔	加工样板、冲切模、镶块孔等

续表

<table>
<tr><th colspan="2">加工方法</th><th>加 工 过 程</th><th>适 用 场 合</th></tr>
<tr><td colspan="2">电解加工</td><td>电解加工用的工具电极为钢制，并可利用废旧模具反拷再加钳工修正制成。电解加工工艺参数不易确定。电解加工效率高，尺寸精度高，表面粗糙度低</td><td>适合加工较陡的模膛，且变化曲率不大，批量较大</td></tr>
<tr><td rowspan="3">压力加工</td><td>热反印法</td><td>将模块加热到锻造温度后，用准备好的模芯压入模块，模块退火后刨分型面、铣毛边槽。淬火后修整打光。模芯可用零件修磨而得，形状复杂精度较高的另做模芯。一般热压时除上下对压外还要压4个侧面，型面粗加工后再压一次，以消除分型处圆角</td><td>适合于小批量生产或新产品试制。方法简便，周期短，成本低</td></tr>
<tr><td>开式冷挤压</td><td>冲头直接挤压坯料，坯料四周不受限制，挤压后型面需加工</td><td>适合精度要求不高或深度较浅的多型模膛，或分模面为平面的模膛</td></tr>
<tr><td>闭式冷挤压</td><td>挤压时坯料外加钢套限制金属流向，保证模块金属与冲头吻合。模膛轮廓清晰，粗糙度低</td><td>适合于单模膛精度要求较高的场合</td></tr>
<tr><td colspan="2">精密铸造</td><td>可制造难加工材料模具，制模周期短、材料利用率和回收率高，便于模具复制，精度较高</td><td>用于大型精密模具批量生产及难加工材料锻模的制造</td></tr>
</table>

（4）精铸锻模的典型工艺

典型工艺见表2-20。

表2-20　精铸锻模典型工艺

<table>
<tr><th>类别
工艺</th><th>木模-陶瓷型</th><th>熔模-陶瓷型</th><th colspan="2">熔模-壳型</th><th>电渣重熔精铸</th></tr>
<tr><td>模型准备</td><td>根据锻模尺寸制造木模或金属模样</td><td colspan="3">根据锻模尺寸设计和的制造熔模（蜡模）</td><td>按锻模几何形状设计制造金属结晶器</td></tr>
<tr><td>造型材料或熔渣准备</td><td colspan="2">耐火材料：石英砂、刚玉砂或铝钒土中任一种
黏接剂：硅酸乙酯、硅溶胶或水玻璃中任一种
催水剂：碱性氧化物Mg_2O_3或CaO</td><td>刚玉粉
硅酸乙酯
盐　酸</td><td>石英砂
树　脂
乌洛托品</td><td>二元或三元渣组成：Al_2O_3、CaF_2、CaO</td></tr>
<tr><td>制备砂套或准备电极</td><td colspan="2">用普通铸钢造型材料，按一般造型工艺方法制作砂套</td><td colspan="2"></td><td>锻制或铸造自耗电极</td></tr>
</table>

续表

<table>
<tr><th>类别
工艺</th><th>木模-陶瓷型</th><th>熔模-陶瓷型</th><th colspan="2">熔模-壳型</th><th>电渣重熔精铸</th></tr>
<tr><td>制模工艺</td><td colspan="2">（1）陶瓷型型料配制
（2）灌浆
（3）起模
（4）喷烧
（5）焙烧
（6）合箱
（7）浇注
（8）清理</td><td>（1）配制涂料
（2）制壳
（3）熔烧
（4）浇注
（5）清理</td><td>（1）混砂
（2）制壳：清理型板→型板预热→喷涂分型剂→制壳→顶壳
（3）合箱
（4）浇注
（5）清理</td><td>（1）引入液体深渣或引弧化渣
（2）重熔金属电极铸模
（3）脱模缓冷</td></tr>
<tr><td>热处理</td><td colspan="5">铸 件 退 火</td></tr>
<tr><td rowspan="2">特　点</td><td colspan="2">陶瓷型化学稳定性好，变形小，表面粗糙</td><td colspan="2" rowspan="2">表面光洁，精度高，效率高，经济性好，适于大批量生产小型锻模</td><td rowspan="2">设备简单，生产周期短，金属纯度高，组织致密，适于大批量生产小型锻模</td></tr>
<tr><td>适于单件、小批量生产中大型锻模</td><td>适于生产大批量中型、小型锻模</td></tr>
</table>

11. 粉末冶金模应怎样装配？

（1）成型模的装配要点

装配要点表2-21。

表2-21 成型模的装配要点

装配步骤	装 配 要 点
检验主要零件的质量	（1）阴模 1）阴模高度应能容纳压坯所需的松散粉末，并使上下模冲有良好的定位与导向 2）能保证压坯的几何形状和尺寸精度 3）工件表面具有良好的表面粗糙度和高硬度 4）材质无裂纹、气孔或夹杂，具有足够的强度和刚度 （2）芯棒 1）能保证压件的几何形状与尺寸精度 2）工作表面具有良好的表面粗糙度 3）与上、下模冲应有良好的定位和导向 4）工作段应有高的硬度，机动模芯棒的连接或固定端应有足够的刚性和韧性，热处理硬度应适当降低 5）成型异型孔的芯棒结构，应保证能将压件顺利脱出芯棒

续表

装配步骤	装配要点
检验主要零件的质量	（3）模冲 1）工件表面要有足够的硬度 2）上、下模冲对阴模和芯棒应有良好的定位和导向，并有合理的配合间隙，复合模冲（即有压套时）应能脱出压件 3）上、下模冲的工作面和配合面应有良好的表面粗糙度，非工作段的外径可适当缩小，内孔可适当放大以减少精加工量和与阴模、芯棒的摩擦 4）有关部位应能保证垂直度、平行度、同轴度要求
阴模与模套的装配	（1）阴模与模套的配合为过盈配合，应具有一定的过盈量 （2）将阴模压入模套，磨平两端面，应保证垂直度、同轴度
阴模与模板和模座的连接	（1）将阴模或阴模与模套装入模板和模板座 （2）按确定的联接方式，用销钉定位，螺钉紧固 （3）将模板上面磨平整
上模冲的装配	（1）上模冲与模板之间应有垫板 （2）按确定的连接方式，用销钉定位和螺钉紧固 （3）应保证上模对冲模板平面的垂直度 （4）保证上模冲与阴模为间隙配合，但得漏粉
下模冲的装配	（1）下模冲与模板之间最好设有垫板 （2）按确定的连接方式，用销钉定位，螺钉紧固 （3）应保证下模对冲模板平面的垂直度 （4）保证下模冲与阴模为间隙配合，并不漏粉
芯棒的装配	（1）将芯棒套入芯棒座，用螺钉或过盈配合与下模板连接 （2）保证芯棒与模板的垂直度 （3）保证芯棒与上、下模冲的同轴度及间隙配合
导柱与模板的装配	（1）导柱与模板连接，通过螺钉、螺母、垫圈对模板限位 （2）适用于带模架的浮动压模
浮动结构的装配	（1）阴模、芯棒或上下模冲的浮动结构装配后，应能满足压制方式和补偿装粉的要求 （2）由弹簧、气动或液压产生的浮动力，应能进行调节，使浮动稳定可靠
脱模复位结构的装配	（1）脱模结构要保证脱模时的顶出（或拉下）距离准确，并可调节 （2）复位要求位置准确，在机械压力机上，复位动作要求快而冲击力小，且重复性好
调节装粉结构的装配	大多数情况下，调节装粉由浮动结构来完成。改变阴模、芯棒与下模冲之间的相对位置，以达到调节装粉的目的

（2）整形模的装配要点

装配要点见表2–22。

表2–22　整形模的装配要点

装配步骤	装配要点
检验主要零件的质量	（1）阴模 1）全整形阴模整形段应能容纳压件，并有上、下模冲的定位导向长度 2）阴模口要有圆弧或锥度，使压件逐渐进入整形段进行整形。型腔孔锥度只允许向脱模方向增大 3）阴模孔要有好的表面粗糙度，即R_a值为0.1～0.4μm 4）工作面要有高的硬度及良好的耐磨性 （2）芯棒 1）全整形和内、外径同时整形的芯棒，整形段长度应大于零件高度。单整内孔的芯棒整形段长度可小于零件高度 2）工作面要有较好的表面粗糙度，即R_a值为0.1～0.4μm 3）端部应有圆角和锥度，手动模比机动模芯棒锥度段应长些 4）芯棒应有高的硬度及良好的耐磨性 （3）模冲 与成型模模冲的要求相同
手动整形模的装配	与手动成型模的装配方法相同
机动整形模的装配	与机动成型模的装配方法相同

12. 塑料注射模应怎样装配？

塑料模具主要包括：注射模具、压缩模具、压注模具、吹塑模具及挤出成形机头等。它们的装配与冲模的装配有很多相似之处，但塑料模具成形制件时，是在高温、高压和黏流状态下成型的。所以，各相对配合零件之间的配合要求更为严格，这样模具的装配工作就更为重要。

（1）塑料注射模装配技术要求

塑料注射模装配的技术要求，概括起来有以下几个方面：

1）模具外观装配技术要求。

①模具非工作部分的棱边应倒角。

②装配后的闭合高度、安装部位的配合尺寸、顶出形式、开模距离等均应符合设计要求及使用设备的技术条件。

③模具装配后各分型面要配合严密。

④各零件之间的支撑面要互相平行，平行度误差在200 mm内不大于0.05 mm。

⑤大型、中型模具应设有起重吊钩与吊环，以便模具安装应用。

⑥装配后的模具打刻度、定模方向记号、编号、图号及使用设备型号。

2）成型零件及浇注系统。

①成型零件的尺寸精度应符合设计要求。

②成型零件及浇注系统的表面应光洁、无死角、塌坑、划伤等缺陷。

③型腔分型面、浇注系统、进料口等部位，应保持锐边，不得修整为圆角。

④互相接触的型芯与型腔、挤压环、柱塞和加料室之间应有适当间隙或适当的承压面积，以防在合模时零件互相直接挤压造成损伤。

⑤成形有腐蚀性的塑料时，对成形表面应镀铬或抛光，以防腐蚀。

⑥装配后，互相配合的成型零件相对位置精度应达设计要求，以保证成型制件尺寸、形状精度。

⑦ 拼块、镶嵌式的型腔或型芯，应保证拼接面配合严密、牢固、表面光洁、无明显接缝。

3）活动零件的装配技术要求。

①各滑动零件的配合间隙要适当，起、止位置定位要准确可靠。

②活动零件导向部位运动要平稳、灵活、相互协调一致，不得有卡紧及阻滞现象。

4）锁紧及紧固零件的装配技术要求。

①锁紧零件要锁紧有力、准确、可靠。

②紧固零件要紧固有力和不得松动。

③定位零件要配合松紧适合，不得有松动现象。

5）顶出机构装配技术要求。

①各顶出零件应动作协调一致、平稳、无卡滞现象。

②有足够的强度和刚度，良好的稳定性，工作时受力均匀。

③开模时应保证制件和浇注系统的顺利脱模及取出，合模时应准确退回原始位置。

6）导向机构的装配技术要求。

①导柱、导套装配后，轴线应垂直于模座平面，且滑动灵活、平稳、无卡阻现象。

②导向精度要达到设计要求，对动模与定模具有良好导向、定位作用。

③斜导柱应具有足够的强度、刚度及耐磨性，与滑块的配合适当，导向正确。

④滑块和滑槽配合松紧适度，动作灵活，无卡滞现象。

7）加热冷却系统的装配技术要求。

①冷却装置要安装牢固，密封可靠，不得有渗漏现象。

②加热装置安装后要保证绝缘，不得有漏电现象。

③各控制装备安装后，动作要准确、灵活、转换及时、协调一致。

（2）塑料注射模的装配

塑料注射模装配时，一般是将相互配合零件先装配成组件（或部件）。然后，再将这些组件（或部件）进行最后总装配和试模工作。

塑料注射模的装配基准分成两种情况：

一是以模具中的主要零件，如定模、动模，型腔、型芯为装配基准。这种情况，定模和动模的导柱和导套孔先不加工，先将型腔和型芯镶块加工好，然后装入定模和动模内。将型腔和型芯之间以垫片法或工艺定位器法保证壁厚，动模和定模合模后用平行夹板夹紧，镗制导柱和导套孔，最后安装动模和定模上的其他零件。这种情况多适用于大中型模具。

二是模架上已有导柱、导套的模具，以模板相邻侧面作为装配基准。将已有导向机构的动模和定模合模后，磨削模板相邻两侧面呈90°，然后以侧面为基准分别安装定模和动模上的其他零件。

组件装配。对各组件（或部件）的装配分成以下几部分：

①型腔和型芯与模板的装配。根据注射模结构不同，型腔和型芯与模板的紧固方式不同，模具的装配过程也不相同。

a．小型芯埋入式装配：图2–30所示为埋入式型芯结构，固定板沉孔与型芯尾部为过渡配合。固定板的沉孔一般采用立铣加工，当沉坑较深时，沉坑侧面会形成斜度，且修正困难。此时可按固定板沉孔的实际斜度修磨型芯配合段，保证配合要求。

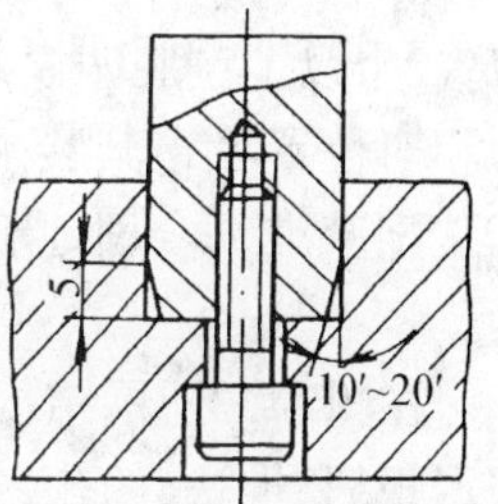

图2–30　小型芯埋入式装配

型芯埋入固定板较深的，可将型芯尾部四周略修成斜度。埋入深度在5 mm以内时，则不应修斜度，否则将影响固定强度。

b．型芯与固定板螺钉固定式装配。大面积而高底的型芯，常用螺钉、销孔与固定板联接，如图2–31所示。装配时可按如下顺序进行：

◆在加工好的型芯1上压入实心的定位销钉套3。

◆根据型芯在固定板上的位置，将定位块4用平行夹头5固定在固定板2上。

◆用划线或涂红粉的方式确定型芯螺纹孔位置。然后，在固定板上钻螺钉过孔及锪沉孔，用螺钉初步固定。

◆在固定板背面划出定位销孔位置，并与型芯一起钻、铰销钉孔，并打入定位销定位。

c．圆形整体型腔凹模的镶入法。如图2–32所示，这种型腔凹模镶入模板，关键是型腔形状和模板相对位置的调整及其最终定位。调整的方法有以下几种：

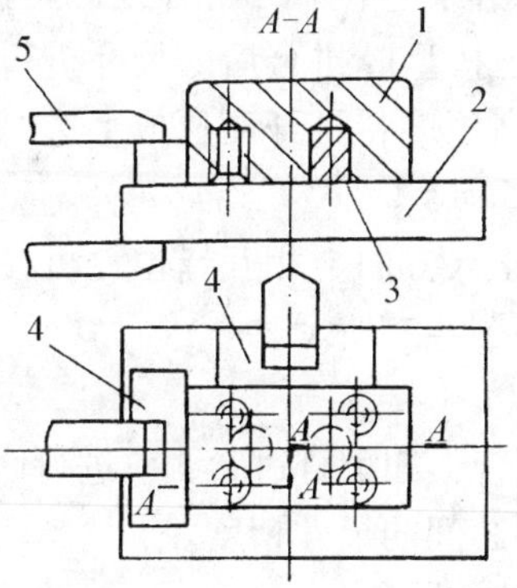

1–型芯　2–固定板　3–销钉套　4–定位块　5–平行夹头

图2–31　大型芯固定结构

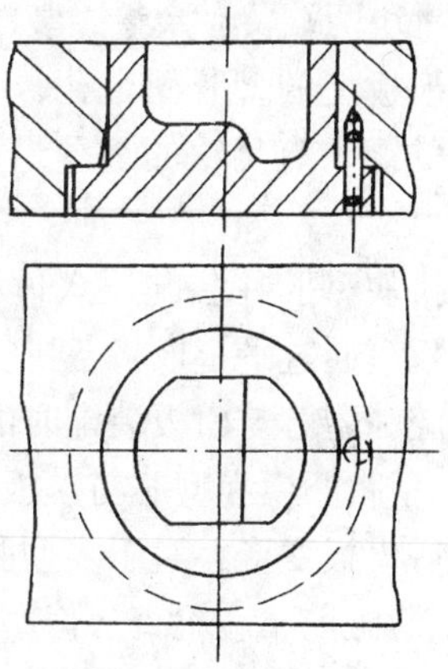

图2–32　单件圆形整体型腔凹模的镶入

◆部分压入后调整。型腔凹模压入模板极小一部分时，用百分表校正其直边部分。当调至正确位置时，再将型腔凹模全部压入模板。

◆全部压入后调整。将型腔凹模全部压入模板以后再调整其位置。用这种方法时不能采用过盈配合，一般使其有0.01～0.02 mm间隙。位置调整正确后，需要定位件定位，防止其转动。

d．多件整体型腔凹模的镶入法。在同一块模板上需镶入2个以上型腔凹模，且动模、定模模板之间要求精确的相对位置者，其装配工艺比较复杂。装配时，先要选择装配基准，合理地确定其装配工艺，保证装配关系正确。

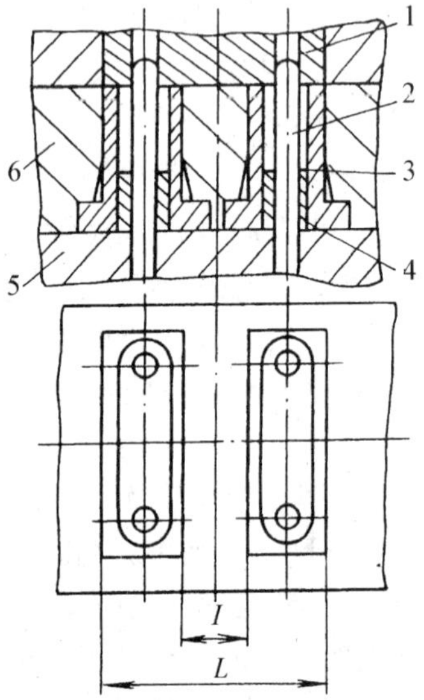

1–定模镶块　2–小型芯　3–型腔凹模
4–推块　5–固定板　6–动模板
图2–33　多件整体型腔凹模的镶入

在图2–33所示结构中，小型芯2必须同时穿过小型芯固定板5和推块4的孔，再插入定模镶块1的孔中。因此，这三者必须有正确的相对位置。推块4又是套入镶在动模板上的型腔凹模3的长孔中，所以动模板固定型腔凹模孔的位置要按型腔外形的实际位置尺寸来修正，并且定模镶块经热处理后，小孔孔距将有所变化，因此应选定定模镶块上的孔为装配基准，从推块的孔中配钻小型芯固定板。其装配所需步骤如下：

◆用工艺销钉穿入定模镶块1和推块4的孔中作定位。

◆将型腔凹模3套在推块上，按型腔凹模外形的实际尺寸l或L修正动模板固定孔。

◆将型腔凹模压入动模板，并磨平两端面。

◆放入推块，以推块配钻小型芯固定孔。

e．型腔拼块的镶入法。型腔拼块结构形式很多，其装配工艺应根据结构而有所不同。其装配工艺要点如下：

◆所有拼合面在热处理后要进行磨削加工，保证拼合后紧密无缝隙，防止模具合作时渗料。拼块两端留有余量，装配后同模板一起在平面磨床上磨平，如图2–34所示。

◆模板上的型腔固定孔，一般要留有修正余量，按型腔拼合后的尺寸进行修正，使型腔拼块的镶入有足够的过盈量。否则，成形时将被高压熔料挤开而形成毛边，造成脱模困难。

◆拼块型腔在装配压入过程中，为防止拼块在压入方向上相互错位，可在压入端垫一块平垫板，通过平垫板将各拼块一起压入模之中，如图2–35所示。

型腔和型芯与模板装配时的注意事项如下：

a．型腔凹模和型芯与模板固定孔一般为$H7/h6$配合，如配合过紧，应进行修磨。否则，在压入后模板变形，对于多型腔模具，还将影响各型芯间的尺寸精度。

b．装配前，应检查、修磨影响装配的清角为倒棱或圆角。

c．为便于型芯和型腔凹模镶入模板，并防止挤毛孔壁，应在压入端设计成导入斜度。

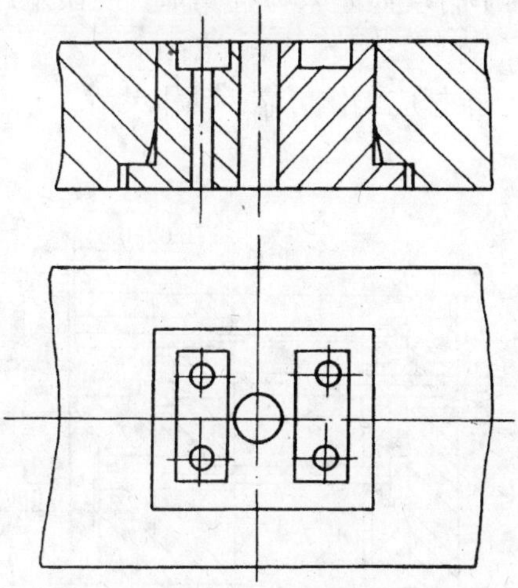

图2-34　拼块结构的型腔

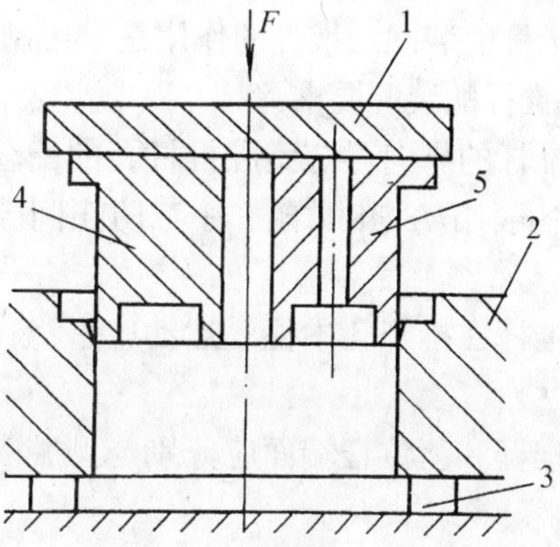

1-平垫板　2-模板　3-等高垫板　4，5-型腔拼块

图2-35　拼块型腔的装配

d．型芯与模板孔配合的尖角部分，应将型芯角部修成R0.3 mm左右的圆角。当不允许修圆时，应将模板孔的角部修出清角或窄的沉割槽，如图2-36所示。

e．型芯和型腔凹模压入模板时应保持垂直与平稳，在压入过程中应边检查边压入。

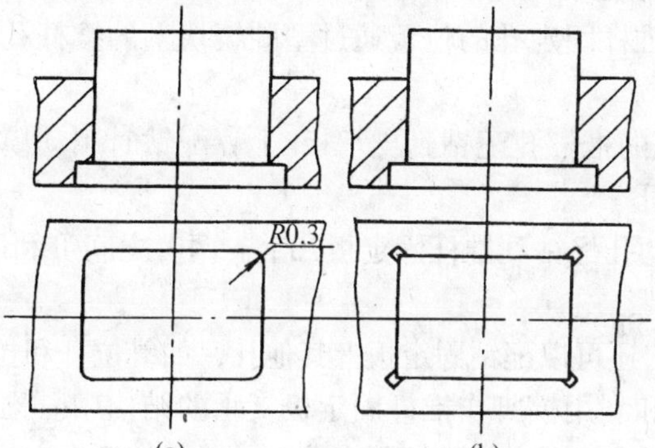

图2-36　尖角配合处修整

②过盈配合零件的装配。过盈配合零件装配后，应该紧固，不允许有松动脱出。为保证装配质量，应有适当的过盈量和较小的表面粗糙度值，而且压入端导入斜度应做得均匀，并与轴线同轴。

薄壁精密件，如导套或镶套压入模板以后，其内孔尚需与精密的配合件相配合，所以除了上述要求外，更应边检查边压入。压入时应注意以下几点：

a．应严格控制过盈量，以防止内孔缩小。在压入后必须检查内孔尺寸，当发现缩小时，可采铸铁研磨棒进行研磨。

b．压入件需有较长的导入部分，以保证压入后的压入件轴线与模板平面之间的垂直度要求，压入时要垂直平稳。对于不能用导入锥或圆弧导入的直径大而高度小的压入件，在压入时可用百分表测量压入件端面与模板平面之间的平行度误差来检查其垂直度误差，但必须保证压入件的端面与其轴线垂直。

③推杆的装配。推杆的作用是推出制件。推件时，推杆应工作可靠、动作灵活。

a．推杆的装配要求：

◆推杆的导向段与型腔推杆孔的配合间隙要正确，一般用$H8/h8$配合，注意防止间隙太大而漏料。

◆推杆在推杆孔中往复运动应平稳，无卡滞现象。

◆推杆和复位杆端面应分别与型腔表面和分型面齐平。

b．推杆固定板的加工与装配。为了保证制件的顺利脱模，各推出元件应运动灵活，复位可靠，推杆固定板与推板需要导向装置和复位支承。其结构形式有：用导柱导向的结构、用复位杆导向的结构和用模脚作推杆固定板支承的结构。这里以图2-37所示的导柱导向结构说明加工和装配方法。

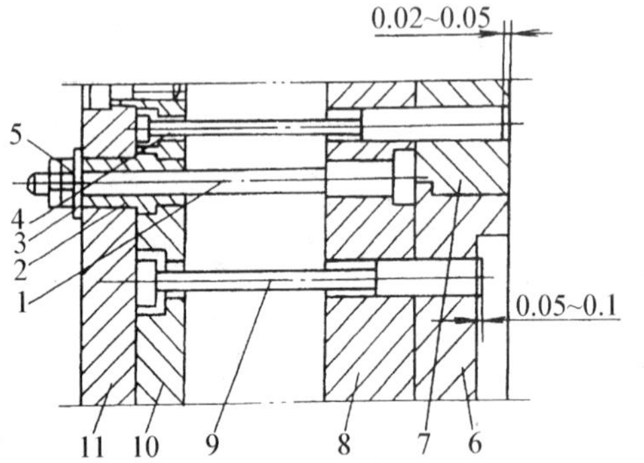

1-导柱　2-导套　3-垫圈　4-复位杆　5-螺母
6-型腔镶块　7-动模板　8-支承板　9-推杆
10-推杆固定板　11-推板

图2-37　推杆的装配

为使推杆在推杆孔中往复平稳，推杆在推杆固定板孔中应有所浮动，装配部分应每边留有0.5 mm的间隙。推杆固定孔的位置通过型腔镶块上的推杆孔配钻而得，其配钻过程为：

◆先将型腔镶块6上的推杆孔配钻到支承板8上，配钻时用动模板7和支承板8上原有的螺钉与销钉作定位和紧固。

◆再通过支承板上的孔配钻到推杆固定板10上。两者之间可利用已装配好的导柱1、导套2定位，用平行夹头夹紧。

在上述配钻过程中，还可以配钻固定板上其他孔，如复位杆和拉料杆的固定孔。

利用复位杆作导向和利用模脚作推杆固定板支承的结构中。推杆固定孔的配钻与上述相同，只是在从支承板向推杆固定板配钻固定孔中，以复位杆作定位。

利用模脚作推杆固定板支承的结构中，模脚的侧面作为推板的导轨，起导向作用。因此，装配模脚时，不可先钻攻、钻铰模脚上的螺孔和销钉孔，而必须在推杆固定板装好后，通过支承板的孔对模脚配螺孔。然后用螺钉初步固定模脚，待推杆固定板作滑动试验并把模脚调整到理想位置后，才能加以紧固。最后对动模板、支承板和模脚一起钻铰销钉孔。

c．推杆的装配与修磨。推杆的装配和修磨的过程如下：

◆将推杆孔入口处和推杆顶端倒成小圆角或斜度。

◆修磨推杆尾部台肩厚度，使台肩厚度比推杆固定板沉孔的深度小0.05 mm。

◆装配推杆时将有导套2的推杆固定板10套在导柱1上，然后将推杆9、复位杆4穿入推杆固定板、支承板和型腔镶块推杆孔，而后盖上推板11，并用螺钉紧固。

◆将导柱台肩尺寸修磨到正确尺寸。由于模脚闭合后，推杆和复位杆的极限位置决定于导柱的台肩尺寸，因此在修磨推杆端面之前，先将推板复位到极限位置。如果推杆低于型面，则应修磨导柱台肩；如推杆高出型面，则可修磨推板11的底平面。

◆修磨推杆和复位杆的顶端面时，先将推板复位到极限位置，然后分别测量出推杆和复位杆高出型面与分型面的尺寸，确定磨修量。修磨后，推杆端面应与型面平齐，但可高出0.05～0.10 mm。复位杆与分型面齐平，但可低0.02～0.05 mm。

当推杆数量较多时，装配应注意两个问题：一是应将推杆与推杆孔进行选配，防止组装后，出现推杆动作不灵活、卡紧现象；二是必须使各推杆端与制成相吻合，防止顶出点的偏斜，推力不均匀，使制件脱模时变形。

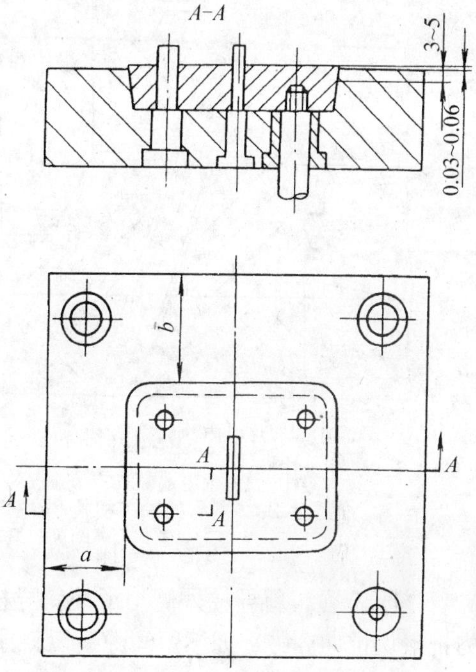

图2–38　埋入式推件板

④埋入式推板的装配。埋入式推板机构是将推板埋入固定板沉坑内，如图2–38所示。

装配的主要技术要求是：既要保证推板与型芯和沉坑的配合要求，又要保持推板上的螺孔与导套安装孔的同轴度要求。这是因为推件板和推杆固定板之间，是通过装在导套内的推杆螺钉连接的。这一导向装置，既是推件板的导向，也是推杆固定板的导向。

其装配步骤如下：

a．修配推板与固定板沉坑的锥面配合。首先修正推板侧面，使推板底面与沉坑底面接触，同时使推板侧面与沉坑侧面保持图示位置的3～5 mm的接触面，而推板上平面高出固定板0.03～0.06 mm。

b．配钻推板螺孔。将推板放入沉坑内，用平行夹头夹紧，在固定板导套孔内安装二级工具钻套（其内径等于螺孔底径尺寸），通过二级工具钻套钻孔、攻螺纹。

c．加工推板和固定板的型芯孔。采用同镗法加工推板和固定板的型芯孔，然后将固定板型芯扩大，使其与型芯的配合达到规定的要求。

⑤斜导柱抽芯机构的装配。斜导柱抽芯机构的作用是在模具开模后，在推出制件之前，将制件的侧向型芯先行抽出的机构。要求侧向成形部分满足成形要求，型芯滑块应运动平稳，定位起止正确，滑块斜面与斜楔的斜面应压紧，且有一定的预紧力。斜导柱抽芯机构如图2–39所示。

a．装配技术要求。

◆闭模后，为保证模具闭合后斜楔（压紧块）和滑块之间有一定的锁模力，要求滑块的上平面必须留有x=0.2～0.8 mm的间隙，如图2–40所示。这个间隙在机上闭模时被锁模力消除，转移到斜楔和滑块之间。

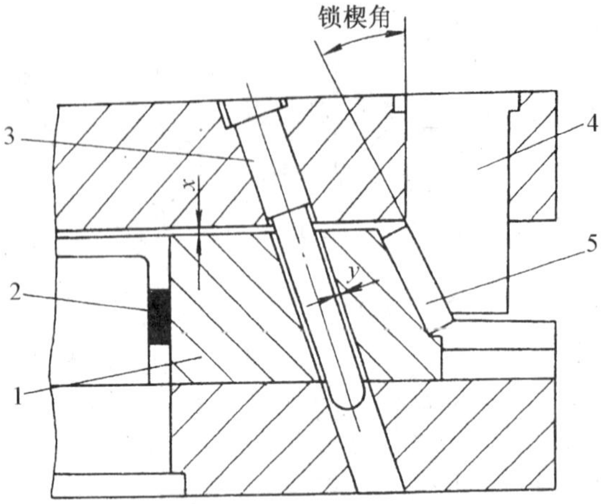

1–滑块　2–壁厚垫片　3–斜导柱
4–锁楔（压紧块）　5–垫片

图2–39　斜导柱抽芯机构

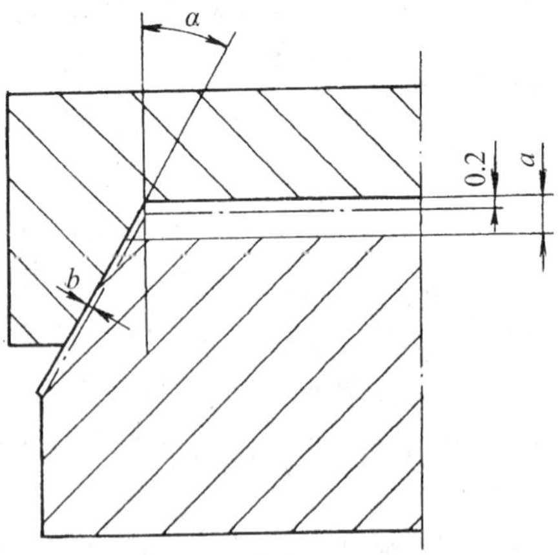

图2–40　滑块斜面修磨量

◆闭模后，斜导柱外侧与滑块斜导柱孔留有y=0.2 ~ 0.5 mm的间隙。在机上闭模后锁模力把滑块推向内方，如不留间隙会使斜导柱受侧向弯曲力。

b．装配步骤。

◆型芯装入型芯固定板为型芯组件。

◆安装导块。按设计要求在固定板上调整滑块和导块的位置，待位置确定后，用夹板将其夹紧，钻导块安装孔和动模板上的螺孔，安装导块。

◆安装定模板锁楔。保证楔斜面与滑块斜面有70%以上的面积紧贴（如侧型芯不是整体式，在侧型芯位置垫以相当制件厚度的铝片或钢片）。

◆闭模，检查间隙x值是否合格（通过修磨和更换滑块尾部垫片保证x值。若不用垫片，则对滑块的斜面进行修磨）。

◆镗导柱孔。将定模板、滑块和型芯固定板一起用夹板夹紧，在卧式镗床上镗斜导柱孔。

◆松开模具，安装斜导柱。

◆修正滑块上的导柱孔口为圆环状。

◆调整导块，使其与滑块松紧适当，钻导块销钉孔，安装销钉。

◆在滑块上装配侧型芯

（3）注射模的试模

试模的目的，一是确定模具的质量，二是取得制件成形工艺基本参数，为正常生产打下基础。试模的过程如下：

1）检查设备。试模前，必须对设备进行全面检查。设备的油路、水路、电路、机械运动部分、各操作件和显示信号均处于正常状态。

2）检查原料。原料的品种、规格、牌号应符合图样要求，原料的成形性能也应符合规定。对于热塑性塑料，在注射前一般需经烘干，使塑料的含水量降至一定限度。

3）调整料筒和喷嘴。由于制件的大小、形状和壁厚不同，设备的规格、性能不同，塑料的性能差异，因此料筒和喷嘴温度是否合适，应根据具体条件试调。判断料筒和喷嘴温度是否合适，可将喷嘴和主浇道脱开，用较低的注射压力，使融料自喷嘴中缓慢地流出。观察料流，如果没有硬块、气泡、银丝、变色，而是光滑明亮者，即说明温度比较合适。否则，应该调节加热温度。

4）调理塑化能力。包括按塑料成型要求调节背压（即预塑化时螺杆后退阻力）和按成型要求调节螺杆转速两项内容。对于黏度高和热稳定性差的塑料，采用较慢的螺杆转速和略低的背压，而黏度低和热稳定性好的塑料可采用较快的螺杆转速和略高的背压。

5）调节注射压力、成型时间和成型温度。开始试模时，原则上选择低压、低温和较长时间条件下成型。调节时先取一个因素进行变动，观察效果，以便分析和判断情况。效果不显著，再取两个因素综合变动。变动的顺序按压力、时间、温度先后顺序变动。当提高料筒温度时，应注意到料筒温度的上升以及和塑料温度达到平衡需要一定的时间，不是马上就可以从制件上反映出来。因此，不能一下子把料筒温度升得太高，以免塑料过热甚至发生分解。

6）调节注射速度。注射成形可选用高速注射和低速注射两种工艺。一般在制件壁薄而面积大时，采用高速注射；而壁厚面积小者，采用低速注射。在高速和低速都能充满型腔的情况下，宜采用低速注射，这是因为低速注射工艺可以使制件充填紧密、质量较好的缘故。

7）手动控制试模。在试模过程应作详细记录，并将成型工艺、操作要点和模具质量情况填入试模记录卡，模具如需返修，则应提出返修意见。

13. 装配塑料注射模架压入导柱、导套时有哪些禁忌？

1）事先对导柱、导套进行选配。

2）压入导套时应校正垂直度，不准有偏斜。

3）压入导柱时应根据导柱的长度采用不同的压入方法。

4）应先压入距离最远的两个导柱，并试一下启、合模是否灵活，不灵活则退出导柱，纠正垂直度重新压入。

14. 怎样进行锻模的试模与调整？

在锻模试模中出现的缺陷及调整方法见表2-23。

表2-23　锻模试模中的缺陷及调整方法

缺陷类型	产生原因	调整方法
锻件在高度方向尺寸偏差太大 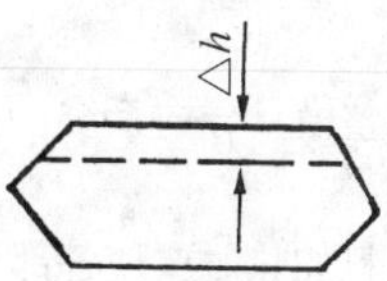	（1）加热或锻造温度不合适 （2）设备吨位不足 （3）操作工艺不合理 （4）模具飞边槽过小或飞边阻力太大 （5）模膛尺寸过小	（1）合理选用锻压温度，不使终锻温度过低 （2）选择大吨位的锻模设备 （3）控制好锤击力及锤击次数 （4）调整、修磨飞边槽尺寸，使之合适 （5）加大锻模的模膛尺寸

续表

缺陷类型	产生原因	调整方法
锻件局部未充满 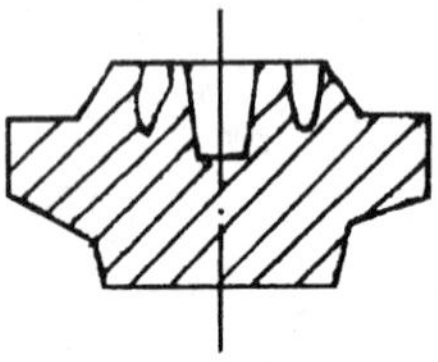	（1）模锻设备吨位太小 （2）毛坯体积小 （3）锻压温度偏低 （4）氧化皮太多 （5）飞边槽过大及阻力太小 （6）模膛有气体 （7）模膛尺寸加工不好 （8）润滑不均匀 （9）氧化皮没清除干净	（1）更换模锻设备 （2）加大毛坯尺寸 （3）把坯料加热到最高允许锻造温度 （4）控制加热和保温时间，减少氧化皮损失 （5）修整飞边槽尺寸，使飞边槽有足够阻力 （6）增设出气孔 （7）修整模膛尺寸，使之符合要求 （8）润滑剂应涂抹均匀，不使过多的润滑剂留在模膛深处 （9）模锻前把氧化皮清除干净
锻件沿分模面左右部产生错移 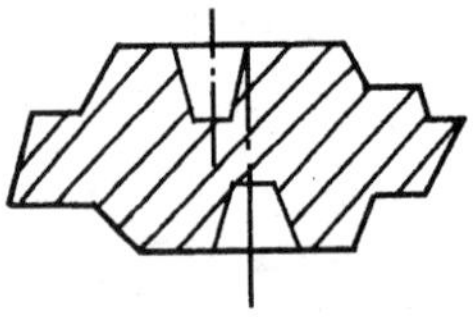	（1）设备精度不够，导向不好 （2）锻模安装精度低，上下模左、右偏移 （3）锻模的紧固楔铁或螺钉松动	（1）调整设备或更换导轨 （2）提高锻模安装精度，调整垫铁，重新安装 （3）打紧楔铁或拧紧螺钉，使模具稳定
锻件表面不光滑，有凹穴	（1）毛坯表面质量不好，有严重的凹穴 （2）加热温度与加热时间不当，氧化皮太多 （3）模膛表面不光洁	（1）更换毛坯 （2）控制加热时间及加热温度，不使表面产生过多的氧化皮 （3）抛光模膛表面
锻件有裂纹 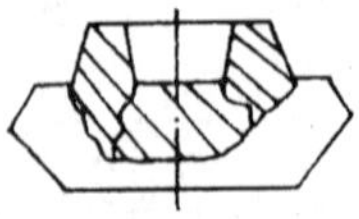	（1）坯料本身质量不好，有折纹 （2）锻件图设计不合理，模锻圆角太小 （3）模膛设计不合理	（1）更换坯料 （2）正确设计锻件、拔长、滚压、弯曲、预锻模膛，避免终锻时在模膛产生对流，形成折纹，适当增大模锻圆角
锻件局部金属偏多 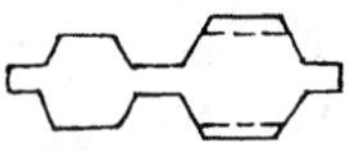	（1）模具上、下模膛偏移，不在同一中心线上 （2）模具导向精度低 （3）坯料加热不均匀	（1）重新装配和调整模具 （2）调整模具导向系统，提高导向精度 （3）坯料加热时要使各部位受热均匀

续表

缺陷类型	产生原因	调整方法
锻件在冲孔的边缘有龟裂或裂纹 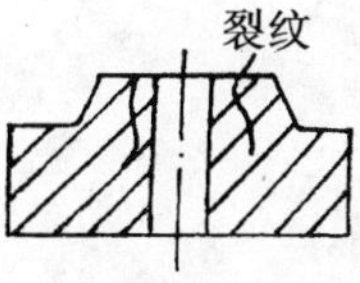	（1）坯料加热温度低 （2）凸模预热温度不足 （3）冲头与凹模的设计不合理 （4）变形量太大	（1）把坯料加热到允许的最高锻造温度 （2）把凸模预热到规定温度 （3）重新设计与加工冲头（凸模）与凹模，使之合理配合 （4）分2次锻，减少变形量
中心轴线产生裂纹 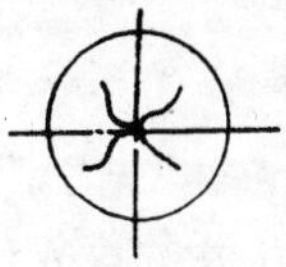	（1）加热时间太短，中心温度过低 （2）加工工艺不合理	（1）增加保温时间，使坯件充分烧透 （2）在型砧内拔长。若在平砧上拔长时，应先将大圆断面毛坯压成矩形，再将矩形拔长到一定尺寸，然后压成八角形，最后压成圆形
中心轴线弯曲	（1）切边凸模与凹模设计不合理 （2）冷却过急 （3）锻件在模膛内翘曲变形	（1）重新设计配制 （2）改进冷却方法 （3）改进设计或增加板形工序
锻件切边后有毛刺	（1）间隙不合适 （2）刃口变钝	（1）调整间隙 （2）磨利刃口

15. 如何进行冷冲模的装配和调整？

要制造出一副合格的冷冲模，除了要保证模具零件的加工精度外，还必须做好装配工作。模具装配就是按照规定的技术要求把所有零件联接起来，使之成为合格的模具。装配是模具制造过程的一个重要环节，装配质量的好坏将直接影响到冲件的质量和模具的使用寿命。例如，在加工时凸模和凹模的尺寸已达到要求，但是在装配时调整不好，将造成间隙很不均匀，甚至冲制出不合格的冲件。

现以落料冲孔复合模为例，介绍冷冲模的装配方法。

在装配之前，必须仔细研究图样，根据模具结构的特点和技术要求，确定合理的装配次序和装配方法。此外，还应检查模具零件的加工质量，如凸模、凹模和凸凹模刃口尺寸，固定板、卸料板厚度等，然后按照规定的技术要求进行装配。

（1）主要组件的装配

1）凸模的装配。凸模与固定板的配合要求为$\frac{H7}{m6}$或$H7/m6$。装配时，先在压力机上将凸模压放固定板内，检查凸模的垂直度，见图2-41（a）。然后将固定板的上平面与凸模尾部一齐磨平，见图2-41（b）。为了保持凸模刃口锋利，还应将凸模的端面磨平，见图

2–41（c）。

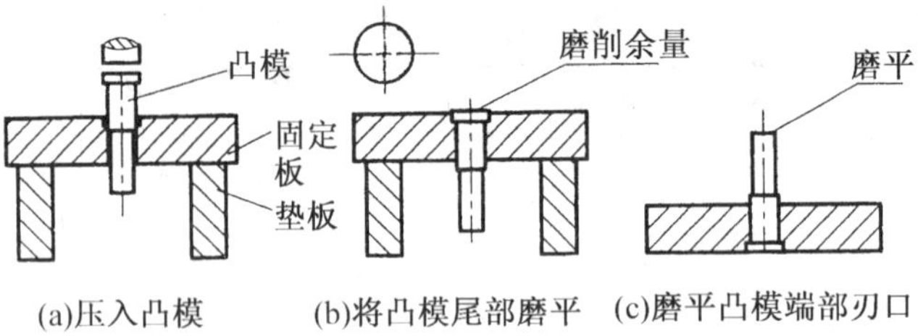

图2–41　凸模的装配过程

2）凸凹模的装配。凸凹模与固定板的配合要求为$\frac{H7}{m6}$或$H7/m6$，装配方法与凸模的装配方法相同。

（2）总装配

模具的主要组件装配完毕后开始进行总装配。在装配前要确定两件事：首先检查模架的导柱、导套的活动是否顺畅和模座上下平面的平行度是否符合要求；其次是确定上下模座的相关孔洞的加工方法。上下模座相关孔洞的加工方法有两种：

一是配件法。即将凹模或固定板用平行夹装夹在上模座或下模座上，然后根据凹模或固定板上的相关孔洞，在上模座或下模座以上引钻或划线的方式加工出相关孔或洞穴来。用这种方法加工出来的孔的位置比较有保证，但模柄孔、模座漏料孔等加工工序会有交叉，造成装配效率较低。

二是分别加工法。即上、下模座所有孔洞，根据图样要求先进行划线加工，然后再进入装配。这种装配方法效率较高，但如果方法运用不当很容易造成上、下模错位而无法装配。目前在市场供应的冷冲模模架中，模架的上、下模座没有统一的基准，如何保证上、下模座划线准确是关键。

1）装配顺序的确定。为了使凸模和凹模易于对中，总装是必须考虑上、下模的装配次序，否则可能出现无法装配的情况。上、下模的装配次序与模具结构有关，通常是看上、下模中哪个位置所受的限制大就先装，再用另一个去调整位置。根据这个道理，一般冲裁模的上、下模装配次序可按下面的原则来选择：

①对于无导柱模具，凸、凹模的间隙是在模具安装到机床上时进行调整的，上、下模的装配次序没有严格的要求，可以分别进行装配。

②对于凹模装在下模座上的导柱模，一般先装下模。

③对于导柱复合模，一般先装凸凹模。

2）装配。下面以“配做法”为例来介绍落料冲孔复合模装配的工艺。

①凸凹模的装配。将装好凸凹模的固定板，放在下模座适当的位置上，用平行夹夹紧，引钻下模座螺钉过孔及沉孔、卸料螺钉过孔，并根据所测量板的厚度来确定沉孔深度和加工出漏料孔，然后将凸凹模固定在下模座上。

②配做凹模、凸模的固定板及上模座的所有孔洞。将凹模套入凸凹模上，并在凹模与固定板之间垫上适当高度的平行垫块来支承凹模，然后将装好固定板的凸模，插入凸凹模孔内，之后再装上模座，用平行夹将凹模及凸模固定板与上模座夹紧，如图2–42所示。引

钻螺钉孔和螺钉过孔及沉孔，并根据凸模的位置，确定并加工出打板孔穴和打料杆过孔，同时根据压力的中心位置来确定模柄的位置并引钻出打杆过孔。

③配做模柄螺孔。用打杆孔作定位基准，在上模座上配做模柄固定螺纹底孔并攻螺纹。

④凸模的装配。将加工好螺孔及过孔的凸模固定板插入凸凹孔内，并在两固定板之间垫上适当高度的平行垫块支承凸模固定板，然后盖上上模座并用2个螺钉轻轻收紧，调整凸模与凸凹模的凹模间隙。调好后收紧螺钉固定。

⑤凹模的装配。将凹模套入凸凹，并在凹模与固定板之间垫上适当高度的平行垫块，支承住凹模，装入打料板，之后再装上已调整好凸模间隙的上模座组件，轻轻收紧螺钉，调整凹模与凸凹模的凸模间隙，然后将凹模固定在上模上。

⑥销钉的装配。将调好间隙后的凸模、凹模、凸凹模，分别与上、下模座一起配加工的销钉孔，再装入销钉。

⑦ 上模的装配。在上模内装入打料杆、打板、打杆，装上模柄并固定好。

⑧ 下模的装配。在下模内装入卸料弹簧（或橡皮）、在卸料板上装上导料钉、挡料钉及弹簧，然后套入凸凹模，拧上卸料螺钉。卸料板上平面应与模座平面平行，并应高出凸凹模平面0.5 ~ 0.8 mm，否则要修整卸料螺钉长度。

⑨ 模具在装配好后。如图2–43所示，将其打上标记，并在各活动部位和工作部位涂上润滑油，合上上模，入库待试模。

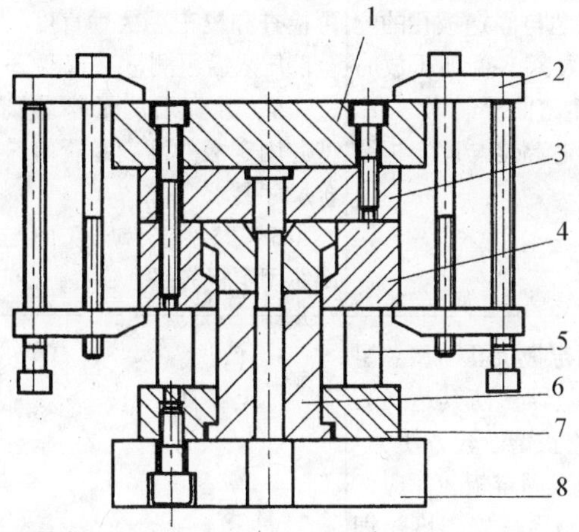

1–上模座　2–平行夹　3–固定板　4–凹模
5–垫块　6–凸模　7–固定板　8–下模座

图2–42　凸、凹模的装配

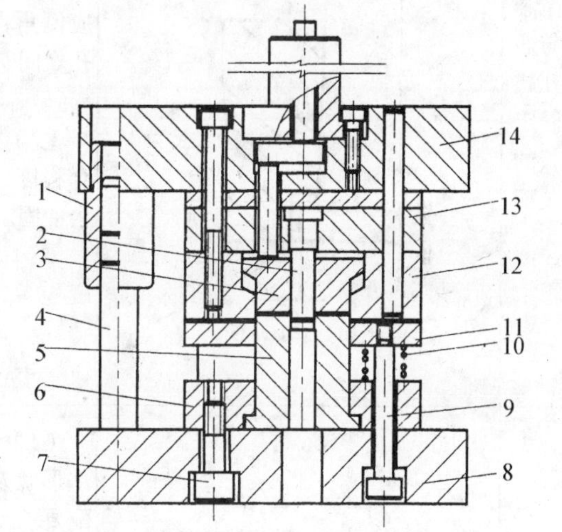

1–导套　2–凸模　3–打料板　4–导柱　5–凸凹模
6–凸凹模固定板　7–螺钉　8–下模座　9–卸料螺钉
10–弹簧　11–卸料板　12–凹模　13–凸模固定板
14–上模座

图2–43　装配完的模具

调整间隙可用透光法，即将模具翻过来，用手灯照射，从下模座的漏料孔中观察间隙大小和是否均匀。

调整间隙也可用切纸法进行，即以纸当作零件，用手锤敲击模柄，在纸上切出冲件的形状来。根据纸样有无毛刺和毛刺是否均匀，可以判别间隙大小和均匀性。如果纸样的轮廓上没有毛刺或毛刺均匀，说明间隙是均匀的；如果局部有毛刺，说明间隙不均匀。

当凸、凹模的形状复杂时，用上述两种方法调整间隙会比较困难，这时可采用凸模镀铜等方法获得所需的间隙。

调整间隙时，用手锤轻轻敲击固定板的侧面，使凸模或凹模或凸凹模的位置改变，以得到均匀的间隙。在上述第四步调整凹模与凸凹模的凸模间隙时，凸模及凸凹模不能再调整，只能通过调整凹模的位置以得到均匀的间隙。

16. 如何进行塑料模的装配与调试?

1）型芯与固定板的装配。型芯与固定板的装配见表2-24。

表2-24　型芯与固定板的装配

结构形式	简　图	准备工作与注意事项	装配方法
型芯与通孔式固定板的装配	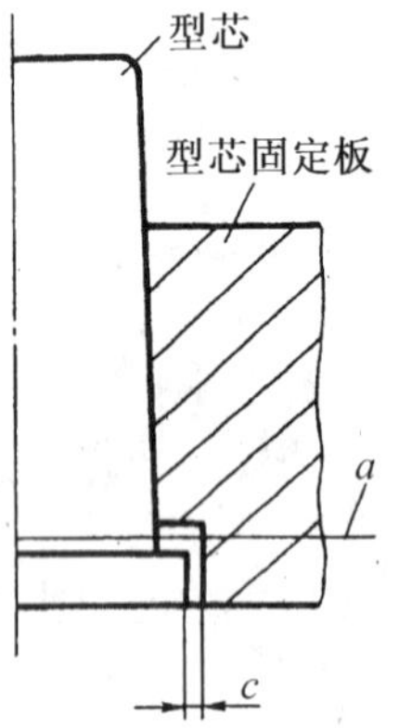	（1）装配前应将固定板型孔的清角修整成圆角，型芯台肩上部边缘成圆角，型芯台肩上部边缘应倒角，使型芯头部与固定板沉孔之间有缝隙c，型芯台肩上平面a与型芯轴线垂直 （2）检查型芯与固定板孔的配合程度，不要太紧，否则压放时会使固定板产生弯曲 （3）检查型芯高度与固定板厚度	（1）压入前在型芯表面涂润滑油 （2）固定板安放在等高垫块上，型芯导入部分放入固定板孔后，应校正垂直度 （3）压入时，最好采用液压机，缓慢和平稳地压入 （4）型芯压入一半后，再检查和校正一次垂直度。全部压入后再测量垂直度 （5）装配后测量型芯到型芯固定板的高度是否有符合尺寸要求 （6）磨型芯台肩底面与型芯固定板齐平
埋入式型芯的装配	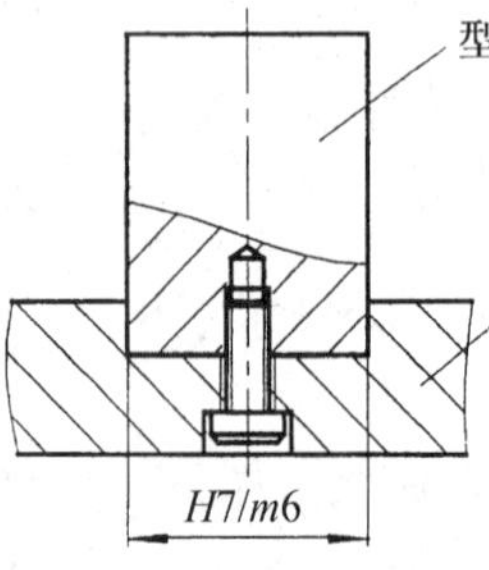	（1）修正固定板沉孔与型芯尾部形状及尺寸差异，使其达到装配要求（一般修正型芯较方便） （2）型芯埋入固定板较深时，可将型芯尾部四周略修斜度。埋入深度<5 mm时，则不应修斜度，否则会影响固定强度 （3）在修正配合部位时，应特别注意动模、定模的相对位置，否则将使装配后的型芯不能与动模配合 （4）在压入型芯时，必须保证垂直压入，避免挤坏固定板孔口尖角，造成塑件产生毛刺	（1）型芯埋入固定板后，应用螺钉紧固 （2）测量型芯到型芯固定板高度是否能符合尺寸要求

续表

结构形式	简　图	准备工作与注意事项	装　配　方　法
螺钉固定式型芯与固定板的装配	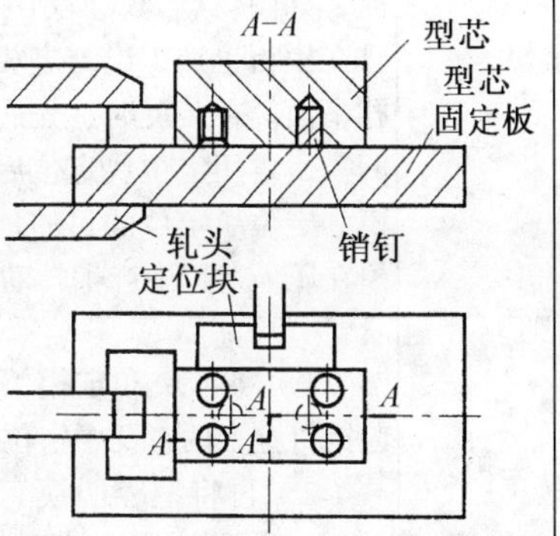	面积大而高度低的型芯，常用螺钉、销钉直接与固定板联接，装配时为了便于打入销体，可将销钉端部稍微修出锥度。销钉与销钉套的配合长度其直线部分需3～5 mm，以便于拆卸	（1）在淬硬的型芯上压入实心销钉套 （2）根据型芯在固定板上的要求位置，将定位块用平行夹头固定于固定板上 （3）将型芯上的螺孔位置复印到固定板上，并钻和锪孔 （4）初步用螺钉将型芯紧固，如固定板上已经装好导柱、导套，则以定模为基准调整型芯，以保证动模、定模的相对位置 （5）在固定板反面画出销钉位置，并与型芯一起配钻、铰销钉孔 （6）敲入销钉

2）型腔凹模与动、定模板的装配。型腔凹模与动、定模板的装配方法见表2–25。

表2–25　型腔凹模与动、定模板的装配

结构形式	简　图	准备工作与注意事项	装　配　方　法
单件圆形整体型腔凹模的镶入法	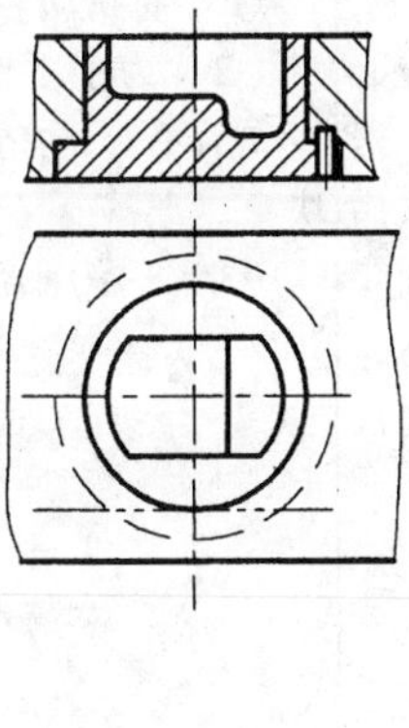	（1）型腔凹模和动模、定模板镶合后，型面上要求紧密无缝，因此型腔凹模的压入端一般均不允许修出斜度，而将导入斜度设在模板上 （2）型腔凹模与模板相对位置一定要符合图样要求，否则应调整正确交用定位件定位 （3）采用全部压入后调整法时，不能采用过盈配合，一般保证有0.01～0.02 mm的间隙	（1）在模板上、下平面上画出对准线，在型腔凹模上端面画出相应对准线，并将对准线引向侧面 （2）将型腔凹模放在固定板上，以线为基准，定其位置 （3）将型腔压入模板 （4）压入极小一部分时，进行位置调整。可用百分表校正其直线部分，如有偏差，可用管子钳将其旋转至正确位置 （5）将型腔凹模全部压入模板，后再调整其位置 （6）位置正确后，用型腔销钉孔（在热处理前钻、铰完成），复钻与铰模板销钉孔，打入销钉定位，防止转动

续表

结构形式	简　　图	准备工作与注意事项	装　配　方　法
单件圆形整体型腔凹模的镶入法			（7）对于装配精度要求较高的圆形凹模，在加工型腔时应在凹模止位台肩上也加工出定位平面，如图双点划线所示平面，而且在模板也加工出与之相配合的孔平面。在装配时，先用表校正凹模，再用定位块定位后压入凹模。定位块定位的目的是防止凹模在压入过程中产生转动
多件整体型腔凹模的镶入法	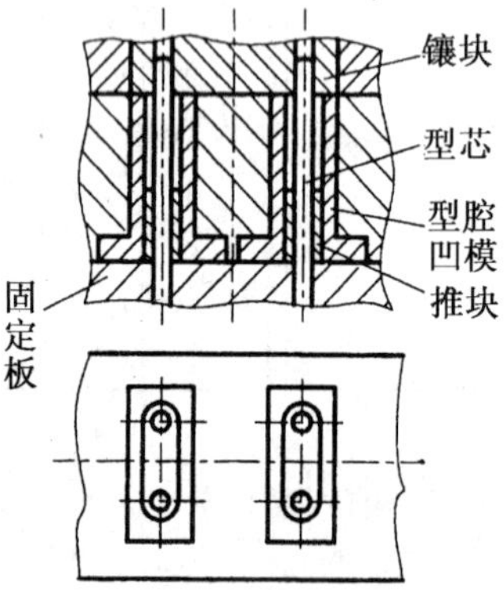	（1）注意选择装配基准（基准为定模镶块上的孔） （2）装配时注意动模、定模的相对位置精度	（1）将推块和定模镶块用工艺销钉穿入两者孔中定位 （2）再将型腔凹模套到推块上，用量具测得型腔凹模外形的位置尺寸，便是动模板固定孔修正后应有的实际尺寸 （3）将型腔凹模压入动模板 （4）放入推块，从推块的孔中复钻小型芯在固定板上的孔 （5）将小型芯装入定模镶块的孔中，并保证其位置精度
拼块型腔的镶入法（单型腔）	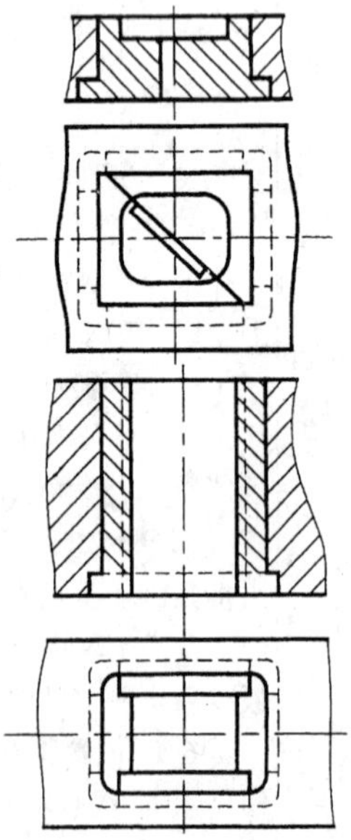	（1）压入模板的型腔拼块与模板孔的配合不能太松 （2）压入时应注意平稳 （3）拼块的某些部位必须在装配以后加工。一般先要经粗加工，待压入后再将预先经热处理粗加工的型腔用电火花精加工，或用刀具加工到要求的尺寸	（1）将拼块装入模板孔 （2）为了不使拼块进入固定板先后不等，在拼块上放一平垫块 （3）平稳压入模板

续表

结构形式	简　图	准备工作与注意事项	装　配　方　法
拼块型腔的镶入法（多型腔）		（1）装配前模板上的孔应留有修正余量，备修正之用 （2）拼合不应存在缝隙 （3）加工模板固定孔时，应注意孔壁与安装基面的垂直度	几个型腔设在一个镶块上，或每个型腔做成一个镶块。这两种形式的镶块，其外形可根据型腔及模板孔的实际尺寸进行修正，以保证型腔在模板上的位置
沉孔内拼块型腔的镶入法	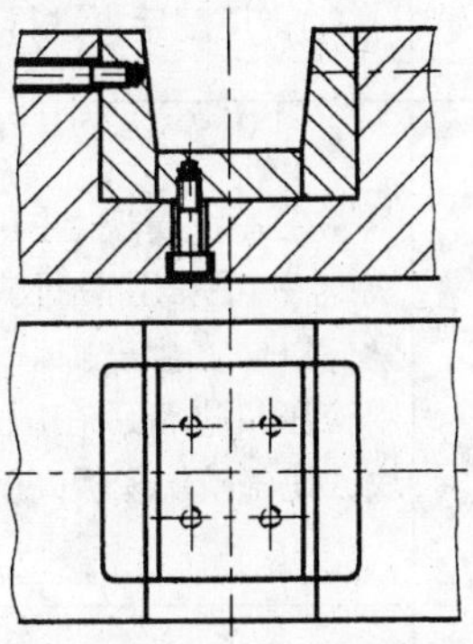	（1）拼块之间应配合严密，不准有缝隙 （2）应按图样要求保证拼块正确位置	（1）用铣床加工模板沉孔 （2）将拼块镶入型腔 （3）根据拼块螺孔位置，用画线法在模板上画出过孔位置，并钻孔、锪孔，拧入紧固螺钉

3）过盈配合零件的装配。过盈配合装配的零件，装配后不用螺钉紧固，但不允许松动脱出。过盈配合装配时，必须检查配合件的过盈量，并需保证配合部分有合适的粗糙度，压入端导入斜度应做得均匀，且需在零件加工时一起做出，以保证同轴度。过盈配合零件的装配见表2–26。

表2–26　过盈配合零件的装配方法

结构形式	简　图	准备工作与注意事项	装　配　方　法
销钉套的压入	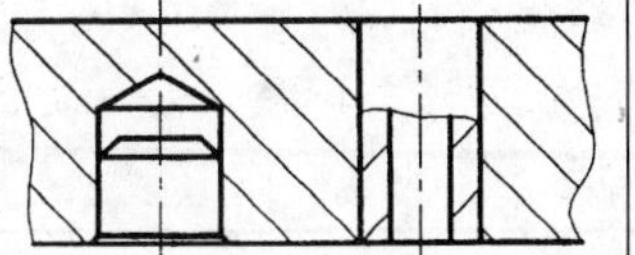	淬硬件应在热处理前将孔口部位倒角并修正导入斜度，也可将斜度设在销钉套上	（1）利用液压机将销钉套压入淬硬的零件内（小件可用台虎钳） （2）压入后另一件一起钻、铰销孔 （3）当淬硬件为盲孔时，则应采用实心的销钉套，此时的销孔钻、铰，是从另一件向心的销钉套钻、铰
导钉的压入	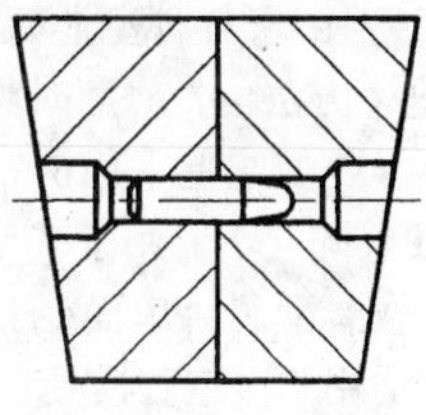	将导钉装入时，应防止两块拼块偏移	（1）将拼块合拢，用研磨棒研导钉孔 （2）将研磨合适的拼块淬火 （3）压入导钉、拼块厚度不大时，导钉可在斜度的导向端压入。拼块较厚时，导钉在压入端压入，则将压放端修出导入锥度

续表

结构形式	简　图	准备工作与注意事项	装　配　方　法
导套或镶套的压入	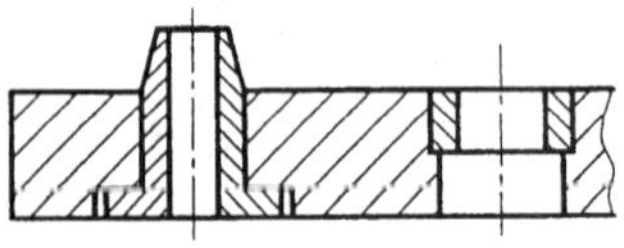	（1）压入时应严格控制过盈量，以防止内孔缩小。压入后应用铸铁研棒研磨 （2）压入件需有较高的导入部位，以保证压入后的垂直度	（1）模板孔在压入口倒成导入斜度 （2）压入件压入端要倒成圆角 （3）压入镶套，压入时先将导向芯棒以滑配合方式固定在模板上，将压入件套在芯棒上进行加压 （4）压配后再进行修磨
多拼块压入	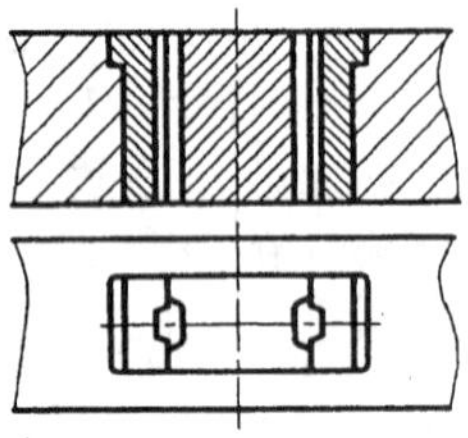	拼合后不应产生缝隙，应拼合严密	在一块模板上同时压入机件拼块时，可采用平行夹板将拼板夹紧，以防产生缝隙。压入时，可以用液压机进行，在压入端应垫平垫块，使各模块模板高度一致
锥面配合压入	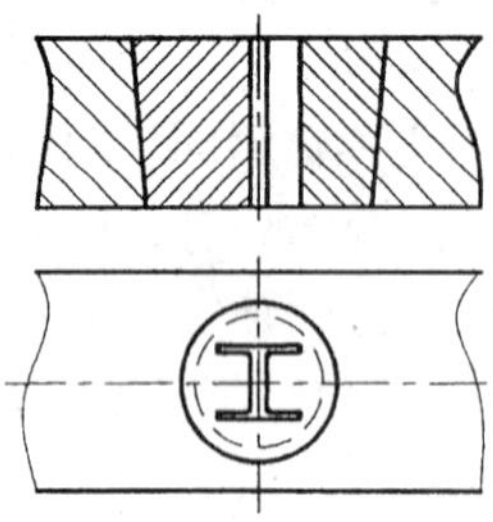	压入端应留余量，待压入后将其与模板一起磨平	压入件与模孔应与锥面配合。先用红粉检查贴合情况，在压入时，应用百分表测量型腔各点，以保证型腔形状与模板的相对位置

4）装配中的修磨。装配过程中需要将零件作局部修磨，方法见表2–27。

5）导柱、导套的装配。导柱、导套的装配形式见表2–28。

6）滑块抽芯机构的装配。滑块抽芯机构的装配方法见表2–29。

表2–27　塑料模装配中的修磨方法

修磨要求	简　图	修　磨　方　法
型芯端现成凹模平面间有间隙Δ需修磨清除	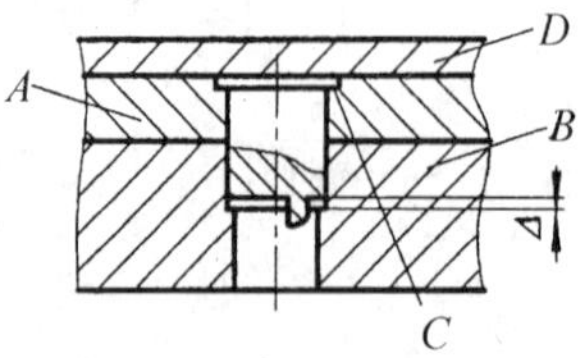	方法1：修磨固定板平面A（多型腔模具有几个型芯时，由于各种型芯尺寸不一，因此不能使用这个方法），修磨时需拆下型芯 方法2：修磨型腔上平面B，不需拆卸零件，修磨方便。同上不能用于多型腔模具 方法3：修磨型芯台肩面C，装入模板后再修磨D面。适用于多型腔模具

续表

修磨要求	简　图	修　磨　方　法
型腔与型芯固定板间有间隙Δ［如图（a）］需修磨消除	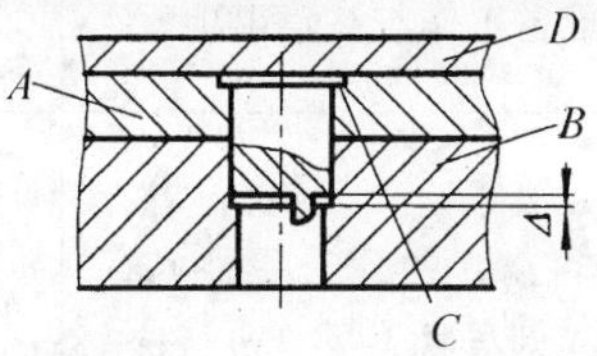 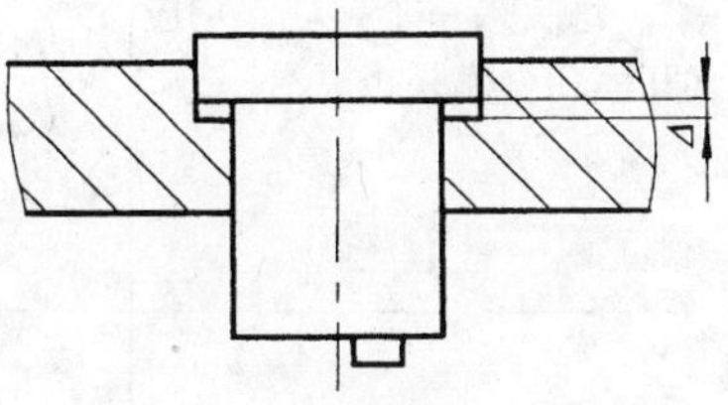 (b) 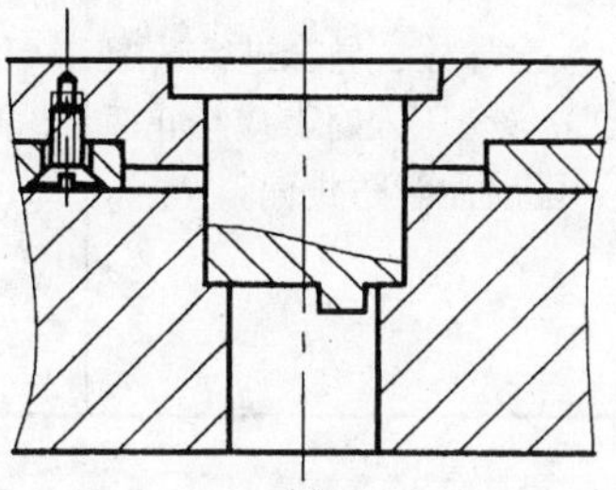 (c)	方法1：修磨型芯工作面A［只适用于型芯工作面为平面，如图（a）］ 方法2：在型芯和固定板台肩内加入垫片，如图（b）所示，适用于小模具 方法3：在固定板上设垫块，垫块厚度＞2 mm，因此需在型芯固定板上铣凹坑，如图（c）。大型模具在设计时应考虑设有垫块，从模具制造角度可供修磨
修磨后需使浇口套略高出于固定板0.02 mm	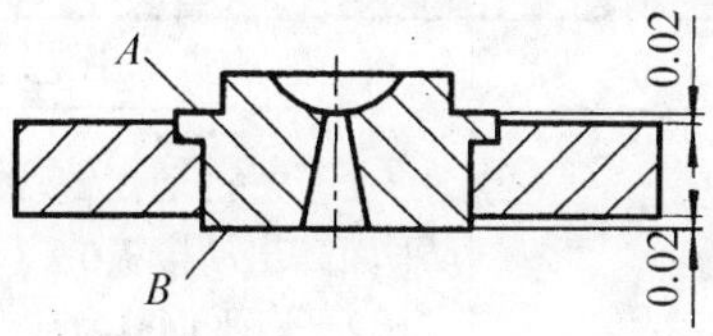	A面高出固定板平面0.02 mm，必须由加工精度保证 B面高出固定板平面的修磨方法是将浇口套压入固定板后磨至一样平，然后拆去浇口套，再将固定板磨去0.02 mm
埋入式型芯修磨后达到高度尺寸	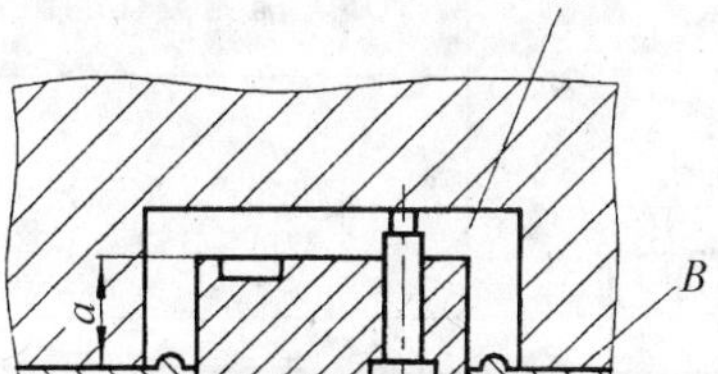	当A、B面无凹、凸形状时，可根据高度尺寸修磨A或B 当A、B面无凹、凸形状时，修磨型芯底面使尺寸a减小，在型芯底部垫薄片使尺寸a增大 对于这种模具结构，在型芯加工时应在高度方向加适当修正量，固定板凹坑加工时，深度尺寸应偏向加工至下限尺寸
修磨型芯斜面，合模后使之与型面贴合	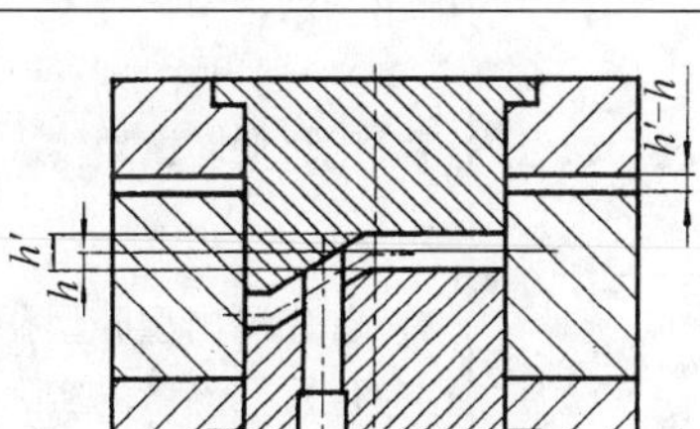	小型芯斜面必须先磨成形，但小型芯的总高度可略加大。小型芯装入后合模，使型芯与上型芯接触，测量出修磨量$h'-h$，然后将小型芯斜面进行修磨

表2–28　导柱、导套的装配

结构形式	简　　图	准备工作与注意事项	装 配 方 法
短导柱压入	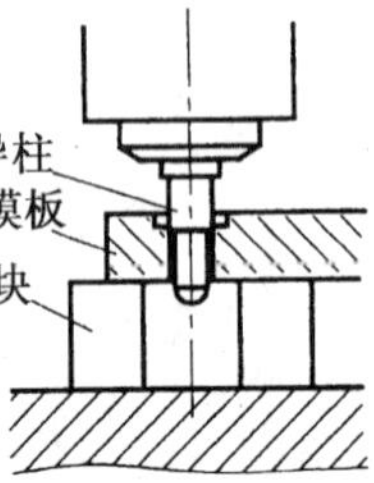	（1）对导柱、导套进行选配 （2）每装入一个导柱，均应测试开模和合模是否灵活	（1）先压入距离最远的2个导柱 （2）检查2个导柱装配是否合格 （3）再压入第3、第4个导柱
长导柱压入	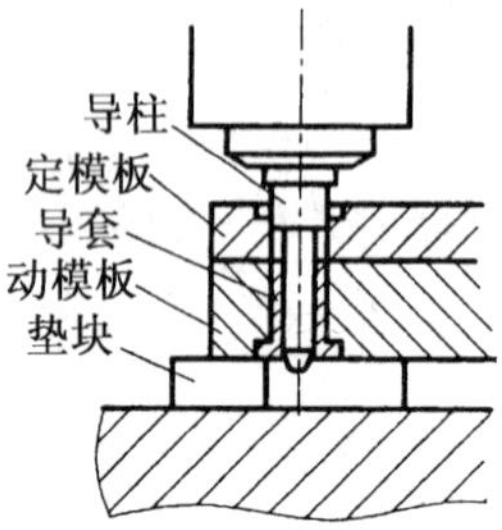	（1）对导柱、导套进行选配 （2）导套压入时，应校正垂直度，随时注意防止偏斜	（1）将导套压入定模板 （2）借助导套导向，压入导柱 （3）压入导柱的方法同上

表2–29　滑块抽芯机构的装配方法

装配步骤	图　　示	工艺说明
将型腔镶块压入动模板并磨平底平面*N*	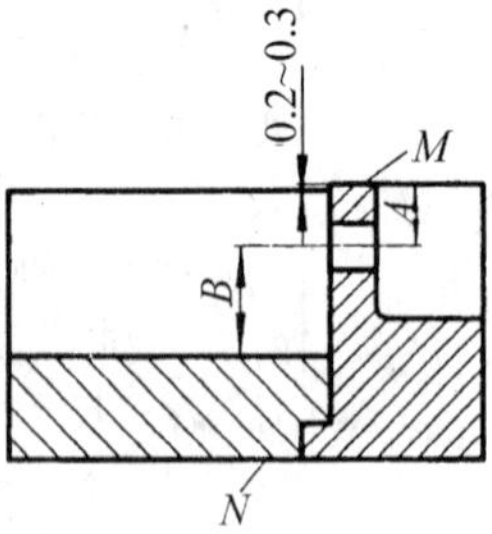	（1）先将动模镶块装入动模板，并保证*N*平面高出动模板0.2 ~ 0.3 mm （2）以平面*M*为基准修磨平平面*N*，滑块的安装以型腔镶块的型面*M*为基准 （3）精测侧孔的位置
将型腔镶块压出动模板，精加工滑块槽		根据滑块实际尺寸，配磨或精铣滑块槽
铣T形槽		（1）按滑块台肩的实际尺寸，精铣动模板上的T形槽。基本上铣到规定尺寸，最后由钳工修正 （2）如果在型腔镶块上也带有T形槽时，可采用将型腔镶块镶入后一起铣槽
测定型孔位置及配制型芯固定孔		首先测出型腔型孔的位置，并在滑孔的相应位置按测量的实际尺寸，镗型芯安装孔

续表

装配步骤	图示	工艺说明
滑块型芯的装配	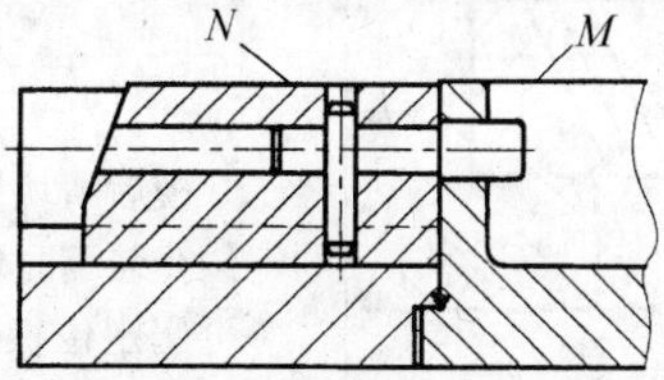 (a) 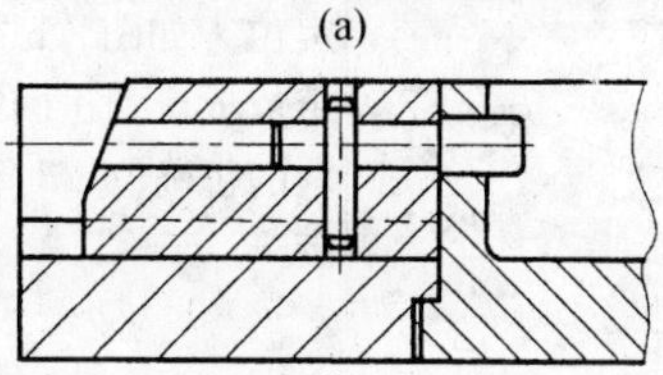 (b)	（1）修正滑块型芯配合面至正确位置 （2）装配滑块型芯后用销钉定位 （3）如图（a）所示形式的抽芯，将滑块N面修磨低于型腔镶块M面0.02 ~ 0.03 mm；如图（b）所示形式的抽芯，将滑块N面修磨与型腔镶块M面齐平
装配楔块（锁紧块）	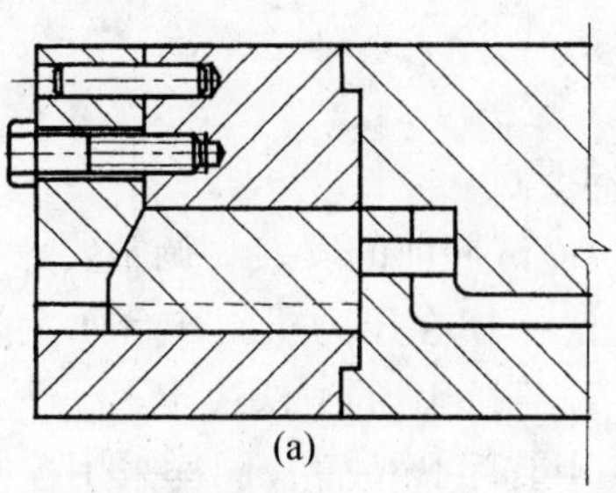 (a) 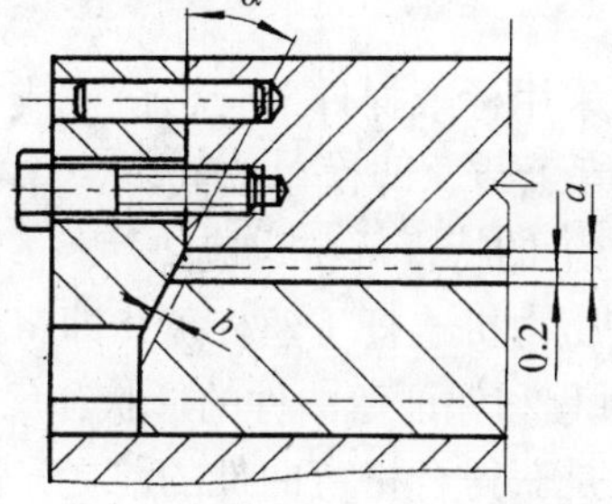 (b)	（1）用螺钉固紧楔块 （2）修磨楔块及滑块斜面，使之配合适宜，即楔块对滑块作了锁紧，分型面之间留有0.2 mm间隙，如图（b）所示 （3）通过楔块对定模板复钻铰销钉孔，装入销钉固紧，如图（a）所示 （4）将楔块后端面与定模一起磨平，使其与滑块斜面均匀接触
镗斜销孔	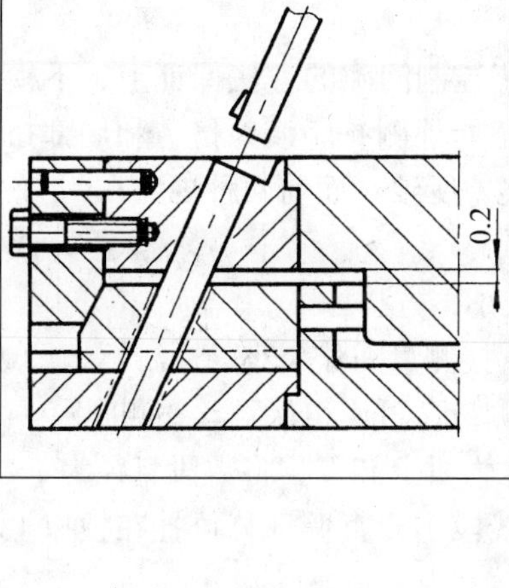	（1）镗斜销孔是在滑块、动模板和定模板组合的情况下进行。此时楔块对滑块作了锁紧，分型面之间留有0.2 mm间隙，用金属片垫实 镗孔一般在立铣床上进行，有条件的在卧式镗床上进行加工会比较方便 （2）镗孔后，将滑块取出，在铣床上将滑块斜孔直径镗大1 mm，如图双点划线所示

续表

装配步骤	图　　示	工艺说明
滑块复位定位	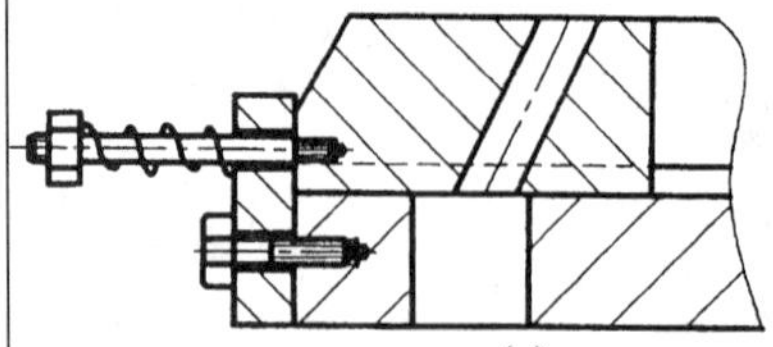 (a) 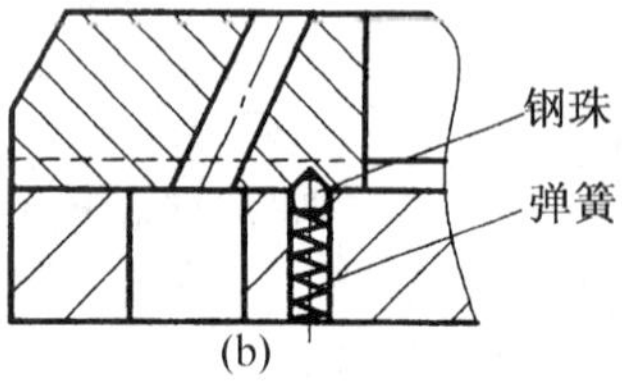 (b)	开模后滑块复位至正确位置，滑块复位的定位在装配时作安装与调整 可用定位板定位［如图（a）］和钢珠定位［如图（b）］。用定位板定位可修磨定位板得到正确的位置，用滚珠定位要在滑块的正确位置时钻锥坑

17. 如何进行弯曲模具的试冲和调整?

（1）弯曲模具试冲前的安装和调整的要点

弯曲模的安装方法与冲裁模基本相同，试冲前的安装、调整要点如下：

1）有导向装置的弯曲模安装时，上、下模在压力机工作台面上的相对位置全由导向零件决定。而无导向装置的弯曲模，需采用控制间隙的方法决定上、下模的相对位置。

2）安装时凸模进入凹模的深度可选用其闭合位置，同样采用控制间隙的方法决定上、下模在垂直方向的相对位置。

3）弯曲模凸模和凹模间隙控制一般采用标准样件、合格试件或垫金属片的方法。垫片可采用铜、铝等软金属片，金属片厚度等于凸、凹模单边间隙。除在凹模口部轮廓直壁部分垫片控制间隙外，在可控制模具闭合位置的特征部位也应垫片。

4）模具闭合位置的安装高度用调节压力机连杆（丝杠），即将模高度来保证。试冲过程中，用对连杆的微调来控制弯曲成形过程和保证弯曲件的形状和尺寸精度。

5）弯曲时坯料定位的正确与稳定性是获得合格弯曲件的前提，因此，定位零件、定位形状和位置的选择以及弯曲开始时定位的可靠性是弯曲模调整的重点之一。

6）弯曲工件完成后，顶出工件和卸下工件应及时、灵活，无卡死或发涩现象。

（2）凸、凹模间隙的调整

弯曲模具在装配和安装时，采用了控制间隙的方法保证上、下模的相对位置，但试冲时常会发生弯曲件外侧拉伤、在近圆角处外侧有印痕并挤压和局部挤薄等现象。局部挤薄多出现在曲线形弯曲件中，多因加工误差所致。而前两种现象在U形件弯曲时易发生，主要是凸、凹模间隙过小或不均匀所致。

出现上述现象时，应先检查间隙大小，方法如下。

1）对于U形件等简单弯曲件，可直接测量间隙大小，用游标卡尺或塞尺检查。

2）对于曲线弯曲件等，难以直接测量，可用粗保险丝垫测间隙。

如图2-44所示，调试模具不要从压力机上卸下，将数段直径为$\phi 4 \sim 6$ mm的保险丝放置在下模表面需检测的部位（见图中粗线段），直壁部分可挂在模口上。用点动或手扳，将压力机滑块连同上模运动一个行程后，逐点测量各段保险丝的实际厚度，即凸、凹模的实际间隙值（见图中$t<t_0$处）。对过小间隙处可采用成形磨削或钳工锉修的方法修正。

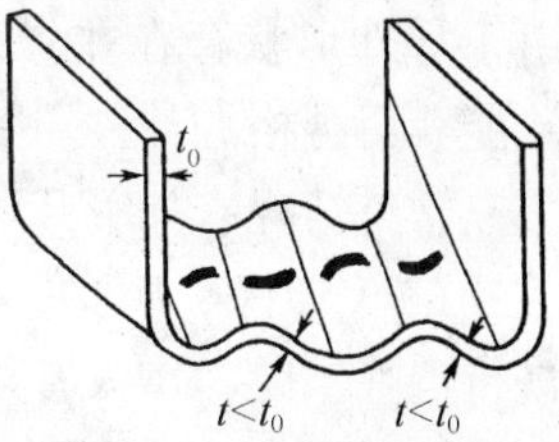

图2–44　用保险丝检测间隙

（3）凹模模口圆角半径的调整

弯曲开始时，弯曲变形相当于一双支梁的杆件弯曲，如图2–45所示。在弯曲力P的作用下，材料经过两个支点——两侧凹模圆角处，向内侧移动，完成弯曲变形。材料经过$R_{凹}$处产生的摩擦力既阻碍材料流动，又可保证材料弯曲成形的完成。V形、U形和各种复杂形状的弯曲成形开始时，都需经过这一过程。

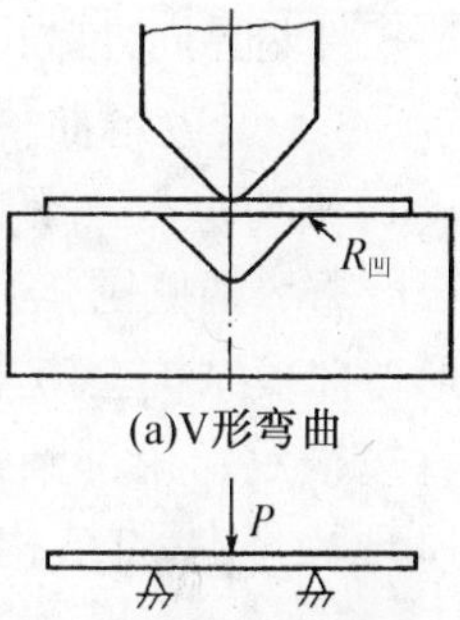

图2–45　弯曲成形

弯曲模调试中，常出现U形弯曲件成形后，两侧立边高度不一，或在工件外侧表面有拉伤的现象，V形弯曲件成形后也会出现两翼长度不一的现象。

在排除因定位不准的影响后，检查凹模两侧凹模圆角半径是否相等，圆角处表面是否光滑、有无明显棱角线。

当两侧$R_{凹}$不相等时，小的一侧阻碍材料流动的摩擦阻力大，材料进入凹模困难，成型后工件的高度会比$R_{凹}$大的一侧低。两侧圆角处表面质量差，圆角过渡不光滑、有棱线时，会擦伤材料表面，两侧表面质量的差异也会影响工件成型高度的一致。

可用手动砂轮或油石、锉修凹模圆角处，使两侧圆角半径大小相同，表面质量达到要求。

（4）弯曲件圆角处常用开裂现象时的调整

弯曲件圆角处出现裂纹，一般是在材料外侧表面，厚材料弯曲时，在弯曲线两端面圆角处也会出现开裂现象。分析原因和解决方法如下。

1）检查弯曲件内圆角半径r是否小于材料允许的最小弯曲半径r_{min}。可适当加大凸模圆角半径，使其大于r_{min}。

2）检查调试用材料的牌号与性能是否符合设计、工艺要求。不合格的板材，如S、P含量过高，或轧制质量差，都会增大开裂的可能性，应及时更换合格板材。

3）当工件内弯曲半径较小时，冲压时应将弯曲毛坯的冲裁毛刺朝向工件内侧，即朝向弯曲凸模，可避免应力集中造成开裂。

4）检查弯曲材料的轧制方向。弯曲时，若材料的轧制方向与弯曲线平行，则在圆角处易产生裂纹。成90°时，产生裂纹的可能性会大大减少。

弯曲件内圆角半径较小时，对材料的轧制方向非常敏感。卷料（带材）沿轧制方向的性能差异比板材大得多。

当弯曲圆角半径较小时，应改进弯曲毛坯落料时的排样方法，使弯曲线垂直于材料轧制方向或成45°角。当弯曲件有2个成90°的弯曲线时，应使弯曲线与轧制方向成45°角。材料轧制方向亦称纤维方向。

（5）调试出的弯曲件形状尺寸达不到设计要求时的调整

弯曲成形后，从模具中取出的工件形状发生变化，在冲压生产中是常见的现象。这主要是由于材料的弹性回跳所造成的，模具设计时会采取一定的工艺措施来补偿回跳值。但由于零件形状存在差异，还需在模具调试中调整修正，才能获得合格的冲件。

常见情况有如下几种。

1）V形件、U形件弯曲后角度不合设计要求，可以进行消除回跳，增大补偿量进行修正。

2）厚料U形弯曲件易发生敞口，当零件尺寸$L<B$时，敞口量较大（见图2–46所示）。用凹圆弧反弹来抵消工件两翼向外敞口的弹性回复，或者靠改进冲压工艺来解决。

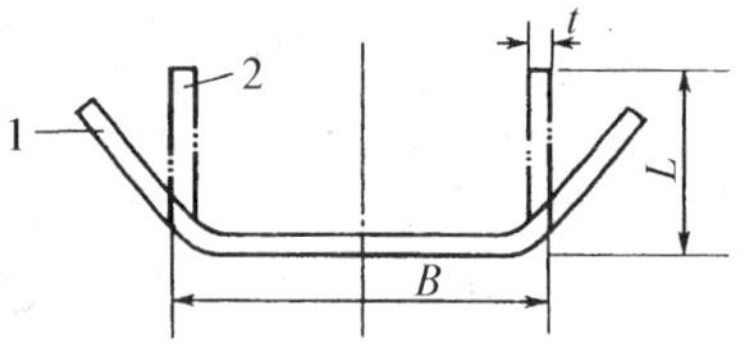

1–回弹后形状　2–工件要求形状

图2–46　U形件敞口形状

3）短边弯曲件成形后敞口，如图2–47（a）所示。工件的立边很短，弯曲成形后敞口严重，两侧圆弧几乎不能成形，采用一般U形弯曲模结构会产生图2–47（c）所示现象。直边很短、角部圆弧相对较大是发生这种敞口现象零件的结构特征。具体调整方法如下。

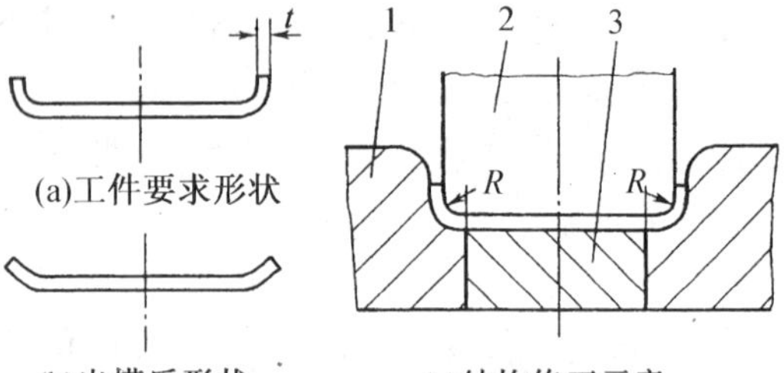

(a)工件要求形状　(b)出模后形状　(c)结构修正示意

1–凹模　2–凸模　3–顶件器

图2–47　短边弯曲件敞口调整

①采用图2–47（c）所示结构形式，凹模1不采用一般U形弯曲的直壁通孔形式，而设置凸模圆角对应的R台，使弯曲成形终了时对圆角部分材料进行校正，使圆角R处材料有足够变形量而不再处于自由状态，强制材料产生塑性变形。

②如采用图2–47（c）所示结构形式仍未达到要求时，可将图示凸模下底面磨去一层（厚约0.1～0.3t），重新修磨凸模圆角，使圆角部分凸、凹模之间的间隙等于0.9t，使弯曲成形时材料有一定程度的变薄。

③改善冲压工艺，增大立边高度，采用一般U形弯曲结构，弯曲成形后将加高部分切去。

4）弯曲件出现图2–48（a）所示的挠度或扭转现象时的对策。工件弯曲线较长、材料相对较薄的结构件弯曲时，在模具的长度方向，上、下模间隙不均匀，模具零件刚度较差，冲压时产生弹性变形，使材料在弯曲线方向内外层的压缩、拉伸变形量不一致，从而造成图2–48（a）所示现象。材料厚度不均匀、性能不均匀也会产生这种现象。

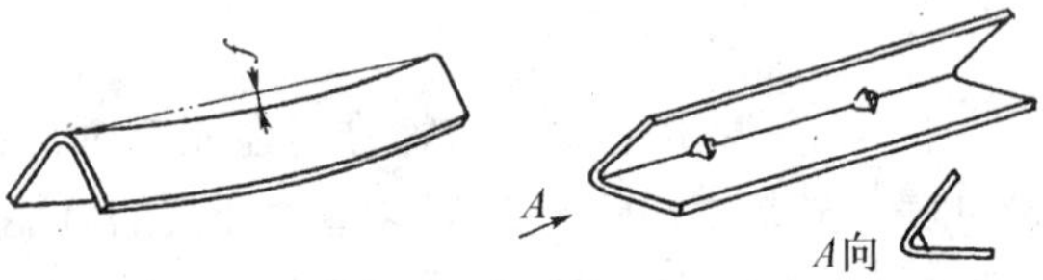

(a)回弹后的弯曲件　(b)湾角处设置加强筋

图2–48　弯曲件挠度或扭转的调整

在垂直加工方向上会产生图2–48（a）所示的挠度f，有时产生挠度的变形不在同一平面内，即产生扭转变形。

可采用以下方法进行调整、修正。

①检查凸、凹模间隙是否均匀，模具刚性是否足够，并针对不足进行修正。

②检查材料是否合格，对不合格的材料进行更换。

③对弯曲件进行校正，校正凸模的圆角半径比弯曲圆角半径小，使角部材料变薄达到校正效果。

④在工件弯角处增设加强筋，增大弯曲变形程度，抑制弯曲后材料的回弹，见图2–48（b）所示。

5）对曲线形弯曲件圆弹现象的调整。因曲线形件多属于弹性件，一般冲模设计时会采取对弹性回跳的补偿。但由于零件形状各异，变形复杂难以预测，试冲后仍不能达到设计要求。可根据实际试冲件尺寸变化测量回跳量，重新计算后，修正凸、凹模形状尺寸。

6）弯曲件底面不平，主要表现在弯曲成形后取出工件时底面有外凸现象，应从以下几方面检查、修正。

①检查模具位于闭合状态时是否对材料进行校正，校正力是否足够。压力机连杠（丝杠）调整合适后，应将锁紧螺母锁死，防止冲压时窜动，保证足够的校正力。采用液压机进行弯曲成形，在行程终点保压可达到校正的效果。

②检查模具零件的刚性是否足够。

③检查顶出机构顶杆的分布是否均匀。顶出机构应在弯曲开始时能提供足够的压料力。

（6）调试中发现弯曲坯料长度过长时处理的方法

出现弯曲件展开长度尺寸不准确有两大原则，一是设计计算不准确，二是模具参数不合理，使材料产生不可控制的伸长。

工艺设计计算弯曲件展开毛坯尺寸时，应扣除材料经圆角半径处的伸长变形。但由于弯曲件形状各异，采用不同的工艺方法、材料软硬不同都会使伸长变形量不同。如同一零件选用硬钢板或软铝、纯铜会有不同的伸长变形，⎍形零件采用一次弯曲和两次弯曲成形时，伸长变形量不同。对于同一凹模圆角半径，采用不同厚度材料弯曲时，伸长变形量是不同的。

调试中发现坯料尺寸伸长时，可从以下几方面检查、修正。

1）凹模圆角半径。

①凹模圆角半径过小，会使材料经过时产生过大的伸长。凹模圆角半径推荐值见表2–30。

表2–30　凹模圆角半径推荐值　（mm）

材料厚度t	<1	>1～2	>2～3	>3～4	>4～5	>5～6	>6～7	>7～8	>8～10
凹模圆角半径$R_{凹}$	3	5	7	9	10	11	12	13	15

厚材料、硬材料弯曲时，建议采用图2–49所示结构形式，其中：$R_{凹1}$=（1～2）t，$R_{凹2}$=（2～4）t。

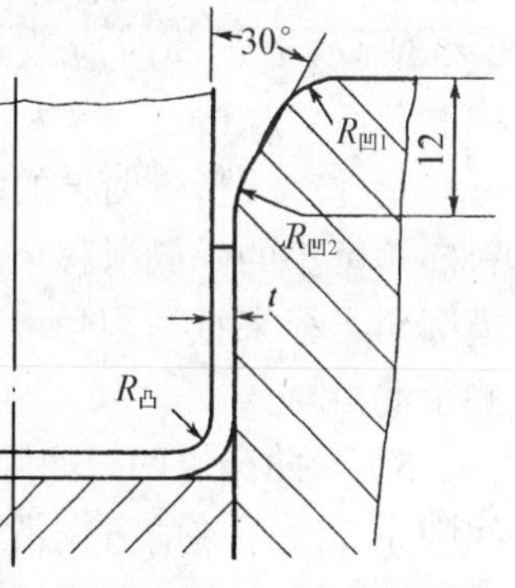

图2–49　厚板弯曲的凹模圆角处

②凹模圆角处过渡应光滑，不可有棱角，表面粗糙度R_a为1.6～0.8 μm。

2）凸模圆角半径$R_{凸}$应大于允许使用的最小弯曲半径r_{min}。

3）凸、凹模之间的间隙应适当，以防止材料在弯曲过程中过度变薄。提高凹模洞口直壁部分的表面质量，减小材料流动时的摩擦阻力。

4）曲线形零件弯曲时，应减小材料在圆角之间流动时的变薄伸长。

5）调整下顶出器的压料力，减小材料的变薄伸长。

（7）调试中发生弯曲件尺寸不稳定时的处理方法

调试中工件尺寸不稳定主要是由开始弯曲时坯料的滑移造成的，这时仅依靠调整坯料外形定位是难以解决的，应根据产生滑移的原因，采取修正和调整的措施。

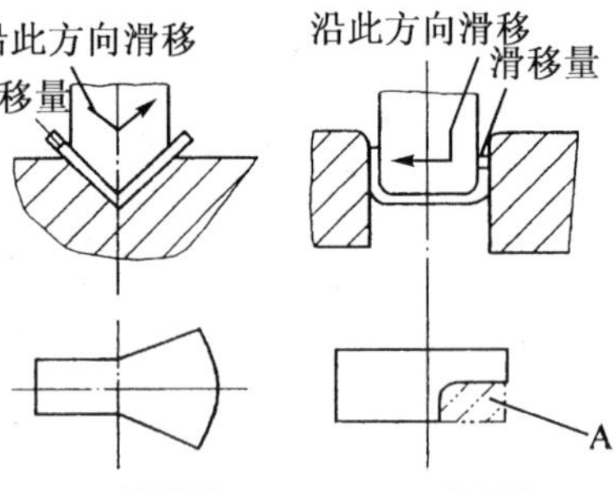

图2-50　不对称工件弯曲时的坯料滑移

1）检查是否属于不对称弯曲。如图2-50所示，当坯料两边不对称时，坯料两端与凹模圆角外的接触宽度不相等，开始弯曲时材料流经凹模圆角处的摩擦阻力不相等，使材料向宽的一边即摩擦阻力大的一方滑移。

对于不对称弯曲，应从修正弯曲工艺入手。如图2-50（b）所示，在弯曲坯料上增加工艺补偿部分A，改变不对称弯曲为对称弯曲。A部分可在弯曲后切去。

用装有定位销的弯曲模可防止坯料滑移，如图2-51所示。可以采用工件上的孔或预冲工艺孔作为定位孔。

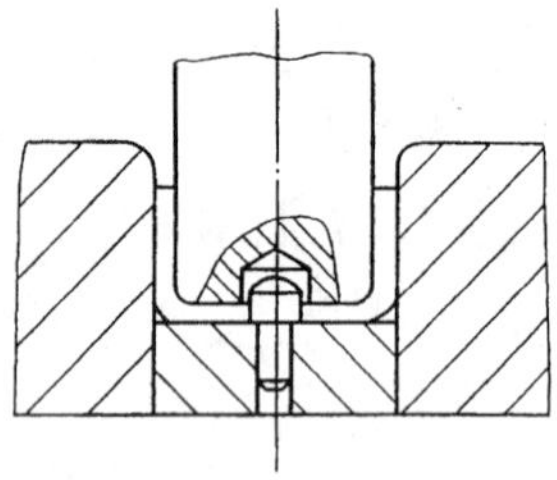

图2-51　装有定位销的弯曲模

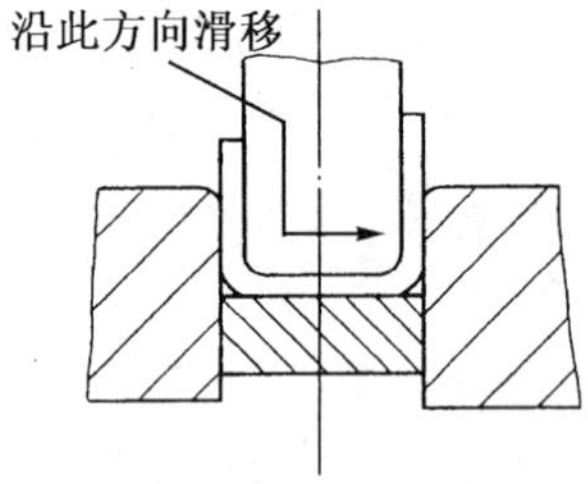

图2-52　凹模圆角半径不等引起坯料滑移

2）检查两侧凹模圆角半径是否相同，弯曲时坯料会向圆角半径小的一方滑移，如图2-52所示。钳工可研修小圆角半径一侧，使凹模两侧圆角半径相等。

3）弯曲件两边折弯个数不同时，使弯曲时两侧受力不对称，坯料会向折弯次数多的一侧滑移（见图2-53所示）。此时应改进工艺，采用对称弯曲的结构。

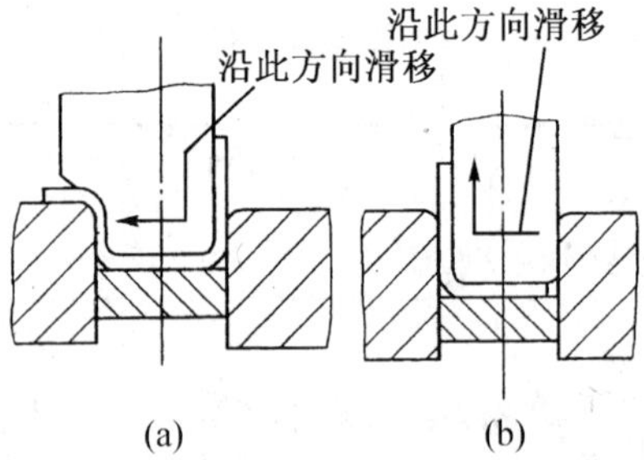

图2-53　折弯个数不等引起坯料滑移

4）检查V形弯曲模的两边角度是否相等。弯曲时坯料向角度小的一侧滑移（见图2-54所示），可通过调整两侧的凹模圆角半径来抵消因角度不等引起的滑移，或改变模具结构使两侧角度相同。

5）弯曲凸、凹模间隙不均匀，表面质量不一致时，坯料会向间隙小、表面差的方向滑移。可通过修正间隙使其均匀和改善表面加工质量。

图2-54　凹模两边角度不等引起坯料滑移

（8）铰链卷圆模具调试中出现卷不圆和端面畸变情况时的调整

1）对卷不圆的修正调整。铰链卷圆，一般先预弯头部，再卷圆成形。

预弯时，端部圆弧部分不易成型的关键，一是定位，二是圆弧成形部分的尺寸控制。卷不圆时，应先从这两方面检查模具状况。

图2–55（a）所示为预弯结构简图，坯料一端需采取固定定位，保证端部预弯圆弧为75°～80°［见图2–55（c）所示］。

图2–55（b）所示为预弯凸、凹模成形尺寸，凹模的圆弧中心向内偏移Δ，使圆弧部分材料挤压成型。偏移量Δ值见表2–31。

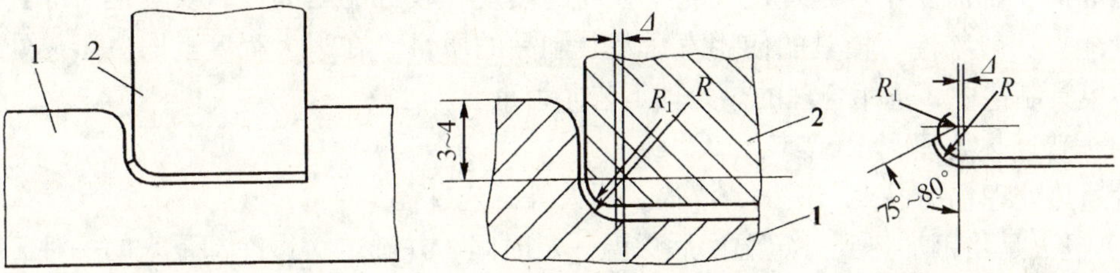

(a)预弯结构　(b)凸、凹模成形尺寸　(c)预弯工件尺寸

1–凹模　2–凸模

图2–55　铰链卷圆预弯

表2–31　偏移量Δ值　（mm）

材料厚度	1	1.5	2	2.5	3	3.5	4	4.5	5	5.5	6
偏移量Δ	0.30	0.35	0.4	0.45	0.48	0.50	0.55	0.60	0.60	0.65	0.65

预弯模具可参照上述要求修正调整。

铰链卷圆一般可在预弯后一次成形。当卷圆质量要求高或双边铰链时，可分2次卷圆。卷圆分立式弯曲和卧式弯曲两种形式。

采用预弯后一次成形时，工件尺寸较短或材料较厚的铰链，可选用立式弯曲，便于制模和成型。

对成型模具，主要检查模具卷圆动作是否合理，上、下模卷圆表面的粗糙度应达R_a0.4 μm。

图2–56所示为立式和卧式弯曲两种形式的凸、凹模成形尺寸关系，可参照图示要求进行修正、调整。模具成形部分的型面连接应光滑、无凸台。

2）卷圆后端面畸变的对策。

卷圆后端面的畸变如图2–57所示，端面材料被挤向外侧隆起，内径处隆起最

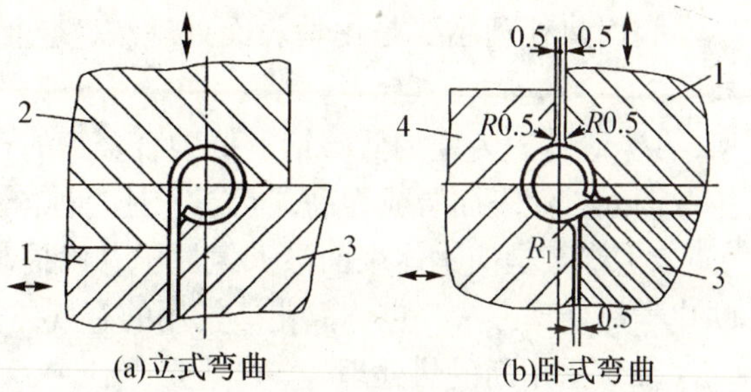

(a)立式弯曲　(b)卧式弯曲

1–活动顶板　2–上模　3–固定下模　4–滑块

← →零件运动方向

图2–56　凸、凹模成形尺寸关系

大。卷圆材料越厚，r/t越小，隆起数值越大。由于端面畸变、铰链成形后将无法直接装配。

卷圆后端面畸变是材料变形的必然结果，无须对模具进行修正。可在产品零件成形后，将多余部分铣削加工至要求尺寸B，即铣去图2-57中Δ部分。

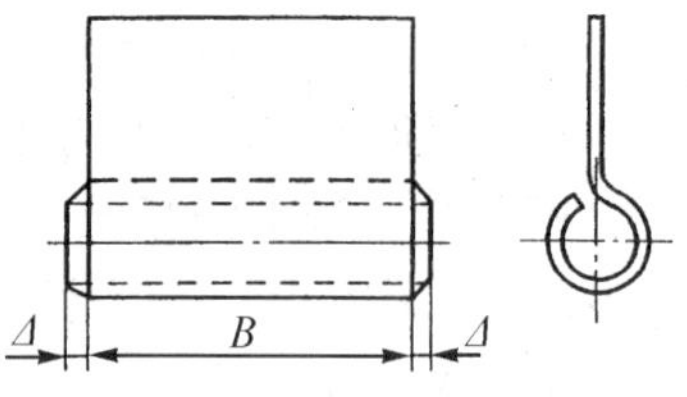

图2-57　卷圆后端面畸变

18. 如何进行模具的热处理？

热处理在模具制造中起着重要作用，无论模具的结构及类型、制作的材料和采用的成形方法如何，都需要用热处理使其获得较高的硬度和较好的耐磨性，及其他所综合要求的力学性能。一般来说，模具的使用寿命及其制品的质量，在很大程度上取决于热处理。因此，在模具制造中，选用合理的热处理工艺尤为重要。

（1）普通热处理

普通热处理包括退火、正火、淬火、回火等工艺过程。

1）退火是将钢加热到一定温度后保温一定时间，并随之缓慢冷却下来的一种工艺操作方法。其目的在于降低钢的硬度，提高塑性，改善加工性能，细化晶粒，改善组织，消除内应力，为以后的热处理工艺作准备。

退火的方法有完全退火、球化退火和去应力退火。完全退火的目的是细化晶粒，消除热加工造成的内应力，降低硬度；球化退火可降低钢材硬度，提高塑性，改善切削性能，为淬火做好准备；去应力退火的目的是在加热状态下消除铸件、锻件、焊接件的内应力，去应力退火也称低温退火。

2）正火是将钢加热到A3线或Acm以上40 ~ 60 ℃，达到完全奥氏体化和奥氏体均匀化后，一般在自然流通的空气中冷却。通过正火细化晶粒，钢的韧性可以显著提高。

3）淬火工艺的要求是通过加热和快速冷却的方法，使工件在一定的截面部位上获得马氏体或下贝氏体，回火后达到要求的力学性能。目的是为了提高工件的硬度、耐磨性和其他力学性能。

4）回火是紧接淬火的后续工序，是将淬火工件加热到低于临界点以下某一温度，保温一定时间，然后进行冷却。其目的一是改变工件淬火组织，得到一定的强度、韧性的配合；二是为了消除工件淬火应力和回火中的组织转变应力。

（2）表面热处理

表面热处理主要是化学表面处理法，包括渗碳、渗氮、低温碳、氮共渗、渗硫、渗金属等。

1）渗碳。为增加低碳钢、低碳合金钢的含碳量，在适当的媒剂中加热，将碳从钢表面扩散渗入，使表面层成为高碳状态，是一种淬火硬化的方法。

2）渗氮是向钢体表面渗入氮原子，以提高表层的硬度、耐磨性、疲劳强度以及耐蚀性的化学热处理方法，也称氮化。常用的有气体氮化、软氮化法等。

（3）采用新的热处理

为提高热处理质量，做到硬度合理、均匀、无氧化、无脱碳和消除微裂纹，避免模具的偶然失效，进一步挖掘材料的潜力，从而提高模具的正常使用寿命，可采用一些新的热处理工艺，如组织预处理、真空热处理、冰冷处理、高温淬火+高温回火、低温淬火、表面强化等。

1）组织预处理。在模具淬火之前，对模具的材料进行均匀化处理，以便在淬火后得到细针状马氏体+碳化物+残留奥氏体的显微组织，从而使材料的抗压强度和断裂韧性将大大提高。

2）真空热处理的加热是借助于发热元件的辐射进行的，因此加热均匀，而且零件无脱碳、变形小，能提高模具寿命。

3）淬火后冷到常温以下的处理称为冰冷处理。这是很有实用价值的一种处理方法，可使精密零件尺寸稳定，避免相当多的残余奥氏体因不稳定而转为马氏体。

4）高温淬火+高温回火。高温淬火可使中碳低合金钢获得更多的板条马氏体，从而提高模具的强韧性。对于高合金钢，可使更多的合金元素溶入奥氏体，提高淬火组织的抗回火能力和热稳定性。高温回火又可得到回火索氏体组织，使韧性提高，从而提高了模具寿命。

5）贝氏体等温淬火。贝氏体或贝氏体+少量回火马氏体具有较高的强度、韧性综合性能，热处理变形较小，对要求高强度、高韧性、高塑性的冷冲模与冷挤模具，可获得较高寿命。

6）表面强化。模具表面除化学表面处理法外，还有物理表面处理法及表面覆层处理法。物理表面处理是不改变金属表面化学成分的硬化处理方法，主要包括表面淬火、激光热处理、加工硬化等；表面覆层处理法是各种物理、化学沉积等方式，主要包括镀铬、化学气相沉积（CVD）、物理气相沉积（PVD）及电火花强化等。

19. 模具常见故障有哪些，应怎样排除？

模具在生产中会出现各种各样的故障，出现故障的原因是不同的。它需要模具使用者与模具制造配合，查找原因，排除故障。

（1）冲裁模常见的故障与处理方法

在冷冲压过程中，工件出现的质量问题是由很多因素造成的，如压力机的精度，操作者的技术水平，以及模具材料的选用等。但这些全不是主要原因，起根本作用的还是冲模本身所存在缺陷与毛病。因此，冲模在使用的过程中，模具维修者应经常检查冲模本身的毛病，然后再找出其原因，并根据不同的情况，做出不同的处理。

1）工件的外形及尺寸不正确。

①在冲压的过程中，若发现工件的外形轮廓及尺寸超出图纸规定尺寸和公差，则可能是下述原因造成的。

a．凸模与凹模的尺寸发生了变化，或凹模刃口被啃坏，凸模损坏了某部位。

b．送料没有送到规定的位置就开始冲裁。

c．连续模中条料太窄。在送料时，条料进入料口后，由于宽度过窄而发生左右移动，故使工件的外形发生了变化，并且其内孔尺寸也与外形尺寸发生了相对位移。

d．在剪切模及冲孔模中，由于未安装压料板条将条料压平，而使工件受力引起弹性跳起，造成工件的尺寸变化。如图2–58所示，在某工件剪去两端（见图中的双点划线）而得另一工件，由于工件两端受力，则容易使工件翘起变形，得出的各工件长度长短不一。假如在两凸模之间增加压料装置，就使工件压平切齐，从而提高工件的质量。

②排除方法。

a．仔细检查凸模与凹模的工作尺寸，是否符合图纸的要求，若凸、凹模的尺寸与图纸相符，可进行修配。

在修配过程中，假如工件的外形尺寸小，可以将凹模拆下，进行退火处理后，用锉削使凹模尺寸加大，凸模可以另换新的。如果工件外形尺寸大，可以将凸模退火，重新按图纸要求加工，凹模进行修复或更换新的。

b．在冲压过程中，操作者一定要仔细地工作，把条料送到规定位置，绝不可粗心大意。在连续模中，条料的宽度一定要严格控制，因为这对冲裁质量有直接的影响，一般情况下，条料宽度不应比进料宽度小0.05 mm。

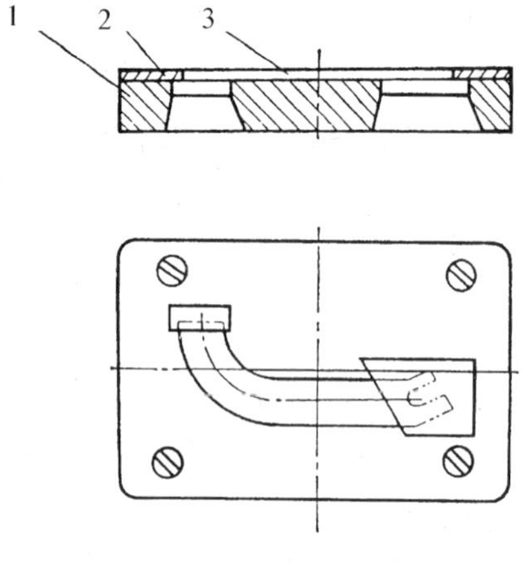

1–凹模　2–凹模孔　3–定位板　4–工件

图2–58　剪切工件

c．在剪切或冲孔时，应安置在压料用的承压板或压料橡皮。

d．定位销过低或磨损太严重时，应进行更换。

2）工件内孔的位置与外形的相对位置发生变化。

① 工件的内孔与其外形的相对位置发生了变化，如图2–59所示。

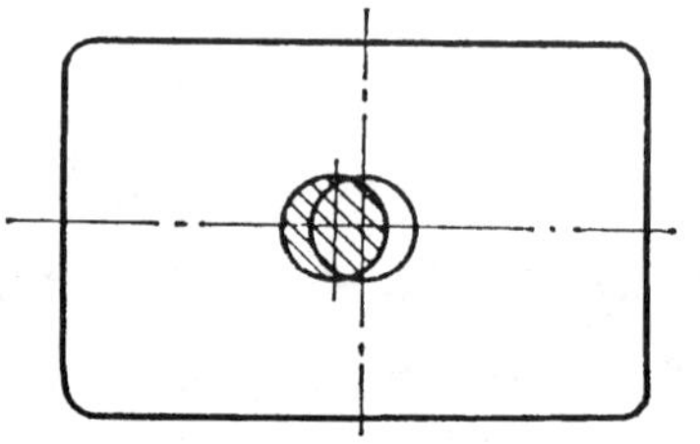

图2–59　孔与外形的相对位置发生变化

其原因如下。

a．落料与冲孔凸模和凹模孔的相对位置发生了改变。

b．在连续模中，侧刃的尺寸过大或过小。

c．在采用导钉定位的模具（见图2–60）中，导钉7的位置发生了变化，或采用两个导钉时，条料在冲制过程中受力而发生扭转，使形状发生了变化。

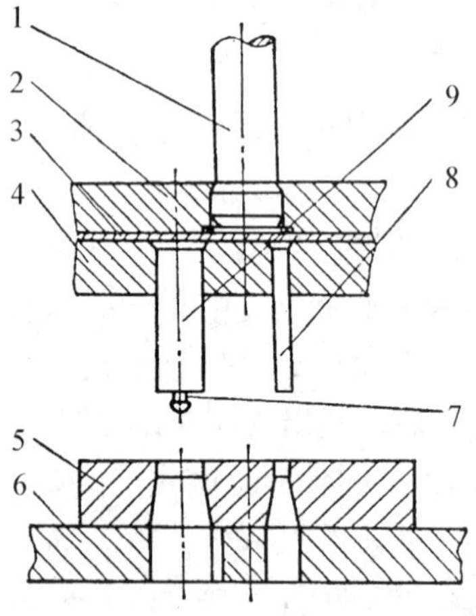

1–凸模柄　2–上模板　3–垫板　4–凸模固定板
5–凹模　6–下模板　7–导钉　8，9–凸模

图2–60　连续模

② 排除方法如下。

a．仔细检查凸模与凹模的尺寸，检查落料与冲孔的凹模孔和落料凸模与冲孔凸模的相对位置是否发生了相对变化，如有改变应进行仔细调整，或更换新的凸模。

b．检查侧刃的长短，是否和连续模中的进给步距相对应，若发现侧刃的尺寸与步距的尺寸不相符时，应重新修整侧刃的尺寸或更换新的侧刃凸模。一般情况下，侧刃的实际尺寸应等于步距的实际尺寸。

c．调整导钉的高度与垂直度，采用2个导钉时可减为1个导钉，从而消除因2个导钉使条料产生逐渐偏移的现象。

d．定位销损坏或位置移动，应更换新的定位销，并重新调整其定位置。

（3）工件有毛刺产生

1）产生原因。

①凸模与凹模的间隙不均匀，局部被磨损增大或啃坏。

②凸模与凹模的淬火硬度太低，长期磨损使其刃口变钝。

③凸模与凹模的相对位置发生了变化，造成两面间隙大小不一，而产生毛刺或局部撕裂。

④搭边值过小，使工件产生毛刺。

⑤凹模的刃口壁做成倒锥形状，如图2-61所示。这样的凹模易产生毛刺或导致凹模的开裂及凸模的折断，工件出现不平整现象。

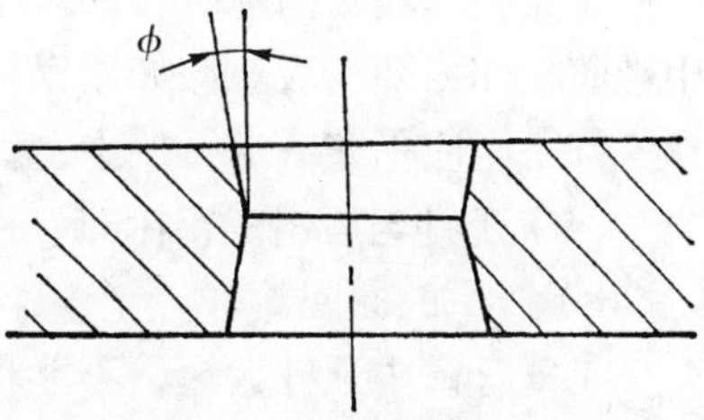

图2-61　倒锥表的刃口壁

⑥ 在采用拼块凹模时，各拼合处有缝隙存在，如图2-62所示。

⑦凸模与凹模局部刃口啃坏或压有凹坑及印痕后易产生毛刺。

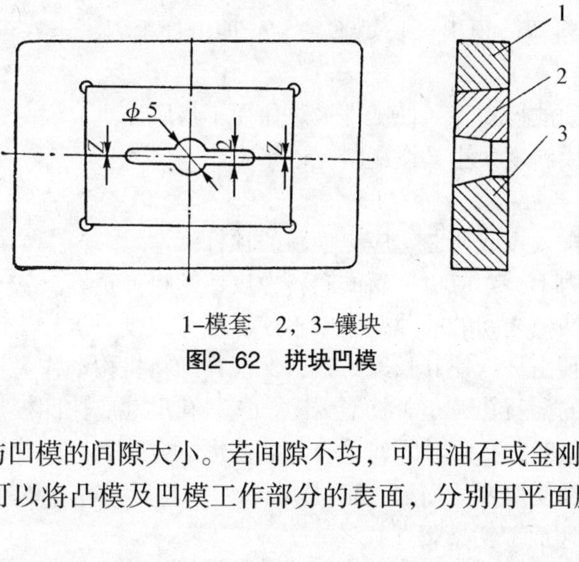

1-模套　2，3-镶块

图2-62　拼块凹模

2）排除方法。

①适当调整凸模与凹模的间隙大小。若间隙不均，可用油石或金刚锉进行修整。

②刃口变钝时，可以将凸模及凹模工作部分的表面，分别用平面磨进行刃磨，使刃口锋利。

③在制作拼块式凹模时，各镶块的工作表面及嵌镶面一定要磨平，使其与模套或相互间配合紧密，绝不可有缝隙存在。为了使镶块镶嵌紧密，镶块模套的内孔四角应钻孔，以免由于镶块四角不清角，而影响配合。

④假如凹模刃口壁有倒锥现象，应更换新的凹模或进行修整。

（4）冲制工件表面不平整

1）在冲压过程中，若发现工件有凸凹不平整现象，是由下列原因造成的：

①工件在冲制过程中，特别是在薄料剪切时，因无压料板压紧，而使工件受力翘起，造成了工件不平或变形。

②卸料板与凸模的配合间隙变大。在卸料时，易使工件单面及四角带入卸料孔内，而使工件发生弯曲变形。

③凹模刃口壁有倒锥现象，致使冲出的工件表面不平整。

④条料不平整，表面有凹坑或凸起。

2）排除的方法。

①在冲模上安装压料板。在冲裁厚度为0.5 mm以下的薄料时，可以用硬橡皮作为卸料及压料装置。

②调整卸料板间隙。在冲裁厚度为0.3 mm以下的有色金属工件，如铝板或硬纸板等，可用橡胶板作为卸料板。假如用钢板做卸料时，易使工件被带入卸料板孔内而变形。

③条料应平整或进行校平，保证表面无凹坑及凸起现象。

（5）工件与废料退出困难

1）产生的原因。

①复合模中顶杆太短，不能将顶出器（如顶块）顶出凹模模孔，致使工件不出来。

②如果弹簧或橡皮推动卸料板进行卸料，由于弹簧或橡皮的弹力不够，而使卸料卡紧，卸不出工件。

③固定卸料板的螺钉被卡住，或者活动不灵活。

④卸料板与凸模的间隙过大，凸模容易把工件带入卸料板孔内，使条料或工件卡住不易脱出。

⑤复合模中的卸料器，顶出杆长短不一，或顶出杆歪斜，卡在配合孔中，使工件一边脱出，一边脱不出。

⑥工作时，润滑油放得太多，使工件被黏住而不易脱出。

⑦连续模中的凹模斜度太小，或漏料孔被堵塞。

2）排除的方法。

①复合模中若顶杆太短或弯曲，应更换新的顶杆。

②橡皮及弹簧弹力不够，应更换新的卸料橡皮或卸料弹簧。

③调整卸料板与凸模之间的间隙，应以不使工件（或废料）拉进间隙为准。

④调整复合模中顶出杆，使其长度一致，保证其卸料机构动作灵活可靠。

⑤经常检查模座的漏料孔，是否畅通无阻，漏料孔尺寸应比凹模口尺寸增大2 ~ 3 mm。

⑥卸料螺钉被卡紧时，检查其螺钉是否弯曲变形，或是否有脏物。

⑦冲压时，润滑油使用要适当，不宜过多。

（6）工件只有压印而剪切不下

1）产生的原因。

①凸模与凹模刃口变钝。

②凸模进入凹模的深度不够。

③凸模与固定板配合松动，受力时凸模易被拔出。

2）排除的方法。

①用平面磨床刃磨凸模与凹模的工作表面，使刃口锋利。

②仔细检查凸模与固定板的配合，若发现有松动现象，应重新将凸模铆紧。在凸模固定板与模板之间应有淬硬垫板。

③调整压力机闭模高度，使凸模进入凹模刃口内适当的深度。

（7）凸模弯曲或断裂

1）产生的原因。

①凸模热处理硬度不合适，硬度过低则凸模受力会弯曲，硬度过高则凸模易碎裂。

②在卸料装置中有2件或2件以上的顶出杆，长短不一，致使工作时卸料板受力不均，使凸模弯曲。

③上、下模板表面与压力机的工作台面不平行，致使凸、凹模配合不均匀，凸模易弯曲及折断。

④冲模的支持表面与导柱、导套及凸模的轴线不垂直，形成倾斜角度，造成凸模弯曲和折断。

⑤凹模各孔与凸模固定板、卸料板各孔不同心，造成凸模折断。

2）排除的方法

①正确控制热处理淬火硬度，并合理地选择凸模材料，如细小及冲裁较硬材料的凸模，最好选用铬钢来制造，其变形小，淬火硬度高达60 ~ 62 HRC。

②修正顶杆，使其长度一致。

③模具在安装到压力机上时，一定要垫平压紧，不可有松动。

④在工作中应经常检查导注、导套的间隙，检查导柱、导套和模柄以及凸模与支承面的垂直度，若有歪斜时应进行调整。

⑤冲模在使用时，应经常清理模具内部，以防杂质混入。

（8）凹模碎裂或刃口被啃

1）产生的原因。

①凹模淬火硬度过高。

②装配时凸模与凹模配合不正，凸模的轴线与凹模的工作表面不垂直。

③整个冲模零件发生相对位移，或紧固螺钉及销钉松动。

④导柱和导套的配合间隙发生了变化。

⑤凸模制作时，有倒锥现象。

⑥凸模工作表面与压力机的支持面不平行及偏斜。

⑦凹模工作表面与压力机的支持面不平行及偏斜。

2）排除的方法。

①合理地编制热处理工艺，按工艺要求检查。

②冲模在装配时，一定要配合好凸、凹模的间隙，使之均匀。

③冲模在使用前和使用中，一定要仔细检查各部件的紧固情况，若销钉或螺钉松动，应立即紧固。

④在压力机上安装冲模时，一定要仔细检查调整好凸、凹模的相对深度，并须将冲模在上垫平，不可歪斜。如果凸模伸入凹模太深，易使凹模碎裂。

⑤凸模与凹模的相对位置相差太大时，一定要进行调整和返修。

20. 凸、凹模间隙值如何确定？

凸、凹模间隙对冲裁件断面质量、尺寸精度、模具寿命，以及冲载力、卸料力、推件力等有较大影响，所以必须选择合理的间隙。冲裁间隙数值主要按制件质量要求，根据经验数值来选用。电子、电器、仪表等行业对制件断面质量和尺寸精度要求较高，可选用较小间隙值，见表2-32。汽车、拖拉机等行业，其制件尺寸公差较大，可采用较大间隙值，见表2-33。

表2-32　冲裁模初始双边间隙　（mm）

材料厚度	软　铝		纯铜、黄铜、软钢（wc=0.08%～0.2%）		杜拉铝、中等硬钢（wc=0.3%～0.4%）		硬　钢（wc=0.5%～0.6%）	
	z_{min}	z_{max}	z_{min}	z_{max}	z_{min}	z_{max}	z_{min}	z_{max}
0.2	0.008	0.012	0.010	0.014	0.012	0.016	0.014	0.018
0.3	0.012	0.018	0.015	0.021	0.018	0.024	0.021	0.027
0.04	0.016	0.024	0.020	0.028	0.024	0.032	0.028	0.036
0.5	0.020	0.030	0.025	0.035	0.030	0.040	0.035	0.045
0.6	0.024	0.036	0.030	0.042	0.036	0.048	0.042	0.054
0.7	0.028	0.042	0.035	0.049	0.042	0.056	0.049	0.063
0.8	0.032	0.048	0.040	0.056	0.048	0.064	0.056	0.072
0.9	0.036	0.054	0.045	0.063	0.054	0.072	0.063	0.081
1.0	0.040	0.060	0.050	0.070	0.060	0.080	0.070	0.090
1.2	0.050	0.084	0.072	0.096	0.084	0.108	0.096	0.120
1.5	0.075	0.105	0.090	0.120	0.105	0.135	0.120	0.150
1.8	0.090	0.126	0.108	0.144	0.126	0.162	0.144	0.180
2.0	0.100	0.140	0.120	0.160	0.140	0.180	0.160	0.200
2.2	0.132	0.176	0.154	0.198	0.176	0.220	0.198	0.242
2.5	0.150	0.200	0.175	0.225	0.200	0.250	0.225	0.275
2.8	0.168	0.224	0.196	0.252	0.224	0.280	0.252	0.308
3.0	0.180	0.240	0.210	0.270	0.240	0.300	0.270	0.330
3.5	0.245	0.315	0.280	0.350	0.315	0.385	0.350	0.420
4.0	0.280	0.360	0.320	0.400	0.360	0.440	0.400	0.480
4.5	0.315	0.405	0.360	0.450	0.405	0.490	0.450	0.540
5.0	0.350	0.450	0.400	0.500	0.450	0.550	0.500	0.600
6.0	0.480	0.600	0.540	0.660	0.600	0.720	0.660	0.780
7.0	0.560	0.700	0.630	0.770	0.700	0.840	0.770	0.910
9.0	0.870	0.990	0.900	1.080	0.990	1.170	1.080	1.260
10.0	0.900	1.100	1.000	1.200	1.100	1.300	1.200	1.400

表2-33　冲裁模初始双边间隙　（mm）

材料厚度	08、10、35、09Mn、Q235		16Mn		40、50		65Mn	
	z_{min}	z_{max}	z_{min}	z_{max}	z_{min}	z_{max}	z_{min}	z_{max}
小于0.5	极小间隙（或无间隙）							
0.5	0.040	0.060	0.040	0.060	0.040	0.060	0.040	0.060
0.6	0.048	0.072	0.048	0.072	0.048	0.072	0.048	0.072

续表

材料厚度	08、10、35、09Mn、Q235		16Mn		40、50		65Mn	
	z_{min}	z_{max}	z_{min}	z_{max}	z_{min}	z_{max}	z_{min}	z_{max}
小于0.5	极小间隙（或无间隙）							
0.7	0.064	0.092	0.064	0.092	0.064	0.092	0.064	0.092
0.8	0.072	0.104	0.072	0.104	0.072	0.104	0.064	0.092
0.9	0.090	0.126	0.090	0.126	0.090	0.126	0.090	0.126
1.0	0.100	0.140	0.100	0.140	0.100	0.140	0.090	0.126
1.2	0.126	0.180	0.132	0.180	0.132	0.180		
1.5	0.132	0.240	0.170	0.240	0.170	0.230		
1.75	0.220	0.320	0.220	0.320	0.220	0.320		
2.0	0.246	0.360	0.260	0.380	0.0260	0.380		
2.1	0.260	0.380	0.280	0.400	0.280	0.400		
2.5	0.360	0.500	0.380	0.540	0.380	0.540		
2.75	0.400	0.560	0.420	0.600	0.420	0.600		
3.0	0.460	0.640	0.480	0.660	0.480	0.660		
3.5	0.540	0.740	0.580	0.780	0.580	0.780		
4.0	0.640	0.880	0.680	0.920	0.680	0.920		
4.5	0.72	1.000	0.680	0.960	0.780	1.040		
5.5	0.940	1.280	0.780	1.100	0.980	1.320		
6.0	1.080	1.440	0.840	1.200	1.140	1.150		
6.5			0.940	1.300				
8.0			1.200	1.680				

注：冲裁皮革、石棉和纸板时，间隙取08钢的25%。

冲裁间隙值的选用，还可根据不同情况灵活掌握。例如，冲小孔而导板导向又较差时，为防止凸模受力大而折断，间隙可取大一些。但这时废料易带出凹模表面，所以凸模上应装上弹性顶杆或采取以压缩空气从凸模端部小孔吹出等措施。凹模孔形式为锥形时，其间隙应比圆柱小。采用弹顶装置向上出件时，其间隙值可比下落出件大约50%。高速冲压时，模具温度增高，间隙应增大，如行程超过200次/min，间隙值可约增大10%。硬质合金冲模同由于热膨胀系数小，其间隙值可比钢模大功30%。在同样条件下，非圆形应比圆形的间隙大，冲孔所取间隙可比落料略大。

21. 凸、凹模刃口尺寸如何确定？

（1）确定凸、凹模刃口尺寸的原则

1）考虑落料和冲孔的区别，落料件的尺寸取决于凹模，因此落料模应先决定凹模尺寸，用减小凸模尺寸来保证合理间隙；冲孔件的尺寸取决于凸模，因此冲孔模应先决定凸模尺寸，用增大凹模尺寸来保证合理间隙。

2）考虑刃口的磨损对冲件尺寸的影响。刃口磨损后尺寸变大，其刃口的基本尺寸应接近或等于冲件的最小极限尺寸；刃口磨损后尺寸减小，应取接近或等于冲件的最大极限尺寸。

3）考虑冲件精度与模具精度间的关系，在选择模具制造公差时，既要保证冲件的精度要求，又要保证有合理的间隙值。一般冲模精度较冲件精度高2～3级。

（2）凸、凹模分别加工时的工作部分尺寸

其计算公式见表2–34。

表2–34　凸、凹模分别加工时，其工作部分尺寸的计算尺寸

工序性质	冲件尺寸	凸模尺寸	凹模尺寸
落料	$D^{0}_{-\Delta}$	$D_p=(D-x\Delta-z_{min})^{0}_{-\delta_p}$	$D_d=(D-x\Delta)^{+\delta_d}_{0}$
冲孔	$d^{+\Delta}_{0}$	$d_p=(d+x\Delta)^{0}_{-\delta_p}$	$d_d=(d+x\Delta+z_{min})^{+\delta_d}_{0}$

注：计算时，先将冲件尺寸化成$D^{0}_{-\Delta}$、$d^{+\Delta}_{0}$的形式。

表2–34中

D_p、D_d——分别为落料凸、凹模的刃口尺寸（mm）；

d_p、d_d——分别为冲孔凸、凹模的刃口尺寸（mm）；

D、d——分别为落料件外径和冲孔件的基本尺寸（mm）；

δ_p、δ_d——分别为凸、凹模的制造公差，凸模按IT6，凹模按IT7，也可按表2–35选取，或取$\delta_p=\left(\frac{1}{4}\sim\frac{1}{5}\right)\Delta$，$\delta_d=\frac{1}{4}\Delta$；

Δ——制件的制造公差（mm）；

z_{min}——最小合理间隙（mm）。

为了保证新冲模的间隙小于最大合理间隙（z_{min}），凸模和凹模制造公差必须保证

$$\delta_p+\delta_d\leqslant z_{max}-z_{min}$$

式中　x——磨损系数，其值在0.5～1之间，按表2–36选取。

工件精度在IT10以上　　$x=1$；

工件精度在IT11～IT13之间　$x=0.75$；

工件精度在IT14　　$x=0.5$。

表2–35　规则形状（圆形、方形件）冲裁时凸模、凹模的制造公差　（mm）

公称尺寸	凸模δ_p	凹模δ_d	公称尺寸	凸模δ_p	凹模δ_d
≤18	0.20	0.20	>180～260	0.030	0.045
>18～30	0.20	0.025	>260～360	0.035	0.050
>30～80	0.20	0.030	>360～500	0.040	0.060
>80～120	0.025	0.035	>500	0.050	0.070
>120～180	0.030	0.040			

表2-36　系数x　（mm）

材料厚度	非圆形			圆形	
	1	0.75	0.5	0.75	0.5
	工件公差Δ				
1	<0.16	0.17～0.35	≥0.36	<0.16	≥0.16
1～2	<0.20	0.21～0.41	≥0.42	<0.20	≥0.20
2～4	<0.24	0.25～0.49	≥0.50	<0.24	≥0.24
>4	<0.30	0.31～0.59	≥0.60	<0.30	≥0.30

（3）凸、凹模配合加工时工作部分尺寸的计算公式

对于冲制复杂形状冲件的模具或单件生产的模具，其凸、凹模常采用配合加工方法。

凸、凹模工作部分尺寸计算：其落料件按凹模磨损后尺寸增大（如图2-63中A类尺寸）、减小（如图2-63中B类尺寸）和不变（如图2-63中C类尺寸）的规律分3种，冲孔件按凸模磨损后尺寸减小（如图2-64中B类尺寸）、增大（如图2-64中A类尺寸）和不变（如图2-64中C类尺寸）的规律分3种，具体计算公式见表2-37。

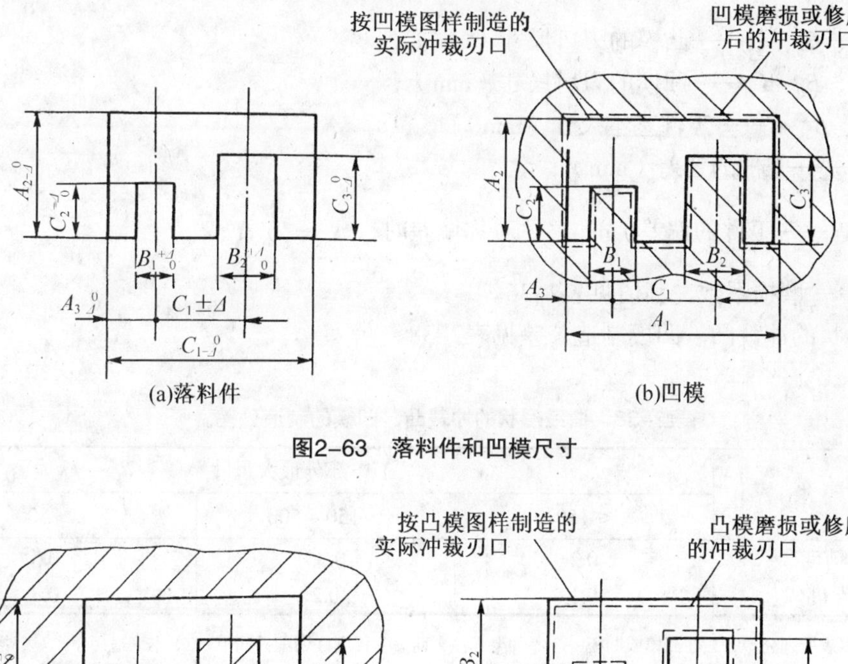

图2-63　落料件和凹模尺寸

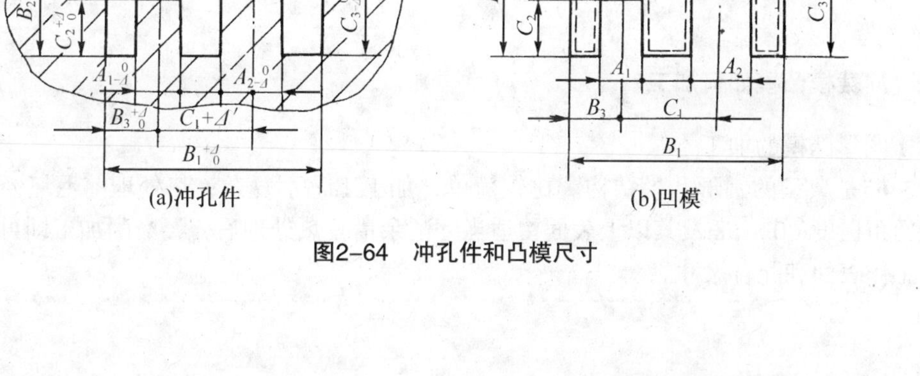

图2-64　冲孔件和凸模尺寸

表2-37　配合加工时，凸、凹模尺寸的计算公式

<table>
<tr><th>工序性质</th><th colspan="2">制件尺寸（图2-63、图2-64）</th><th>凸模尺寸</th><th>凹模尺寸</th></tr>
<tr><td rowspan="5">落料</td><td colspan="2">$A^{0}_{-\Delta}$</td><td rowspan="5">按凹模尺寸配制，其双面间隙为
$z_{min} \sim z_{max}$</td><td>$A_d=(A-x\Delta)^{+0.25\Delta}_{0}$</td></tr>
<tr><td colspan="2">$B^{+\Delta}_{0}$</td><td>$B_d=(B+x\Delta)^{0}_{-0.25\Delta}$</td></tr>
<tr><td rowspan="3">C</td><td>$C^{+\Delta}_{0}$</td><td>$C_d=(C+0.5\Delta)\pm0.125\Delta$</td></tr>
<tr><td>$C^{0}_{-\Delta}$</td><td>$C_d=(C-0.5\Delta)\pm0.125\Delta$</td></tr>
<tr><td>$C\pm\Delta'$</td><td>$C_d=C\pm0.125\Delta$</td></tr>
<tr><td rowspan="5">冲孔</td><td colspan="2">$A^{0}_{-\Delta}$</td><td>$A_p=(A-x\Delta)^{+0.25\Delta}_{0}$</td><td rowspan="5">按凸模尺寸配制，其双面间隙为$z_{min} \sim z_{max}$</td></tr>
<tr><td colspan="2">$B^{+\Delta}_{0}$</td><td>$B_p=(B+x\Delta)^{0}_{-0.25\Delta}$</td></tr>
<tr><td rowspan="3">C</td><td>$C^{+\Delta}_{0}$</td><td>$C_p=(C+0.5\Delta)\pm0.125\Delta$</td></tr>
<tr><td>$C^{0}_{-\Delta}$</td><td>$C_p=(C-0.5\Delta)\pm0.125\Delta$</td></tr>
<tr><td>$C\pm\Delta'$</td><td>$C_p=C\pm0.125\Delta$</td></tr>
</table>

表2-37中

A_p、B_p、C_p——凸模的刃口尺寸（mm）；

A_d、B_d、C_d——凹模的刃口尺寸（mm）；

A、B、C——工件基本尺寸（mm）；

Δ——工件的公差（mm）；

Δ'——工件的偏差（mm），对称偏差时，$\Delta'=\frac{1}{2}\Delta$；

x——磨损系数，其值见表2-36。

曲线形状的冲裁凸、凹模制造公差见表2-38。

表2-38　曲线形状的冲裁凸、凹模的制造公差　（mm）

工作要求	工作部分最大尺寸		
	≤150	>150～500	>500
普通精度	0.2	0.35	0.5
高精度	0.1	0.2	0.3

注：1）本表所列公差，只在凸模或凹模一个零件上标注，而另一件则注明配件间隙。2）本表适用于汽车、拖拉机行业。

22. 冲裁模凸模如何加工？

（1）圆形凸模的加工

图2-65是典型的圆形凸模结构。比较简单，加工工艺不复杂，热处理前毛坯经车削加工，表面粗糙度R_a0.8 μm及其以上表面留适当磨削余量。热处理后，经磨削加工即可获得较理想的工作表面和配合尺寸。

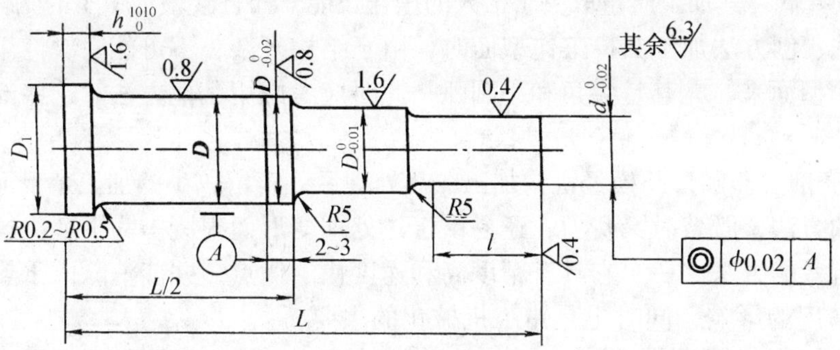

图2-65 圆形凸模

（2）非圆形凸模加工

1）机械加工。非圆形凸模工作型面，大致可分为平面结构和非平面结构两种。加工以平面结构构成的凸模型面（见图2-66所示）比较容易。一般采用刨削和铣削加工的方法依次对各平面进行加工，而铣削加工大多采用立铣或万能铣等机床进行加工即可。一般工厂常用的两种方法：一种是将工件变动相应角度使被加工平面处于水平位置进行铣削加工；另一种是将工件水平位置而刀具倾斜进行铣削加工，加工方法简单适用，在小型企业和模具维修车间被广泛使用。然后钳工进行修配即可获得满意尺寸要求。

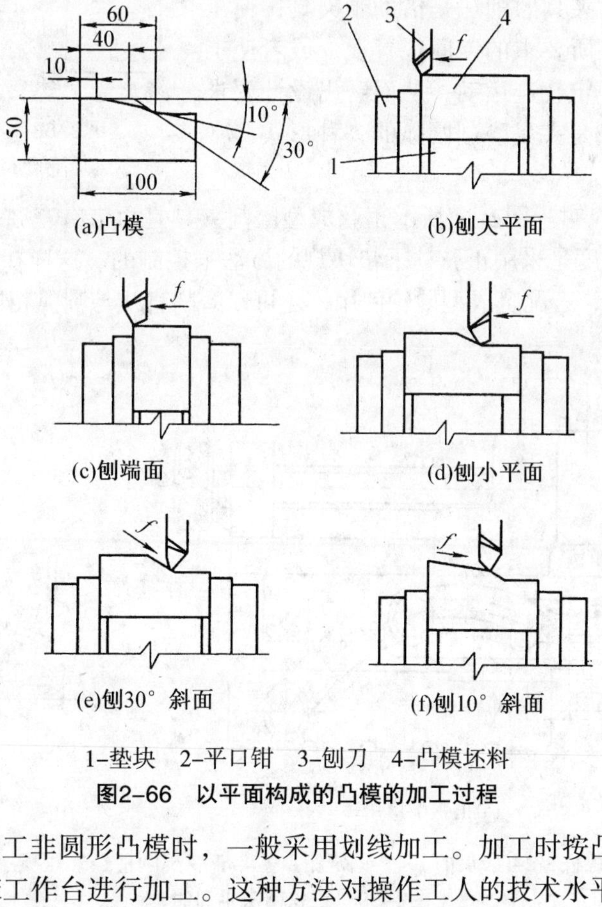

1–垫块 2–平口钳 3–刨刀 4–凸模坯料

图2-66 以平面构成的凸模的加工过程

在普通铣床上加工非圆形凸模时，一般采用划线加工。加工时按凸模上划出的刃口轮廓线，手动操作机床工作台进行加工。这种方法对操作工人的技术水平要求较高，劳动强度大，生产效率低，其加工质量取决于工人的操作技能，而且会增加钳工的工作量。

当采用铣、刨方法加工凸模工作型面时，由于结构复杂，不可能一次性用一种方法加工出全部工作型面来，尤其是尖角和小圆弧，此时应考虑用其他方法对这些部位进行补充加工。

2）成型磨削。非圆形凸模经机构加工、热处理后，若留较小的加工余量而采用钳工研磨工作表面的方法，既费时又费力，还易由于热处理变形而报废。为了解决这个问题，成型磨削是最有效的方法之一，它具有精度高和速度快的优点，并能消除由于热处理变形而带来对模具精度的影响，同时也是钳工机械化的主要途径之一。成型磨削不仅用于加工凸模而且可用于加工相拼式凹模。根据工厂的实际条件，成型磨削可在通用平面磨床上采用专用夹具和成型砂轮进行，也可在专用的成型磨床上进行。成型磨削的方法有如下。

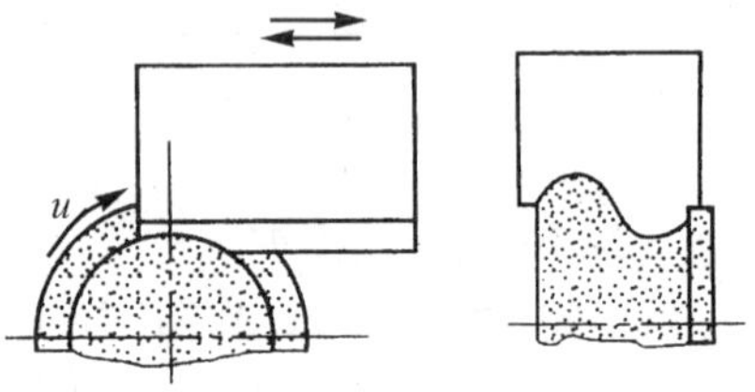

图2-67　成型砂轮磨削

①成型砂轮磨削法。如图2-67所示，将砂轮修整成与工件型面完全吻合的相反型面，然后利用它磨削工件，获得所需形状和尺寸。该方法一次所能磨削的表面不宜太大。成型砂轮的形状和角度可将金刚笔固定在专门设计的修整夹具上对砂轮进行修整。

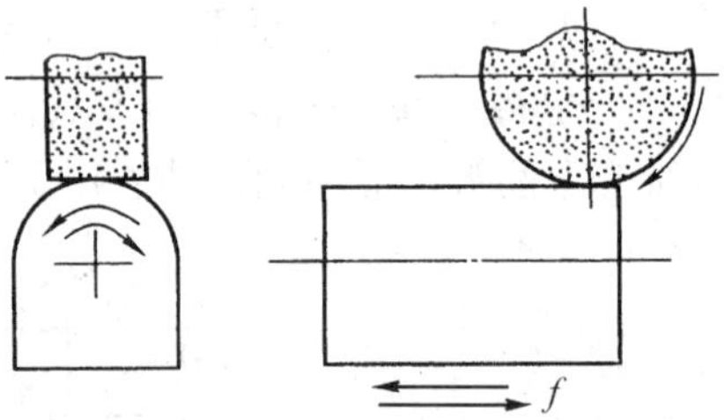

图2-68　利用夹具磨削圆弧

②夹具磨削法。夹具磨削法是借助于夹具，使工件的被加工表面处在所要求的空间位置上，或者使工件在磨削过程中按一定轨迹运动，从而磨出设计要求的成型型面。图2-68是夹具磨削圆弧的一种形式，常见的成型磨削夹如下。

a．正弦精密平口钳。图2-69所示正弦成型磨削夹具是由带有正弦规的平口钳与底座组成，平口钳的倾斜角度是采用正弦柱下垫块规的方法来控制的。这样在正弦平口钳上就可以磨削加工出各种斜面，若配合成型砂轮使用，还可以磨削直线与圆弧相连的复杂几何形状。

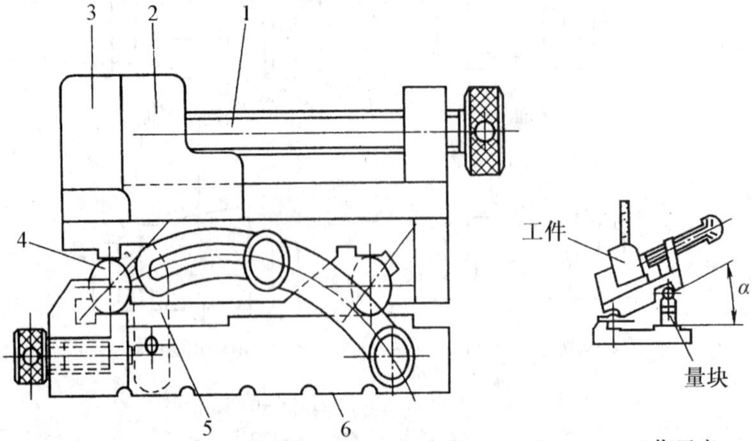

(a)正弦平口钳　　(b)工作示意

1-夹紧螺杆　2-活动钳口　3-固定钳口　4-正弦规圆柱　5-压板　6-底座

图2-69　正弦精密平口钳

在加工斜面时所垫量块尺寸的计算：

$$h=L\sin\alpha$$

式中　h——垫入的量块尺寸（mm）；

L——正弦圆柱的中心距（mm）；

α——工件需要倾斜的角度（°）。

正弦平口钳的最大倾斜角为45°。为了保证工件的磨削精度和质量，工件在夹具中的定位部分应预先磨削加工，使其定位面与被加工面保证垂直。

b．正弦磁力台。正弦磁力台与精密平口钳原理一样，角度调整方法也相同。只不过固定工件的方法更简单可靠，它是在正弦规上装有电磁吸盘，利用电磁力将工件吸牢。正弦磁力台可以磨削各种斜面，若配合成型砂轮使用，也可以磨削直线与圆弧相连的复杂几何形状。角度调节时垫量块的尺寸计算与正弦精密平口钳相同。

③成型砂轮形状修整的方法。

a．砂轮角度的修整。修整砂轮角度的夹具是按正弦原理设计的，此夹具可修整0°～100° 的各种角度砂轮。修整砂轮角度时，夹具应垫的量块值是按所需修整角度计算的。

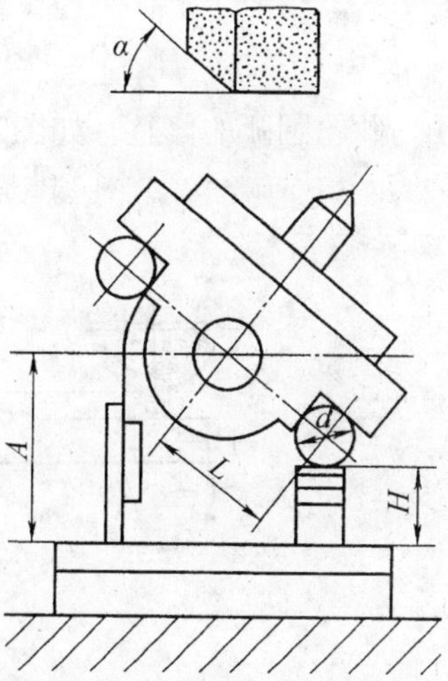

图2–70　砂轮角度修整（0° ≤α≤45° ）

块规值的计算如下：

当修整砂轮角度为0≤α≤45° 时，应垫的量块值见图2–70。

$$H=A-L\sin\alpha-\frac{d}{2}$$

式中　A——工具的回转中心至垫块表面的高度（mm）；

L——圆柱中心至工具回转中心的距离（mm）；

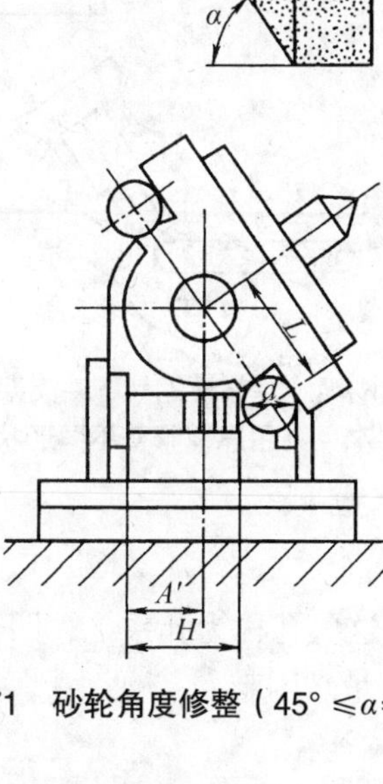

图2–71　砂轮角度修整（45° ≤α≤90° ）

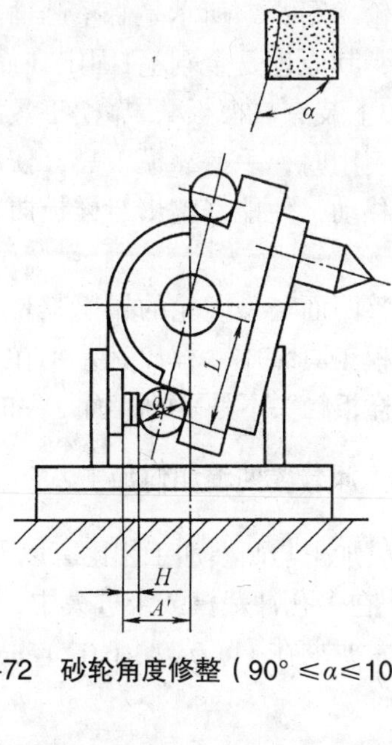

图2–72　砂轮角度修整（90° ≤α≤100° ）

d——圆柱直径（mm）；

H——应垫的量块值（mm）。

当修整砂轮的角度为45° ≤α≤90° 时，应垫的量块值见图2–71。

$$H=A'+L\sin(90°-\alpha)-\frac{d}{2}=A'+L\cos\alpha-\frac{d}{2}$$

式中 A'——工具的回转中心至侧面垫块的距离，mm。

当修整砂轮的角度为90° ≤α≤100° 时，应垫的量块值如图2–72。

$$H=A'-L\sin(\alpha-90°)-\frac{d}{2}$$

b．砂轮圆弧的修整。如图2–73所示为维修整圆弧砂轮的工具。

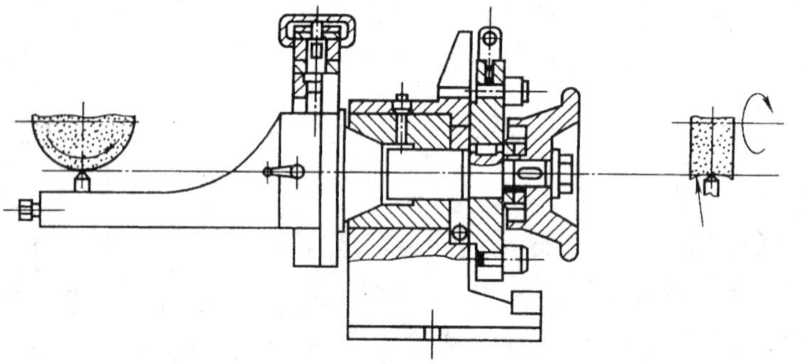

图2–73 修整圆弧砂轮工具

修整砂轮时金刚笔尖的位置是根据所修砂轮的凸、凹模形状及半径大小计算出块规值来调整的。

c．非圆弧曲面砂轮的修整。若被磨削工件形状复杂，其轮廓又是非圆弧时，可用专用的靠模修整砂轮。图2–74所示是修整凸面成型砂轮的靠模工具，其原理是金刚笔1固定在靠模工具2上，在支架3上装有靠模板4，靠模工具的下面有平面触头。使用时，手持靠模工具，使触头紧靠样板沿曲线移动，便能修整出与样板曲线形状相同的砂轮。

修整凹面与型砂轮的靠模工具与凸面成型砂轮的靠模工具基本一样，其差别在于修整凹面时采用的样板触头不是平的，而是尖的。

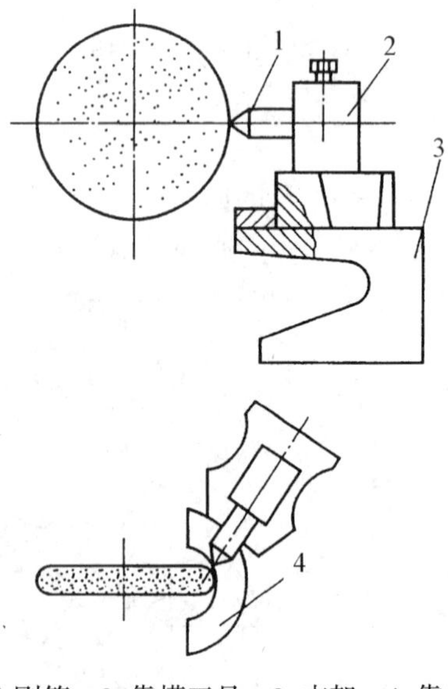

1–金刚笔 2–靠模工具 3–支架 4–靠模板

图2–74 利用靠模修整不同形状砂轮的工具

23. 冲裁模凹模如何加工？

凹模加工与凸模加工相比有以下特点：

1）在多孔冲裁模或级进模中，凹模上有一系列孔（这些孔称为孔系），凹模孔系位置精度通常要求在±（0.01～0.02）mm以上，这给孔的加工带来困难。

2）凹模在镗孔时，孔与外形有一定的位置精度要求，加工时，要求确定基准，并准确确定孔的中心位置，这给加工带来很大难度。

3）凹模内孔加工尺寸往往直接取决于刃具的尺寸，因此刃具的尺寸精度、刚性及磨损将直接影响内孔的加工精度。

4）凹模孔加工时，切削区在工件内部，排屑、散热条件差，加工精度和表面质量不容易控制。

凹模型孔的加工方法不仅与其形状有关，而且与型孔的数量有关。下面分别介绍单个圆孔、系列圆孔和非圆形型孔的加工。

（1）单个圆形型孔的加工

凹模型孔为单个圆孔时，其加工方法比较简单。毛坯外形用车削加工，当凹模孔 $\phi<5$ mm，先钻孔，然后铰孔，热处理后磨削顶面和底面，用砂布抛光型孔即可；当型孔 $\phi>5$ mm，一般采用钻削和镗削方法对型孔进行粗加工，经淬火、回火热处理后，利用万能磨床对型孔精加工，磨孔的精度可达IT5～IT6，孔表面粗糙度 R_a 可达0.2～0.8 μm。

（2）系列圆形型孔的加工

凹模型孔为一系列圆孔时，其加工比较困难，应根据工厂现有的加工设备，选择相应的方法。利用坐标法进行孔的加工，可在普通钻床上、铣床上加工出位置精度较高的系列型孔。在坐标镗床上可加工有高精度位置要求的系列型孔。生产中常用的加工方法如下：

1）在普通钻床上加工。在缺乏坐标镗床的情况下，可在普通钻床上进行孔系的加工。凹模毛坯经刨或铣六个面，然后磨平六个面，并要互相垂直。根据图样，在磨好的工件上画线，并将工件夹持在平口钳上，通过在钻床的纵向和横向附加块规和百分表测量装置，控制工件移动的距离，进行孔系的加工。实践证明此方法能达到孔间距精度 ± 0.04 mm，但是加工效率较低。

2）在铣床上加工。在立式铣床上加工多个凹模型孔，直接利用工作台上的纵、横向位移来确定孔的位置，其加工的孔间精度较低，一般为0.06～0.08 mm。

在立式铣床的纵、横向托板上附加块规组和千分表测量装置，用以准确地控制工作台的移动距离，孔系的孔位精度能大大提高，孔间距精度可达到0.02 mm以上。

3）在精密坐标镗床或坐标磨床上加工。精密坐标镗床具有精密坐标定位装置，它是专门用于镗削尺寸、形状和位置精度要求高的孔系的精密机床。孔位精度一般可达0.005～0.015 mm。由于凹模在热处理时易发生变形，导致热处理之前镗好的孔位精度降低。当凹模孔的精度和孔位精度要求很高时，经过坐标镗床加工的凹模在热处理之后，还应在坐标磨床上精加工，以保证型孔尺寸精度和孔系的位置精度。

（3）非圆形型孔的加工

非圆形型孔的加工工艺比较复杂。非圆形型孔中心的废料首先要去除，然后进行精加工。非圆形型孔的精加工方法有锉削、压印锉修、电火花切割和电火花加工。

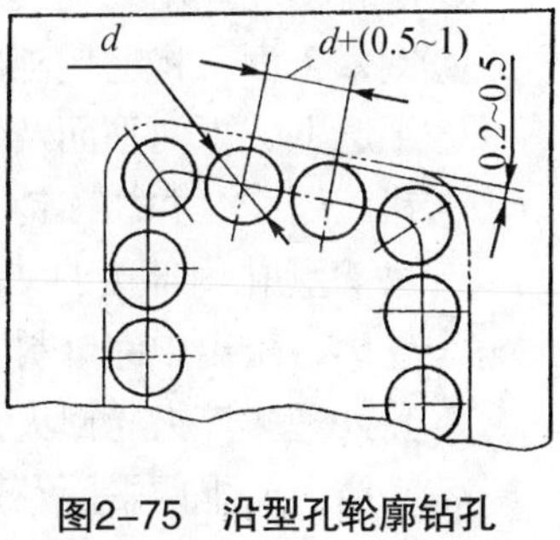

图2-75　沿型孔轮廓钻孔

1）锉削加工。在锉削和压印之前，凹模的外形应先加工出来，钳工按照凹模刃口轮廓线画线，然后在立式铣床或带锯机床上型孔内部的废料去除，留出0.2～0.8 mm（单边）的加工余量。图2-75所示是沿孔轮廓线内侧依次钻孔后，凿通整个轮廓，去除中心废料。废料去除后，钳工用锉刀修整孔壁，或在铣床、插床上修整孔壁。

型孔内部的废料去除后，可利用锉削方法精加工型孔。钳工先用粗锉锉出形状，最后用细锉精锉成形，并随时用加工好的凸模或样板检查。凹模刃口锉好之后，再锉出凹模孔后角的大小。**注意：**在锉削过程中，不要碰坏相邻已锉好的表面。

手工锉削的工作量大，效率低，可利用锉刀机来代替手工锉修。用锉刀机床锉修时，必须准备各种形状及尺寸的锉刀，锉削时一般沿工件表面的划线进行。

2）压印锉修。用淬硬的加工好的凸模对未淬硬的并留有一定压印余量的凹模毛坯进行压印，压印方法与凸模的压印方法相同。凹模在压印锉修后，可用油石精细加工，并加工出后角。在缺乏专用模具加工设备的情况下，钳工常利用压印方法加工凹模型孔。此方法加工的凹模型孔尺寸精度高、表面粗糙度低。此方法简单，易于操作。

3）电火花线切割加工。当凹模形状复杂，带有尖角、窄缝时，电火花线切割加工时常采用的一种精加工凹模型孔的方法。线切割加工可在热处理之后进行，型孔的加工精度高、质量好。线切割后，需要钳工研磨型孔，以保证凸、凹模的间隙均匀。在线切割之前，要对凹模毛坯进行预加工。选择电火花机床，凹模厚度和水平尺寸必须在机床的加工范围内，选择合理的工艺参数（电参数、切割速度等），还要安排好凹模的加工工艺路线，做好切割前的准备工作。如在工件适当位置上加工穿丝孔，仔细检查机床各机构运行状况是否良好，找正工件加工基准，装夹工件等。

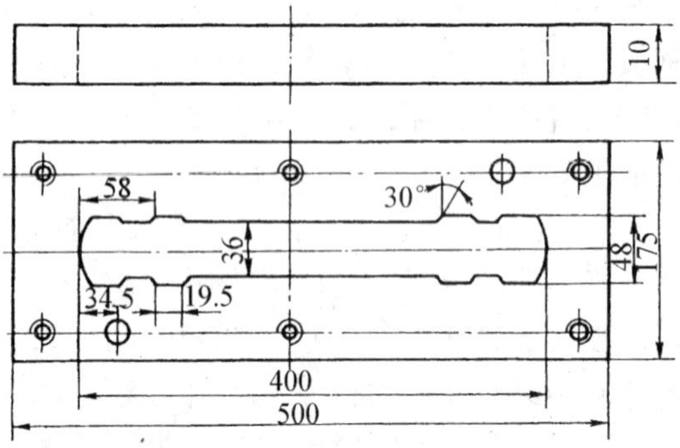

图2–76　凹模的电火花线切割加工

图2–76所示凹模的材料为Cr12MoV，凹模厚度为10 mm。由于凹模型孔的长度尺寸为40 mm，故该凹模的切割路线较长，切割面积多，废料重量大，在切割过程中容易变形，并且线切割结束时中间的废料掉下来容易损坏电极丝等。工厂实际加工时，采取的措施是热处理之前，增加一道预加工工序，将凹模型孔各面仅留2 ~ 4 mm的线切割余量，其次工件采用双支撑方式，即在切割结束时，特别是快要结束时，用一块平坦的永久磁铁将工件与废料常紧紧吸牢，以便使废料在切割过程中位置固定。线切割该模具型孔的工艺参数为：电源电压95 V，加工平均电流1.8 A，脉冲宽度25 μs，脉冲间隔78 μs，钼丝直径0.12 mm，走丝速度9 m/s，切割速度40 ~ 50 mm^2/min，工作液为乳化液。其加工过程如下：

①准备毛坯。用圆钢锻成方形坯料，并退火。

②刨六个面，将毛坯刨成六面体。

③平磨上、下两平面及角尺面。

④钳工划线，并加工销孔（钻孔、铰孔）和螺钉孔（钻孔、攻螺纹）。

⑤去除型孔内部废料。沿型孔轮廓划出一系列孔，然后在钻床上顺序钻孔，钻完后凿通整个轮廓，敲出中间废料。

⑥热处理。淬火与回火，检测表面硬度，要求达到58 ~ 62 HRC。

⑦平磨上、下两平面及角尺面。

⑧电火花线切割型孔。线切割加工的步骤与凸模加工相似。

⑨将切割好的凹模进行稳定回火。

⑩钳工研磨销孔及凹模刃口，使型孔达规定的技术要求。

4）电火花加工。电火花加工在热处理后进行，因而避免了热处理变形带来的不良影响。形状复杂的凹模型孔采用电火花加工时，制模周期短，生产效率高。但是在加工过程中，电极的损耗影响加工精度，也难以达到较小的表面粗糙度。与线切割相比，电火花加工需要制作成形电极，制模成本较高。对于型孔周长比较长、多型孔加工时，电火花加工比较有利，例如电机定、转子硅钢片冲模的加工，大多数工厂采用电火花加工的方法。电火花尤其适合于小孔和小异形孔的加工。

凹模型孔电火花加工有直接法、间接法、混合法和二次电极法。这些方法能保证凸、凹模的配合间隙。

①直接加工法是指将凸模直接作为电极加工凹模型孔的工艺方法。这种方法是将凸模适当加长，其非刃口端作为电极。凹模加工后，再将加长的电极部分去掉。通过在加工过程控制脉冲放电间隙能保证凸、凹模的配合间隙，即放电间隙等于凸、凹模的配合间隙。用这种方法可以使配合间隙均匀，不需要另做电极，工艺简单，但是，钢电极的电加工性能很差，电火花机床的脉冲电源应能适应钢电极的加工要求。此方法适用于形状复杂的凹模或多型孔的加工，如电机定子、转子硅钢片冲模等。

②间接加工法是指凸模与加工凹模的电极分开制造。首先根据凹模尺寸设计和制造电极，然后用电极加工凹模，最后按冲裁模间隙配做凸模。此方法的优点是电极材料不受凸模材料的限制，可以制造电加工性能好的电极材料，而且配合间隙不受放电间隙的限制。其缺点是增加了制造电极和钳工修配的劳动量，而且配合间隙不易做得均匀，对形状复杂的尤甚。故这种方法仅适合于配合间隙要求比较大或比较小的冲模的加工。

③混合加工法是指电极与凸模的材料不同，但可通过焊接或采用其他黏结剂将其与凸模联接在一起，并同时加工成形，再对凹模加工，待凹模电火花加工后，再将电极与凸模分开。此方法电极材料可选择电加工性能好的材料，效率较高。凸模与电极一起加工，电极的形状，尺寸与凸模一致，电火花加工后，凸、凹模的配合间隙均匀。

④二次电极法（图2-77）。利用凸形的电极（称为一次电极）加工出凹模，再用该电极加工凹形的电极（二次电极），然后用二次凹形电极加工凸模，这种方法常用于凹模制造有困难的电加工。

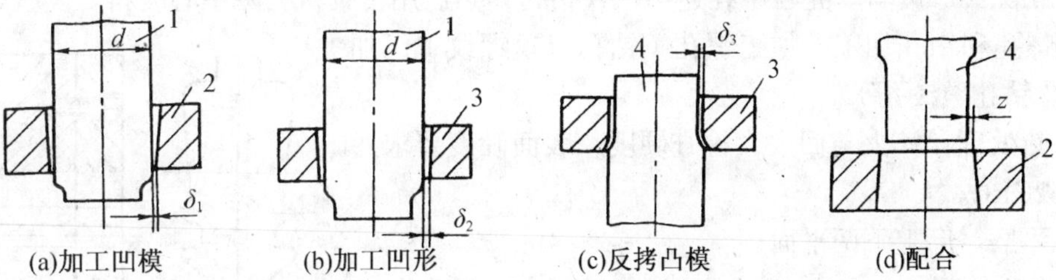

(a)加工凹模　(b)加工凹形　(c)反拷凸模　(d)配合

1-凸形一次电极　2-凹模　3-凹形二次电极　4-凸模

图2-77　一次电极为凸形的二次电极法

首先，根据要求设计制造凸形一次电极，用该电极加工凹模，凹模尺寸为

$$d+2\delta_1;$$

再用一次电极加工凹形二次电极，二次电极尺寸为

$$d+2\delta_2;$$

然后用二次电极反拷贝加工凸模，凸模的尺寸为

$$d+2\delta_2-2\delta_3;$$

加工好的凸、凹模配合间隙为

$$z=\delta_1-\delta_2+\delta_3。$$

二次电极法的加工过程比较复杂，因此，一般情况下不采用。通过合理调整放电间隙δ_1、δ_2和δ_3，可以加工出配合间隙为零的精冲模、修光模等。对于硬质合金模具和异形小孔等加工也常采用这种方法。

以上4种方法主要根据凸、凹模配合间隙来选用，选用方法见表2-39。

表2-39　凹模型孔电火花加工方法选用

配合间隙mm	直接法	间接法	混合法	二次电极法
>0.20	□	☆	□	□
0.1 ~ 0.20	□	□	□	☆
0.1 ~ 0.015	☆	□	☆	☆
<0.015		□		

注：☆——最合适，□——尚可。

图2-78所示为电火花加工的凹模，凹模材料为T10A，与凸模的配合间隙单边为0.05 ~ 0.10 mm，加工余量为单边3 ~ 4 mm，刃口粗糙度R_a要求为0.8 μm。其加工过程如下：

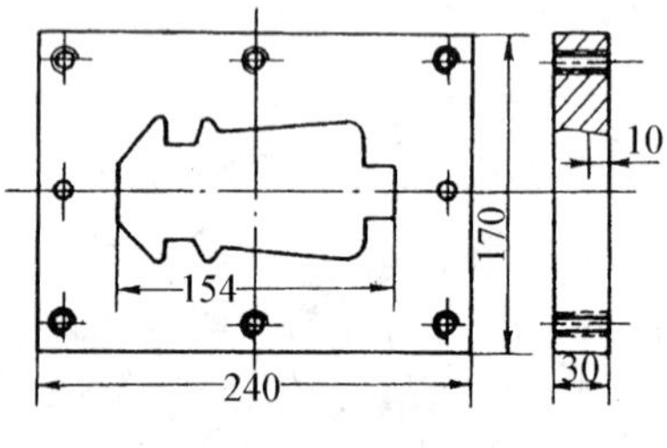

图2-78　用电火花加工的凹模

a．准备毛坯：用圆钢锻成方形毛坯，并退火。

b．刨削六个面。

c．平磨：磨上、下两平面和角尺面。

d．钳工划线。划出型孔轮廓线及螺孔、销孔位置。

e．切除中心废料。先在型孔适当位置钻孔，然后用带锯机去除中心废料。

f．螺孔和销孔加工。加工螺孔（钻孔、攻螺纹），加工销孔（钻孔、铰孔）。

g．热处理：淬火与回火，检查硬度，表面硬度要求达到58 ~ 62HRC。

h．平磨。磨上下两平面。

i．退磁处理。

j．电火花加工型孔。利用凸模加长一段铸铁后作为电极（如图2-79所示，L_1为凸模长度，L_2为电极

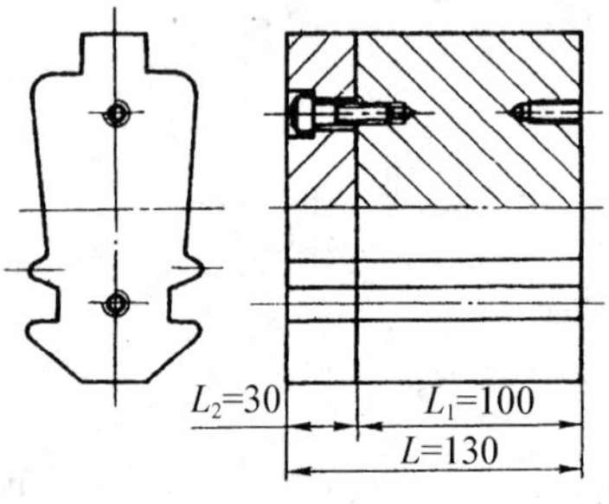

图2-79　电火花加工用的电极

长度），电加工完成后去掉铸铁部分后做凸模用。由于凸、凹模配合间隙较大（单边0.05～0.10 mm），故先用粗规准加工，然后调整平动头的偏心量，再用精规准加工，达到凸、凹模的配合间隙要求。

24. 冲裁模试冲时有哪些禁忌？

（1）冲裁模试冲时防止送料不畅或料被卡死的“四不准”

1）两导料板之间的尺寸不准过小或有斜度。

2）凸模与卸料板之间的间隙不准过大，否则会使搭边翻扭。

3）用侧刃定距的冲裁模，导料板的工作面和侧刃不准相互倾斜。

4）侧刃与侧刃挡块不准偏斜或不密合。

（2）冲裁模试冲时防止刃口相咬的“四不准”

1）上、下模座及固定板、凹模、垫板等零件安装面不准相互倾斜。

2）凸模与导柱等零件安装不准偏斜。

3）导柱与导套配合间隙不准过大。

4）卸料板的孔位不准歪斜或偏移。

（3）冲裁模试冲时防止卸料异常的“五不准”

1）卸料板与凸模配合不准过紧。

2）卸料板不准倾斜或偏移。

3）不准使用弹力不足的弹簧或橡皮。

4）凹模和下模座的漏料孔不准偏斜。

5）凹模不准有倒锥度以免工件堵塞。

（4）冲裁模试冲时防止冲件质量不好的“六不准”

冲件质量不好，主要是冲件有毛刺、冲件不平、落料外形和打孔位置不正，成偏位现象。为避免上述现象出现，下列情况不准出现：

1）不准刃口试卷钝或淬火硬度低，凸凹模配合间隙不准过大或过小。

2）凸凹模间隙不准不均匀，凹模不准有倒锥度。

3）顶料杆和工件接触面不准过小，导正钉与预冲孔配合不准过紧。

4）挡料钉不准移位或倾斜，落料凸模上导正钉不准尺寸过小。

5）导正板和凹模送料中心线不准倾斜。

6）侧刃定距不准超过偏差要求。

25. 弯曲回弹值如何确定？

由于影响回弹值的因素很多，它与材料的力学性能、板材的厚度、弯曲半径的大小以及弯曲时校正力的大小等因素有关。因此，要在理论上计算回弹值是有困难的，通常在模具设计时，按试验总结的数据来选用，经试冲后再对模具工作部分加以修正。

（1）查表法

如弯曲件的相对弯曲半径$r/t<5\sim8$时，在弯曲变形后，弯曲半径变化不大，只考虑角度的回弹。其值可按表2-40至表2-42查出，再在试模中修正。

表2-40　90°　单角自由弯曲时的回弹角

材　　料	$\frac{r}{t}$	材料厚度t		
		<0.8 mm	0.8 ~ 2 mm	>2 mm
软钢板　σ_b=350 MPa 黄　铜　σ_b=350 MPa 铝和锌	<1 1 ~ 5 >5	4° 5° 6°	2° 3° 4°	0 1° 2°
中等硬度的钢　σ_b=400 ~ 500 MPa 硬黄铜　σ_b=350 ~ 400 MPa 硬青铜	<1 1 ~ 5 >5	5° 6° 8°	2° 3° 5°	0 1° 3°
硬　钢　σ_b>550 MPa	<1 1 ~ 5 >5	7° 9° 12°	4° 5° 7°	2° 3° 6°
30CrMnSiA	<2 2 ~ 5 >5	2° 4° 30′ 8°	2° 4° 30′ 8°	2° 4° 30′ 8°
硬铝LY12	<2 2 ~ 5 >5	2° 4° 6° 30′	3° 6° 10°	4° 30′ 8° 30′ 14°
超硬铝LC4	<2 2 ~ 5 >5	2° 30′ 4° 7°	5° 8° 12°	8° 11° 30′ 19°

表2-41　单角90°　校正性弯曲时的回弹角

材　　料	r/t		
	≤1 mm	1 ~ 2 mm	2 ~ 3 mm
Q215、Q235 纯铜、铝、黄铜	−1° ~ 1° 30′ 0 ~ 1° 30′	0 ~ 2° 0 ~ 3°	1° 30′ ~ 2° 30′ 2° ~ 4°

表2-42　U形件弯曲时的回弹角

材料的牌号和状态	r/t	凹模和凸模的单边间隙c						
		0.8 t	0.9 t	1 t	1.1 t	1.2 t	1.3 t	1.4 t
		回弹角$\Delta\alpha$						
LY12（CZ）①	2	−2°	0°	2° 30′	5°	7° 30′	10°	12°
	3	−1°	1° 30′	4°	6° 30′	9° 30′	12°	14°
	4	0°	3°	5° 30′	8° 30′	10° 30′	14°	16° 30′
	5	1°	4°	7°	10°	11° 30′	15°	18°
	6	2°	5°	8°	11°	12° 30′	12° 30′	19° 30′

续表

材料的牌号和状态	r/t	凹模和凸模的单边间隙c						
		0.8 t	0.9 t	1 t	1.1 t	1.2 t	1.3 t	1.4 t
		回弹角Δα						
LY12（M）②	2	−1° 30′	0°	1° 30′	3°	5°	7°	8° 30′
	3	−1° 30′	0° 30′	2° 30′	4°	6°	8°	9° 30′
	4	−1°	1°	3°	4° 30′	6° 30′	9°	10° 30′
	5	−1°	1°	3°	5°	7°	9° 30′	11°
	6	−0° 30′	1° 30′	3° 30′	6°	8°	10°	12°
LC4（CZ）	3	3°	7°	10°	12° 30′	14°	16°	17°
	4	4°	8°	11°	13° 30′	15°	17°	18°
	5	5°	9°	12°	14°	16°	18°	20°
	6	6°	10°	13°	15°	17°	20°	23°
	8	8°	13° 30′	16°	16°	21°	23°	26°
LC4（M）	2	−3°	−2°	0	3°	5°	6° 30′	8°
	3	−2°	−1° 30′	2°	3° 30′	6° 30′	8°	9°
	4	−1° 30′	−1°	2° 30′	4° 30′	7°	8° 30′	10°
	5	−1°	−1°	3°	5° 30′	8°	9°	11°
	6	0	−0° 30′	3° 30′	6° 30′	8° 30′	10°	12°
20（已退火的）	1	−2° 30′	−1°	0° 30′	1° 30′	3°	4°	5°
	2	−2°	−0° 30′	1°	2°	3° 30′	5°	6°
	3	−1° 30′	0	1° 30′	3°	4° 30′	6°	7° 30′
	4	−1°	0° 30′	2° 30′	4°	5° 30′	7°	9°
	5	−0° 30′	1° 30′	3°	5°	6° 30′	8°	10°
	6	−0° 30′	2°	4°	6°	7° 30′	9°	11°
30CrMnSiA	1	−1°	−0° 30′	0	1°	2°	4°	5°
	2	−2°	−1°	1°	2°	4°	5° 30′	7°
	3	−1° 30′	0	2°	3° 30′	5°	6° 30′	8° 30′
	4	−0° 30′	1°	3°	5°	6° 30′	8° 30′	10°
	5	0	1° 30′	4°	6°	8°	10°	11°
	6	1° 30′	2°	5°	7°	9°	11°	13°
1Cr18Ni9Ti	1	−2°	−1°	−0° 30′	0	0° 30′	1° 30′	2°
	2	−1°	−0° 30′	0	1°	1° 30′	2°	3°
	3	−0° 30′	0	1°	2°	2° 30′	3°	4°
	4	0	1°	2°	2° 30′	3°	4°	5°
	5	0° 30′	1° 30′	2° 30′	3°	4°	5°	6°
	6	1° 30′	2°	3°	4°	5°	6°	7°

注：①C表示淬火状态，Z表示自然时效；②M表示退火状态。

表2-42中的符号见图2-80所示。

（2）计算法

当工件相对弯曲半径$r/t>5\sim8$时，在弯曲变形后，不仅角度回弹较大，而且弯曲半径也有较大变化。模具设计时，可先计算出回弹值，在试模时再修正。

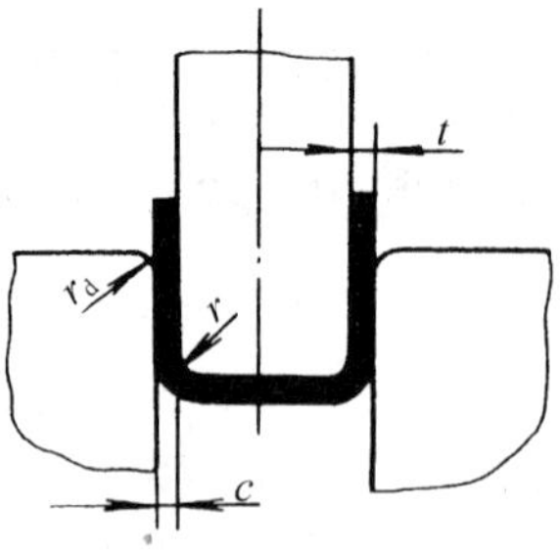

图2-80　U形件弯曲

弯曲半径时：

凸模圆角半径

$$r_P=\frac{1}{\frac{1}{r}+\frac{3\sigma_s}{Et}}$$

凸模圆弧所对中心角

$$\alpha_P=\frac{r\alpha}{r_P}$$

式中　r_p——凸模的圆角半径（mm）；

r——弯曲件圆角半径（mm）；

α_p——凸模圆弧所对中心角（°）；

α——弯曲件弯曲角（°）；

σ_s——弯曲件材料屈服强度（MPa）；

E——材料拉压弹性模量（MPa）；

t——材料厚度（mm）。

弯曲圆形截面棒料时：

$$r_P=\frac{1}{\frac{1}{r}+\frac{3.4\sigma_s}{Ed}}$$

其余符号同上。

26. 弯曲模结构设计有哪些禁忌？

1）毛坯放置在模具上应保证可靠的定位。

2）在压弯过程中，应防止毛坯的滑动。

3）为了减小回弹，在冲程结束时应使工件在模具中得到校正。

4）弯曲模的结构应考虑到制造与维修中减小回弹的可能。

5）毛坯放入到模具上和压弯后从模具中取出工件要方便。

27. 如何进行模具零件的车削加工？

车床的种类很多，其中以卧式车床的通用性较好，应用最为广泛。在模具加工中应用主要如下：

（1）圆盘类、轴类零件的加工

圆盘类和轴类零件指模具的导柱、导套、顶杆、模柄等，通常这些零件的回转表面采用车削完成粗精加工，精度可达IT6～IT8，表面粗糙度R_a为1.6～0.8 μm，对要求较高的工作面与配合面尚需磨削加工。

（2）局部圆弧面的加工

如图2-81所示分模面在模具中比较常见，为保证模具准确对合，必须保证对合面圆弧半径尺寸精度。可在花盘上找正定位后加工，精度由百分表测量控制。有时也采用先加工一个完整圆盘，再用线切割等方法取出一个或几个模块。

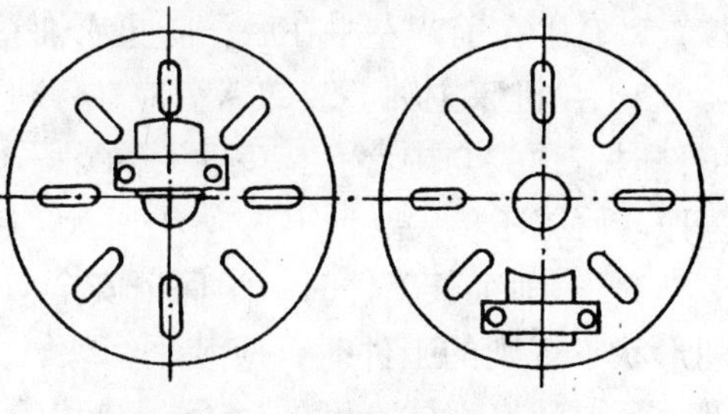

图2-81　局部圆弧面的加工

（3）回转曲面的粗加工或半精加工

尺寸大的曲面可采用仿形加工法，如图2-82（a）所示；尺寸小的曲面可采用成形刀加工法，如图2-82（b）所示；对拼型腔在车床上加工时，为保证型腔尺寸准确对合，通常应预先将各镶件间的接合面磨平，两板用销钉定位，螺钉紧固组成一个整体后才进行车削，如图2-82（c）所示。

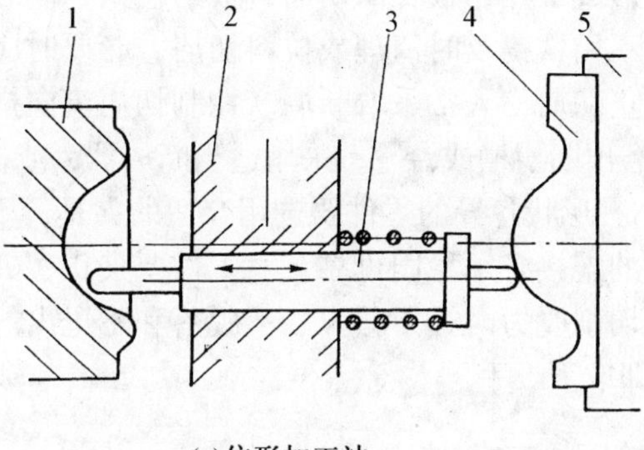

(a)仿形加工法

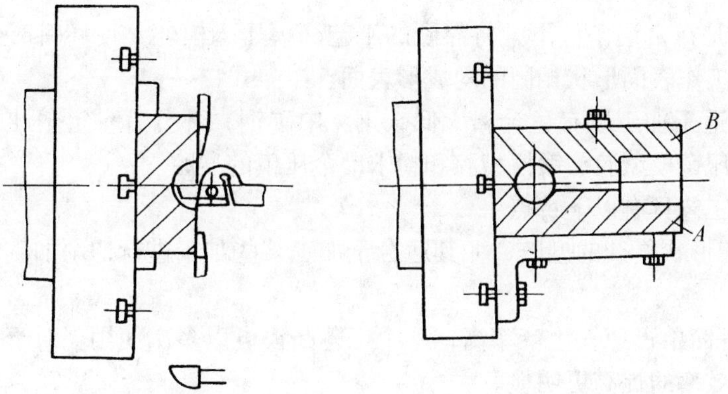

(b)成形刀加工法　　(c)对拼型腔在车床上加工

1-工件　2-板架　3-刀架　4-靠模　5-靠模支架

图2-82　回转曲面的车削加工

28. 模具零件车削加工有哪些安全禁忌？

1）工作前切忌不全面检查机床，要确认机床良好方可使用。工件及刀具的装夹保证位置正确、牢固可靠。加工过程中，更换刀具、装卸及测量工件时，切忌不停机。工件在旋转时忌用手触摸或用棉丝擦拭。要适当选择切削速度、进给量和背吃刀量，忌超负荷加工。主轴箱、刀架及床面上忌放置工件和夹具及其他杂物。使用锉刀时要将车刀移到安全位置，右手在前，左手在后，防止衣袖卷入机床。

2）在机床主轴上装卸卡盘应在停机后进行，忌用电动机的力量取下卡盘。用顶尖装夹工件时，顶尖与中心孔应安全一致，不能用破损或歪斜的顶尖，使用前应将顶尖和中心孔擦净。后尾座顶尖要顶牢。

3）车削细长工件时，为保证安全应采用中心架或跟刀架，长出车床部分应有标志。车削形状不规则的工件时，应装平衡块，并试转平衡后再切削。刀具装夹要牢靠，刀头伸出部分不要超出刀体高度的1.5倍，垫片的形状尺寸应与刀体形状尺寸相一致，垫片应尽可能的少而平。

4）除车床上装有运转中自动测量装置外，均应停机测量工件，并将刀架移动到安全位置。

5）车床上加工的各种钢料零件韧性较好，车削时所产生的切屑会塑性卷曲，边缘比较锋利。在高速切削钢件时会形成红热、很长的切屑，极易伤人，同时经常缠绕在工件，车刀及刀架上，所以工作时忌不用铁钩及时清理或拉料切屑，必要时应停机清除，但绝对不许用手去清除或拉断。为防止切屑伤人常采取断屑、控制切屑流向措施和加设各种防护挡板。断屑的措施是在车刀上磨出断屑槽或台阶；采用适当断屑器，或机械夹固刀具。

6）工件的装夹。对大小、形状各异的零件要选用合适的夹具，不论三爪自定心、四爪单动卡盘或专用夹具和主轴的连接必须稳固可靠。对工件要夹正、夹紧，大工件夹紧可用套管，保证工件高速旋转并切削受力时，不移位、不脱落和不甩出。必要时可用顶尖、中心架等增强夹固。卡紧后立即取下扳手。

29. 如何进行型腔的冷挤压加工?

冷挤压加工是在常温条件下，将淬硬的工艺凸模压入模坯，使坯料产生塑性变形，以获得与工艺凸模工作表面形状相同的内成形表面。

冷挤压方法适于加工以有色金属、低碳钢、中碳钢，部分有一定塑性的工具钢为材料的塑料模型腔、压铸模型腔、锻模型腔和粉末冶金压模的型腔。

型腔冷挤压工艺具有以下特点：

1）可以加工形状复杂的型腔，尤其适合于加工某些难于进行切削加工的形状复杂的型腔。

2）挤压过程简单迅速，生产率高，一个工艺凸模可以多次使用。对于多型腔凹模采用这种方法，生产效率的提高更明显。

3）加工精度高（可达IT7或更高），表面粗糙度小（$R_a \approx 0.16\ \mu m$）。

4）冷挤压的型腔，材料纤维未被切断，金属组织更为紧密，型腔强度高。

（1）冷挤压方式

型腔的冷挤压加工分为封闭式冷挤压和敞开式冷挤压。

1）封闭式冷挤压。封闭式冷挤压是将坯料放在冷挤压模套内进行挤压加工，如图2–83所示。在将工艺凸模压入

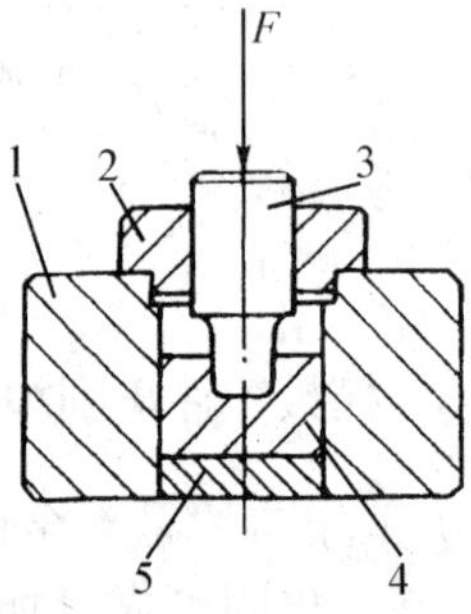

1–模套　2–导向套　3–工艺凸模　4–模坯　5–垫板

图2–83　封闭冷挤压

坯料的过程中，由于坯料的变形受到模套的限制，金属只能朝着工艺凸模压入的相反方向产生塑性流动，迫使变形金属与工艺凸模紧密贴合，提高了型腔的成形精度。由于金属的塑性变形受到限制，所以需要的挤压力较大。

对于精度要求较高、深度较大、坯料体积较小的型腔宜采用这种挤压方式加工。

由于封闭式冷挤压是将工艺凸模和坯料约束在导向套与模套内进行挤压，除使工艺凸模获得良好的导向外，还能防止凸模断裂或坯料开裂飞出。

2）敞开式冷挤压。敞开式冷挤压在挤压型腔毛坯外面不加模套，如图2–84所示。这种方式在挤压前，其工艺准备较封闭式冷挤压简单。被挤压金属的塑性流动，不但沿工艺凸模的轴线方向，也沿半径方向（如图2–84中箭头所示）流动。因此敞开式冷挤压只宜在模坯的端面积与型腔在模坯端面上的投影面积之比较大，及模坯厚度和型腔深度之比较大的情况下采用。否则，坯料将向外胀大或产生很大翘曲，使型腔的精度降低甚至使坯料开裂报废。所以，敞开式冷挤压，只在加工要求不高的浅型腔时采用。

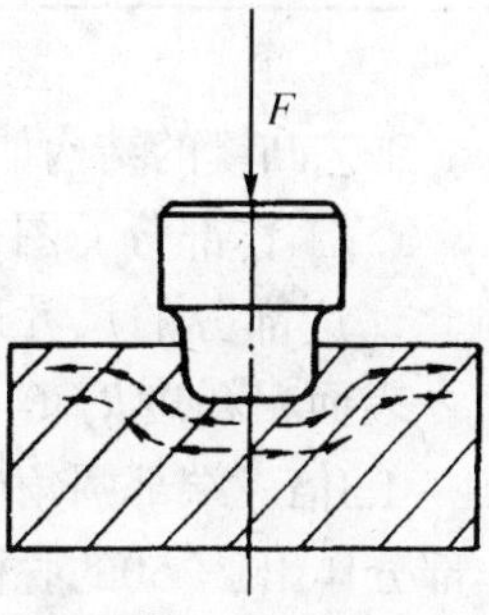

图2–84　敞开式冷挤压

（2）冷挤压的工艺准备

1）冷挤压设备的选择。型腔冷挤压所需的力，与冷挤压方式、模坯材料及其性能、挤压时的润滑情况等许多因素有关，一般采用下列公式计算

$$F=pA$$

式中　F——挤压力（N）；

A——型腔投影面积（mm^2）；

p——单位挤压力（MPa）。

见表2–43。

表2–43　坯料抗拉强度与单位挤压力的关系　（MPa）

坯料抗拉强度σ_b	250～300	300～500	500～700	700～800
单位挤压力p	1 500～2 000	2 000～2 500	2 500～3 000	3 000～3 500

由于型腔冷挤压所需的工作运动简单、行程短、挤压工具和坯料体积小、单位挤压力大、挤压速度低，所以冷挤压一般选用构造不太复杂的小型专用油压机作为挤压设备。要求油压机刚性好、活塞运动时导向准确；工作平稳，能方便观察挤压情况和反映挤入深度；有安全防护装置（防止工艺凸模断裂或坯料崩裂时飞出）。

2）工艺凸模和模套设计。

① 工艺凸模。工艺凸模在工作时要承受极大的挤压力，其工作表面和流动金属之间作用着极大的摩擦力。因此，工艺凸模应有足够的强度、硬度和耐磨性，在选择工艺凸模材料及结构时，应满足上述要求。此外，凸模材料还应有良好的切削加工性。表2–44列出了根据型腔要求选用工艺凸模材料及所能承受的单位挤压力，其热处理硬度达到61～64HRC。

表2-44　工艺凸模材料的选用

工艺凸模形状	选用材料	能承受的单位挤压力p
简　单	T8A、T10A、T12A	2 000～2 500 MPa
中　等	CrWMn、9CrSi	
复　杂	Cr12V、Cr12MoV、CrTiV	2 500～3 000 MPa

工艺凸模的结构如图2-85所示，它由以下3个部分组成：

a．工作部分。图2-85中的L_1段。工作时这部分要挤入型腔坯料中，因此，这部分的尺寸应和型腔设计尺寸一致，其精度比型腔精度高一级。表面粗糙度R_a=0.32～0.08 μm。一般将工作部分长度取为型腔深度1.1～1.3倍。端部圆角半径$r \geqslant 0.2$ mm。为了便于脱模，在可能情况下将工作部分作出1：50的脱模斜度。

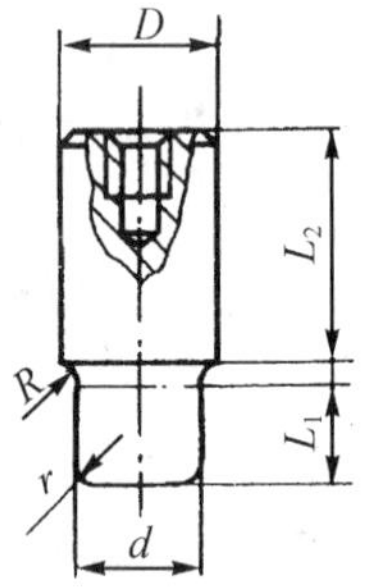

图2-85　工艺凸模

b．导向部分。图2-85中的L_2段。用来和导向套的内孔配合，以保证工艺凸模和工作台面垂直，在挤压过程中可防止凸模偏斜，保证正确压入。一般取D=1.5d，$L_2 >$（1～1.5）D。外径D与导圈配合为$H8/h7$，表面粗糙度R_a=1.25 μm。端部的螺孔是为了便于将工艺凸模从型腔中脱出而设计的，脱模情况如图2-86所示。

c．过渡部分。过渡部分是工艺凸模工作端和导向端的连接部分。为减少工艺凸模的应力集中，防止挤压时断裂，过渡部分采用较大半径的圆弧平滑过渡，一般$R \geqslant 5$ mm。

②模套。在封闭式冷挤压时，将型腔毛坯置于模套中进行挤压。模套的作用是限制模套金属的径向流动，防止坯料破裂。模套有以下2种：

a．单层模套。图2-87所示为单层模套。实验证明，对于单层模套，比值r_2/r_1越大则模套强度越大。但当$r_2/r_1 > 4$以后，即使再增加模套的壁厚，强度的增大也不明显，所以实际应用中常取$r_2=4r_1$。

b．双层模套。如图2-88所示为双层模套。将有一定过盈量的内、外层模套压合成为一个整体，使内层模套在尚未使用前，预先受到外层模套的径向压力而形成一定的预应力。

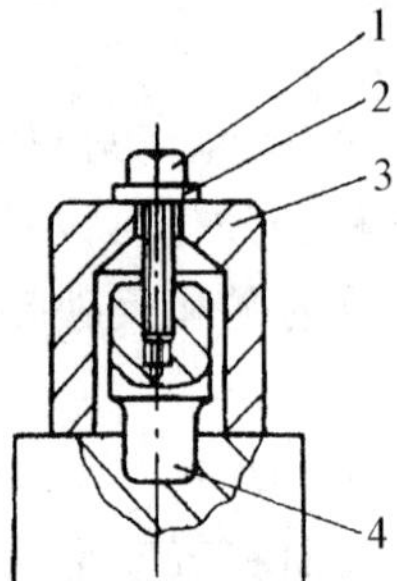

1-脱模螺钉　2-垫圈　3-脱模套
4-工艺凸模　5-模坯
图2-86　螺钉脱模

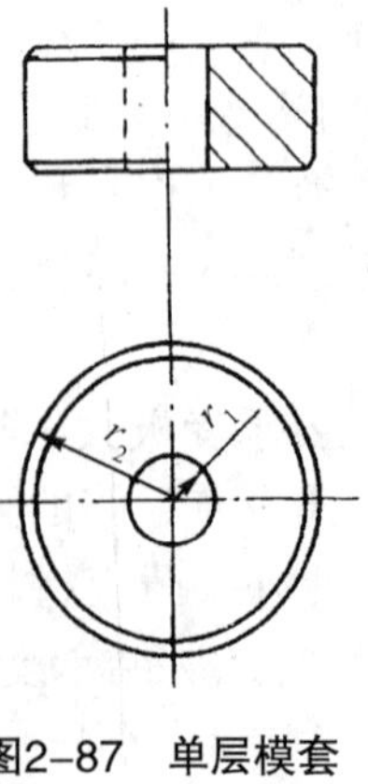

图2-87　单层模套

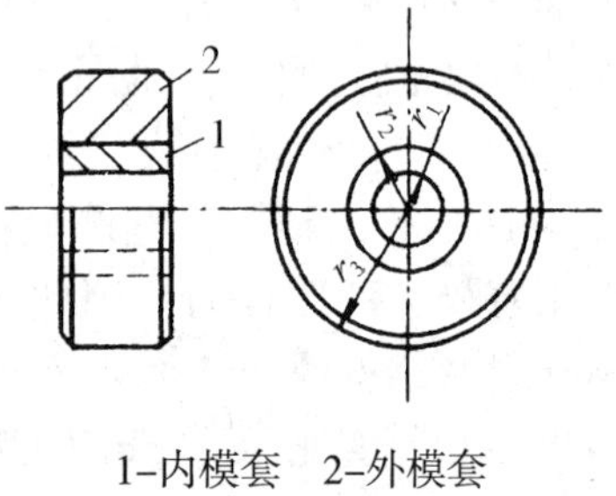

1-内模套　2-外模套
图2-88　双层模套

这样就可以比同样尺寸的单层模套承受更大的挤压力。由实践和理论计算证明，双层模套的强度约为单层模套的1.5倍。各层模套尺寸分别为：r_3=（3.5～4）r_1，r_2=（1.7～1.8）r_1。内模套与坯料接触部分的表面粗糙度为R_a=0.16～1.25 μm。

单层模套和内模套的材料一般选用45钢、40Cr等材料制造，热处理硬度43～48 HRC。外层模套材料为Q235或45钢。

③模坯准备。冷挤压加工时，模坯材料的性能、组织，以及模坯的形状、尺寸和表面粗糙度等对型腔的加工质量都有直接影响。为了便于进行冷挤压加工，模坯材料应具有低的硬度和高的塑性，型腔成形后其热处理变形应尽可能小。

宜于采用冷挤压加工的材料有：铝及铝合金、铜及铜合金、低碳钢、中碳钢以及部分工具钢及合金钢，如10、20、20Cr、T8A、T10A、3Cr2W8V等。

坯料在冷挤压前必须进行热处理（低碳钢退火至100～160HBS，中碳钢球化退火至160～200HBS），提高材料的塑性、降低强度以减小挤压时的变形抗力。

在决定模坯的形状尺寸时，应同时考虑模具的设计尺寸要求和工艺要求，模坯的厚度尺寸与型腔的深度，以及模坯的端面积与型腔在端面上投影面积之间的比值要足够大，以防止在冷挤压时模坯产生翘曲或开裂。

封闭式冷挤压坯料的外形轮廓，一般为圆柱体或圆锥体，其尺寸按以下经验公式确定［如图2-89（a）所示］。

$$D=(2\sim2.5)d$$

$$h=(2.5\sim3)h_1$$

式中 D——坯料直径（mm）；

d——型腔直径（mm）；

h——坯料高度（mm）；

h_1——型腔深度（mm）。

有时为了减小挤压力，可在模坯底部加工出减荷穴，如图2-89（b）所示。减荷穴的直径d_1=（0.6～0.7）d，减荷穴处切除的金属体积约为型腔体积的60%。但当型腔底面需要同时挤出图案或文字时，坯料不能设置减荷穴。相反时，应将模坯顶面作面球面，如图2-90（a）所示，或在模坯底面垫一块和图案大小一致的垫块，如图2-90（b）所示，以使图案文字清晰。

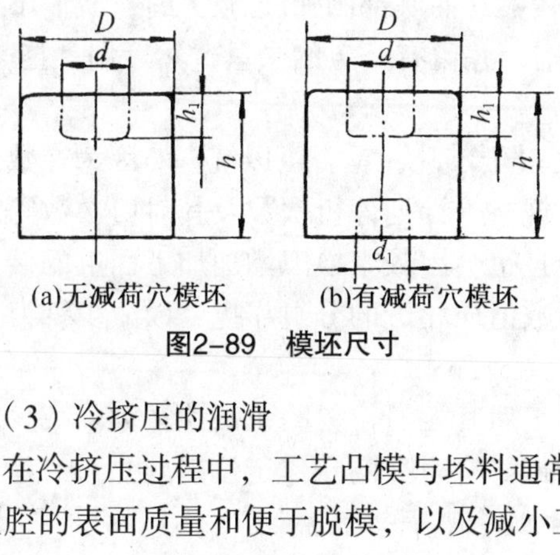

(a)无减荷穴模坯　(b)有减荷穴模坯

图2-89　模坯尺寸

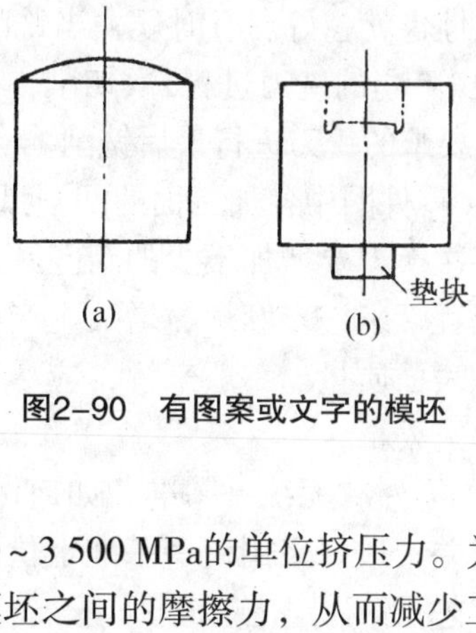

(a)　(b)

图2-90　有图案或文字的模坯

（3）冷挤压的润滑

在冷挤压过程中，工艺凸模与坯料通常要承受2 000～3 500 MPa的单位挤压力。为了提高型腔的表面质量和便于脱模，以及减小工艺凸模和模坯之间的摩擦力，从而减少工艺凸模破坏的可能性，应当在凸模与坯料之间施以必要的润滑。为保证良好润滑，防止在高压下润滑剂被挤出润滑区，最简便的润滑方法是将经过去油清洗的工艺凸模与坯料，在硫酸铜饱和溶液中浸渍3～4 s，并涂以凡士林或机油稀释的二硫化钼润滑剂。

另一种较好的润滑方法是将工艺凸模进行镀铜或镀锌处理，而将坯料进行除油清洗后，放入磷酸盐溶液中进行浸渍，使坯料表面产生一层不溶于水的金属磷酸盐薄膜，厚度一般为5～15 μm，这层金属磷酸盐薄膜与基体金属结合十分牢固，能承受高温（其耐热能力可达600 ℃）和高压，并具有多孔性组织，能储存润滑剂。挤压时再用机油稀释的二硫化钼作润滑，涂于工艺凸模和模坯表面，就可以保证高压下坯料与工艺凸模隔开，防止在挤压过程中产生凸模和坯料粘附的现象。在涂润滑剂时，要避免润滑剂在文字或花纹内堆集，影响文字、图形的清晰。

30. 数控铣削如何加工？

（1）数控铣削的工艺性分析

数控铣削加工的工艺性分析关系到加工效果和成败，是编程前需要的工艺准备工作之一，不可轻视。针对数控铣削加工的特点，下面列举一些经常遇到工艺性问题，作为工艺性分析要点来加以讨论。

1）图样尺寸的标注方法是否方便编程，构成工件轮廓图形的各种几何元素的条件是否充分，各几何元素的相互关系（如相切、相交、垂直和平行等）是否明确等。

2）零件所要求的加工精度、尺寸公差是否可以得到保证，绝对不可以认为数控机床加工精度高就放弃这种分析。实践经验证明，面积较大的薄板如厚度又小于3 mm，其厚度的尺寸公差及表面粗糙度要求是很难保证的。

3）内槽及缘板之间的内接圆弧是否太小？因为这种内圆弧半径R常常限制刀具的直径。一般来说，当$R<0.2H$（H为被加工轮廓面的最大高度）时，可以判定为零件该部位的工艺性不好。

4）零件铣削面的槽底面圆角或腹板与缘板相交处的圆角半径r是否太大？当r越大，铣刀端刃铣削平面的能力越差，效率也越低。当r大到一定程度时就必须用球头刀（圆头铣刀）加工，这是应当尽量避免的。因为平头铣刀与铣削平面接触的最大直径$d=D-2r$（D为铣刀直径），当D越大而r越小时，铣刀端刃铣削平面的面积越大，加工平面的能力越强，铣削工艺性也就越好。有时候，当铣削的底面面积较大，而底部圆弧r也较大时，我们不得不用两把R不同的铣刀进行2次切削：先用R大的切削，并留有一定的余量，然后用一把r符合零件图要求的铣刀进行最后铣削。

5）零件图中各加工面的凹圆弧（R与r）是否过于零乱，是否可以统一？因为在数控铣床上多次换刀要增加不少的新问题，如增加铣刀规格、计划停机次数及其对刀次数等。不但给编程带来许多麻烦，增加生产准备时间，而且也会因频繁换刀增加加工面上的接刀印而影响表面质量。一般来说，应尽力将圆弧半径数值向相近的分组靠拢，以减少铣刀规格与换刀次数。

6）零件有无统一基准，如何保证2次装夹加工后其相对位置的正确性？为了减少两次装夹误差，最好采用统一基准定位。因此零件上最好有合适的孔作定位基准孔，或是专门设置工艺孔作为定位基准。

7）分析零件的形状及材料的热处理状态，会不会在加工过程中变形？通常，要采取一些必要的工艺措施进行预防，如对钢件进行调质处理，对铸铝进行退火处理，或是用粗、精加工方法等。

8）采用什么样的切削路线（轮廓仿形还是周期性进给）才能保证加工质量？需根据零件形状决定。在轮廓仿形时，加工腔体一般选用逆时针方向进给，而加工型芯则选用顺时针方向进给。

（2）平面与曲面加工的工艺处理

1）平面轮廓加工。这类零件的表面多由直线和圆弧或各种曲线构成，常用两坐标联动的三坐标数控铣床加工，是模具制造中常见的一种，编程也较简单。

图2-91是由直线和圆弧构成的平面轮廓。工件的轮廓为ABCDEA，采用圆柱铣刀周向加工，刀具半径为r。双点画线为刀具中心的运动轨迹。当机床具备G41，G42功能并可跨象限编程时，则按轮廓AB、BC、CD、DE、DA划分程序段。当机床不具备刀具半径补偿功能时，则应按刀心轨迹$A'B'$，$B'C'$，$C'D'$，$D'E'$，$E'A'$划分程序段，并按单点划线所示的坐标值编程。对于按象限划分圆弧程序段时，则程序段数相应增加。为了保证加工面平滑过渡，增加了切入外延PA'、切出外延$A'K$、让刀KL以及返回LP等程序段。加工时，应尽可能避免法向切入和进给中途停顿。

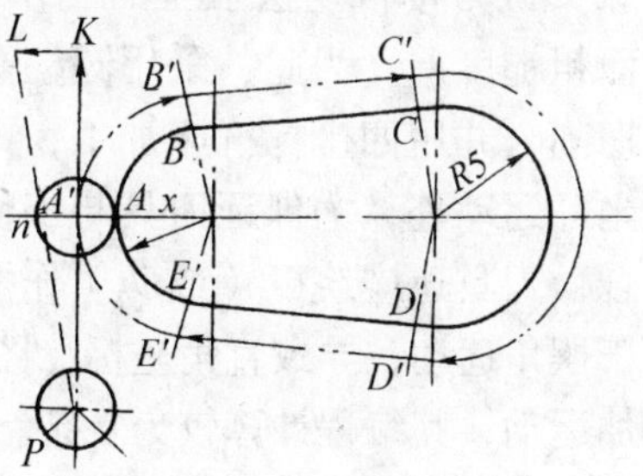

图2-91　平面轮廓铣削

直线与直线相交时，应根据刀心轨迹编程或采用必要的棱角过渡。当平面轮廓为任意曲线时，由于实现任意曲线的数控装置是相当复杂甚至是不可能的，而一般的数控装置只具备直线和圆弧插补功能，所以常用多个直线或圆弧段去逼近它。

2）曲面两坐标联动的加工。x，y，z三轴中任意二轴作插补联动，第三轴作单独的周期进刀，常称二轴半（2.5轴）联动。如图2-92所示，将x向分成若干段，圆头铣刀沿yz面所截的曲线进行铣削，每段加工完成后进给Δx，再加工另一相邻曲线，如此依次切削即可加工出整个曲面。由于它是一行行截面加的，故称“行切法”。根据表面粗糙度要求及刀头不干涉相邻表面的原则选取Δx。行切法加工曲面不易干涉毗邻表面，计算也比较简单。球头铣刀的刀头半径选得大一些，有助于减小加工表面的粗糙度值、增加刀具刚性及改善散热条件等，但刀头半径必须小于曲面的最小曲率半径。

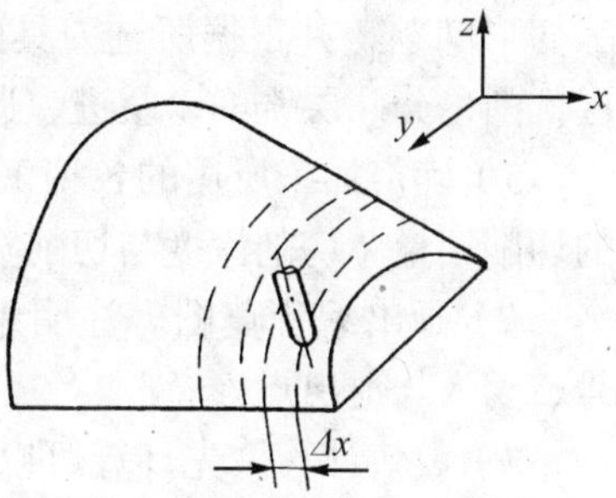

图2-92　曲面行切法

用球头铣刀加工曲面时，一般都是用刀心轨迹的数据进行编程。在这种情况下，当曲面的曲率变化时，会导致球头刀与曲面切削点的位置亦随之改变，从而在曲面上形成扭曲的残留沟纹。

由于二轴半坐标加工的刀心轨迹是一条平面曲线，所以编程计算比较简单，数控逻辑装置也不复杂，常用于曲率变化不大及精度不高的加工场合。

3）曲面三坐标联动加工。亦即x，y，z坐标可同时插补联动。用三坐标联动加工曲面时，通常也用行切法。如图2-93所示，P平面为平行yz坐标的一个行切面，若要求它与曲面的交线ab为一条平面曲线，应使球头刀与曲面的切削点总是处在平面曲线ab上（即沿ab切削），以获得规则的残留沟纹，保证加工质量。显然，这时的刀心轨迹O_1O_2不在Pyz平面上，而是一条空间曲线（实际上是空间折线），因此需要x，y，z三轴联动加工。

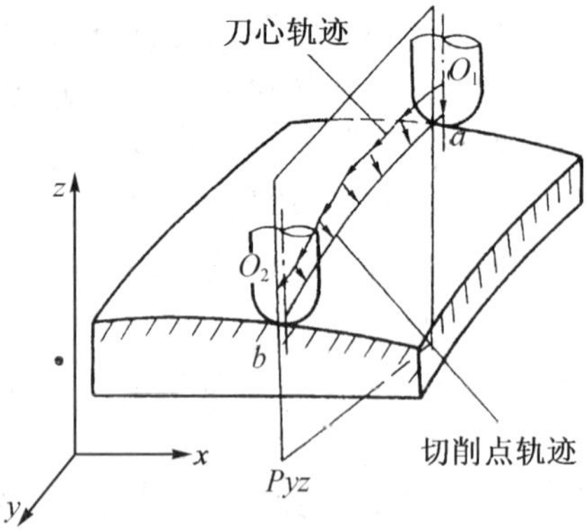

图2-93　三坐标联动加工

三轴联动加工常用于复杂空间曲面的精确加工，但编程计算较为复杂，所用机床的数控装置还必须具备三坐标联动功能。

4）曲面四坐标联动加工。如图2-94所示的工件，侧面为直纹扭曲面。若在三坐标联动的机床上用球头铣刀按行切法加工时，不但生产率低，而且表面粗糙度差。为此，采用圆柱平头铣刀周边切削，并用四坐标铣床加工，即除三个直线坐标运动外，为保证刀具与工件型面始终贴合，刀具还应绕O_1（或O_2）作摆角联动。由于摆角运动，导致直角坐标（图中y）需作附加运动，其编程计算较为复杂。

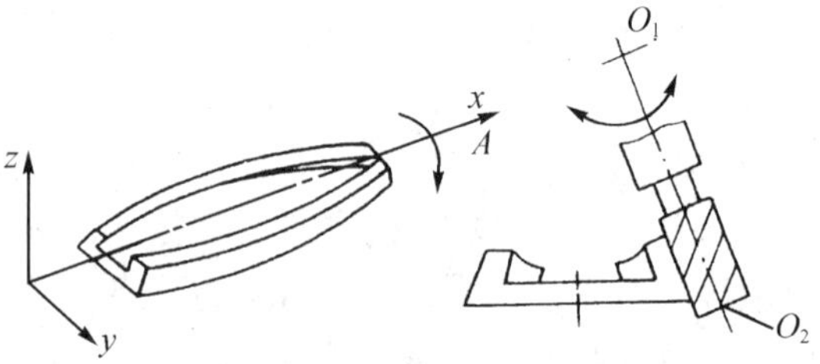

图2-94　四坐标联动加工

（3）数控铣削程序的编制过程

1）对零件图进行工艺分析。确定加工部位，解决如何安装与定位的工艺问题等。

2）确定工艺装备。解决用什么夹具来装夹工件，具体选用哪几种规格的铣刀来加工。

3）确定编程的工件坐标系、工件原点、对刀位置及对刀方法等。

4）确定加工路线、刀具运动方向及运动轨迹。这时还应注意分析毛坯的余量状况，加工变形问题，并根据所选刀具的刚性及切削性能，确定在余量大的部位要不要采取局部分层铣削，分几层铣削以及进、退刀等。

5）确定加工所用的各种工艺参数。包括主轴转速（S）、进给速度（F）、每次起家刀的切削用量（切削深度与切削宽度），并按加工顺序将所用刀具列表编号。

6）画出编程草图。注明编程用的原点及坐标系，并对各节点及圆心位置注上字母代号、切入与退出点等。

7）数值计算。先计算可以直接从图纸所给条件算出的各节点坐标，再计算待定节点坐标（如切点、圆心或交点等）及圆弧起点与终点相对于圆心的坐标值。有的数控铣床还要求计算出各节点处各坐标轴方向的刀具半径补偿分量。当遇到需作图形偏移处理时，应更改或修正编程草图，然后按偏移处理计算。在计算各节点坐标时，最好按编程的坐标系算出绝对坐标值，这样编程时将更方便且不易出错。

8）填写程序单。根据编程的草图及走刀线路，按铣刀前进方向逐段编写。编写时应注意所用代码及格式要符合所用机床的功能及用户编程说明书的要求。

9）按程序单制作控制介质。根据各机床控制系统输入程序方式的不同，目前常用的程序介质有纸带的磁盘，也有直接键入的。

10）校验程序。目的是保证制作的控制介质准确无误，除认真检查程序单外，还要将控制介质输入数控装置，在其CRT屏幕上校验，或是让机床空走或试切。

11）编写程序说明卡或走刀线路图。

12）修订技术文件。经试切和首件生产之后，修改与完善数控加工技术文件，技术文件包括：程序单、程序说明卡、走刀线路图、工艺规格及控制介质等。

31. 电火花线切割加工工艺如何制定？

电火花加工工艺见表2-45。

表2-45　电火花线切割加工工艺

序号	工序名称	工艺说明	注意事项
1	坯料准备	首先将坯料经锻、刨、磨等机械加工成六面体坯件	按图纸检验坯件是否符合要求
2	钳　工	（1）在确定的起点位置1～2 mm处，钻一个电极丝引孔，孔径为2～3 mm （2）将凹模所有螺钉孔及销钉孔全部加工出来	其孔最好钻到凹模孔形线内，对于凸模应钻到形线外
3	热处理	按工艺要求，使凹模淬硬	按要求检验硬度
4	编程序	按图纸编制程序，并输入计算机	要严格审核程序，并对复杂程序先进行空机运转或用薄钢板试割，确认无误后再进行正式加工
5	装夹零件	（1）装夹被加工零件 （2）穿好电极丝	首先要调整好位置，然后固定牢固
6	开机加工	启动机床进行切割	（1）进给速度应根据零件的厚度、材质等因素在加工前调整好，也可在切割工艺时进行调整，使电流表针稳定为止 （2）加工时，应随时清除异物和电蚀产物、杂质，为确保模具加工的高精度，在每段程序完成之后，应检查纵横拖板手轮刻线值是否与指令规定的坐标相符。如发现差错，应及时处理，以免使零件报废 （3）不要中途停机，以免在零件上留下中断痕迹 （4）出现断丝，应立即关闭脉冲电源和变频开关，再关闭工作液泵及走丝电机。把变频开关粗调置于“手动”，打开变频开关，让机床按程序走完，最后回到起点穿丝重新加工

32. 电火花穿孔加工有哪些禁忌？

1）对穿孔加工部位进行预加工，注意要余量均匀。

2）按工件硬度要求进行热处理。

3）上、下两平面要磨平。

4）不能有生锈且要退磁（防止加工时对蚀除物产生磁力影响，从而避免产生拉弧烧伤现象）。

5）划线要准确清晰。

33. 电火花线切割加工如何操作?

（1）电火花线切割加工工艺

电火花线切割加工工艺见表2–46。

表2–46　电火花线切割加工工艺

序号	工序名称	工艺说明	注意事项
1	坯料准备	首先将坯料经锻、刨、磨等机械加工成六面体坯件	按图纸检验坯件是否符合要求
2	钳　工	（1）在确定的起点位置1～2 mm处，钻一个电极丝引孔，孔径为2～3 mm （2）将凹模所有螺钉孔及销钉孔全部加工出来	孔最好钻到凹模孔形线内，对于凸模应钻到形线外
3	热处理	按工艺要求，使凹模淬硬	按要求检验硬度
4	编程序	按图纸编制程序，并输入计算机	要严格审核程序，并对复杂程序先进行空机运转或用薄钢板试割，确认无误后再进行正式加工
5	装夹零件	（1）装夹被加工零件 （2）穿好电极丝	首先要调整好位置，然后固定牢固
6	开机加工	启动机床进行切割	（1）进给速度应根据零件的厚度、材质等因素在加工前调整好，也可在切割工艺时进行调整，使电流表针稳定为止 （2）加工时，应随时清除异物和电蚀产物、杂质。为确保模具加工的高精度，在每段程序完成之后，应检查纵横拖板手轮刻线值是否与指令规定的坐标相符。如发现差错，应及时处理，以免使零件报废 （3）不要中途停机，以免在零件上留下中断痕迹 （4）出现断丝，应立即关闭脉冲电源和变频开关，再关闭工作液泵及走丝电机。把变频开关粗调置于“手动”，打开变频开关，让机床按程序走完，最后回到起点穿丝重新加工

（2）数控程序编制法

1）斜线与圆弧的加工指令。斜线的加工指令有4种，平行坐标轴的线称直线，如图2–95所示。圆弧的加工指令有8种，如图2–96所示。

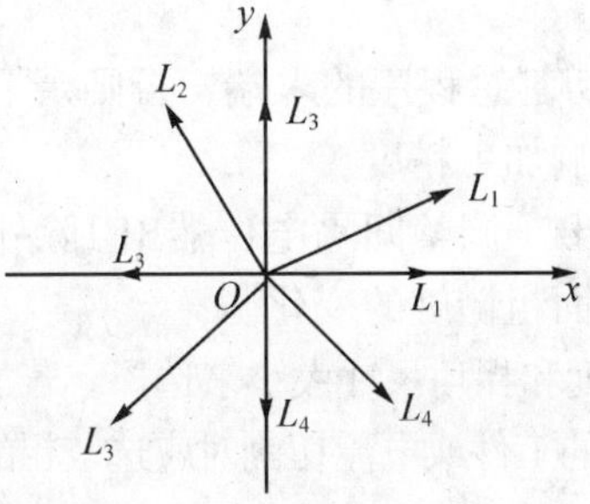

图2–95　斜线（直线）加工指令

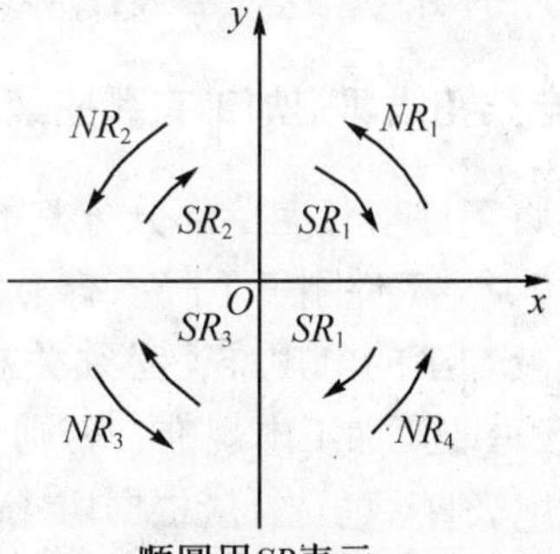

顺圆用SR表示，
逆圆用NR表示

图2–96　圆弧加工指令

2）计数方向。选取X拖板方向进经总长度计数的称为计X，用G_x表示。选取Y拖板方向进给总长度计数的称为计Y，用G_Y表示。为保证加工精度，须正确选取计数方向，如图2–97所示。

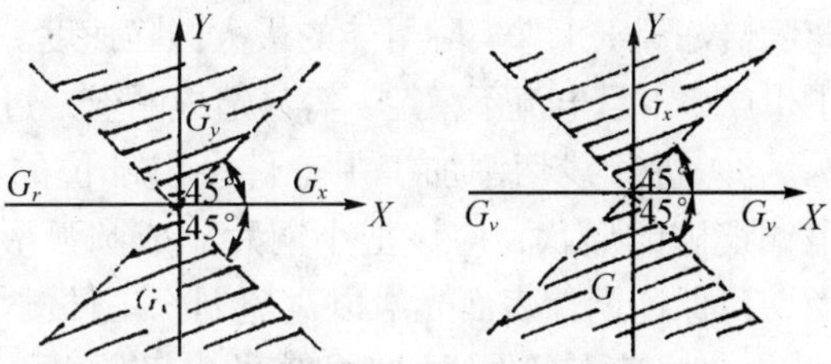

(a)斜体计数方向的选取　(b)圆弧计数方向的选取

图2–97　计数方向选取

3）计数长度。从起点某个方向拖板移动的总距离，作为计数长度。计数方向确定后，计数长度就是被加工直线或曲线在该方向投影长度的总和。圆弧则可能跨越几个象限，须正确计算计数长度，如图2–98所示。

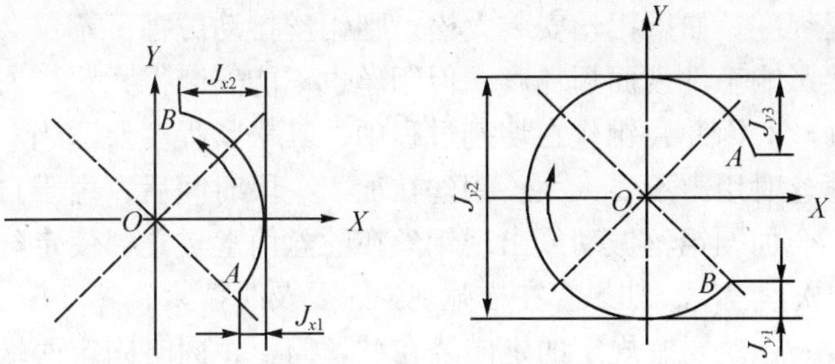

(a)取Gx计数长度$J=J_{x1}+J_{x2}$　(b)取Gy计数长度$J=J_{y1}+J_{y2}-J_{y3}$

图2–98　圆弧计数长度计算

4）间隙补偿。它是通过数控线切割机作偏移运算来实现的。将圆弧半径加大称为正补偿，圆弧半径减小称为负补偿。图2–99中，输入凸圆弧DE程序以后，线切割机会自动将其变成$D'E'$的程序（作正补偿时），或变成$D''E''$的程序（作负补偿时）。图示中的零件$DEFGHI$，只要通过间隙补偿同时改变三处圆弧的程序（斜线程序不变），即能得到不同尺寸的零件$D'\ E'\ F'\ G'\ H'\ I'$ 和$D''\ E''\ F''\ G''\ H''\ I''$，进而满

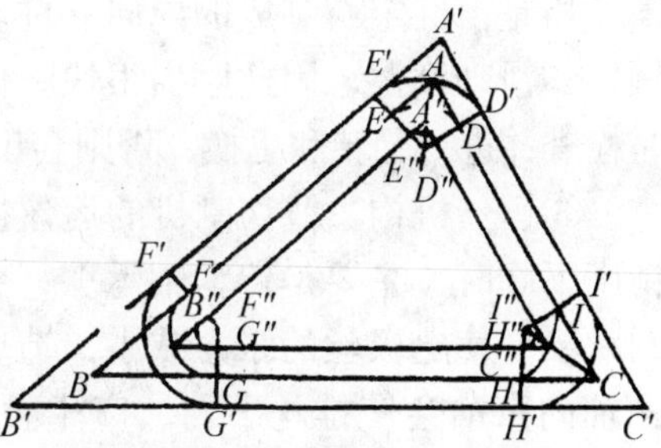

图2–99　间隙补偿示意

足模具零件的某种配合要求。故有间隙补偿，就可大量减少编程工作量。但在无间隙补偿的情况下，上述零件应单独编制程序。

5）程序的格式。这种格式，应参看数控线切割机的使用说明书。

34. 电火花线切割加工有哪些禁忌？

1）应将工件与其夹持部分分割的线段安排在切割总程序的末端，否则余下材料与夹持部分连接较少，工件刚度下降，容易发生变形，影响加工精度。

2）改变加工的电规准，必须关断脉冲电源输出（调整间隔电位器RP1除外）。在加工过程中一般忌改变加工电规准，否则会造成加工表面粗糙度的变化。

3）丝电极直径的选择应根据切缝宽度，工件厚度和拐角尺寸大小来选择。若加工带尖角、窄缝的小型零件宜选用较细的电极丝；若加工大厚度的工件或电流切割时应选较粗的电极丝。

4）切割加工时进给速度和电蚀速度要协调好，忌欠跟踪或跟踪过紧。进给速度的调整主要靠调节变频进给量，在某一具体加工条件下，只存在一个相应的最佳进给量，此时钼丝进给速度恰好等于工件实际可能的最大蚀除速度。欠跟踪时使加工经常处于开路状态，无形中降低了生产率，且电流不稳定，容易造成断丝，过跟踪时容易造成短路，也会降低材料去除率。

5）进行线切割加工中工件余留部位的精密切割时，不管是粘贴连接铜片还是填充导电铜缝隙的形状，应该把小铜片制成圆弧形，而且还应该用金相砂布打磨被锤过的铜片表面，以保证铜片表面光滑以避免划伤工件已加工过的表面。

6）高速走丝的线切割机床的电极丝主要是采用钼丝。电极丝运动速度通常为8～12 m/s，而且是双向往返循环运行，在加工过程中很容易发生断丝。如果在切割工件过程中多次断线，不仅会造成一定的经济损失，而且会带来重新绕丝的麻烦，耽误时间，也会在工件上产生断丝痕迹，影响加工质量，严重时会造成工件报废。因此，应注意如下几个问题：

①钼丝的松紧程度。如果钼丝安装太松，则钼丝抖动厉害，不仅会造成断丝，而且由于钼丝的难动直接影响工件表面粗糙度。但钼丝也不能安装得太紧，安装得太紧会增大内应力，也会造成断丝。因此，钼丝在切割过程中，其松紧程度要适当。新安装的钼丝，要先紧丝再加工，紧丝时用力不要太大。钼丝在加工一段时间后，由于自身的拉伸而变松。当伸长量较大时，会加剧钼丝振动或出现钼丝在贮丝筒上重叠，使走丝不稳而引起断线。应经常检查钼丝的松紧程度，如果存在松弛现象，要及时拉紧。

②钼丝的安装。钼丝要按规定的走向绕在贮丝筒上，同时固定两端。绕丝时，一般贮丝筒两端各留10 mm，中间绕满不重叠，宽度不少于贮丝筒长度的一半，以免电动机换向频繁加速机件的损坏，也可防止钼丝频繁参与切割而断丝。机床上钼丝引出处有挡丝棒，挡丝棒是由红宝石制成的导向立柱。挡丝棒不像导轮那样作滚动运动，它们直接与钼丝接触，作滑动摩擦。因此磨损很快，使用不久柱体与钼丝接触的地方就会形成深沟，必须及时检查并进行翻转和更换，否则会出现叠丝、断丝。

③运丝机构。线切割机的运丝机构主要是由贮丝筒、线架和导轮组成。当运丝机构的精度下降时（主要是传动轴承），会引起贮丝筒的径向圆跳动和轴向窜动。贮丝筒的径向圆跳动会使电极丝的张力减小，造成丝松，严重时会使钼丝从导轮槽中脱出拉断。贮丝筒的轴向窜动会使排丝不匀，产生叠丝现象。贮丝筒的轴和轴承等零件常因磨损而产生间隙，也容易引起丝抖动而断丝，因此必须经常检查贮丝筒后端的行程开关是否失灵。要保

持贮丝筒、导轮转动灵活，否则在往返运动时会引起运丝系统振动而断丝。绕丝后空载走丝检验钼丝是否拦动，若发生拦动要分析原因。贮丝筒后端的限位挡块必须调整好，避免贮丝筒冲出限位行程而断丝。挡丝装置中挡块与快速运动的钼丝接触、摩擦，易产生沟槽造成夹丝拉断，因此也需及时更换。导轮轴承的磨损将直接影响导丝精度，此外，导轮的V形槽、宝石限位块、导电块磨损后产生的沟槽，也会使电极丝的摩擦力过大，易将钼丝拉断。这种现象一般发生在机床使用时间较长、加工工件较厚、运丝机构不易清理的情况下。因此在机床使用中应定期检查运丝机构的精度，及时更换易磨损件。

④工件材料。对不经锻打、不淬火的材料，在线切割加工前最好采用低温回火消除内应力。因为如果工件的内应力没有得到消除，在切割时，有的工件会开裂，把钼丝碰断；有的会使间隙变形，把钼丝夹断或弹断。如淬火后T8钢在线切割加工中极容易引起断丝，要尽量少用。切割厚铝材料时，由于排屑困难，导电块磨损较大，注意及时更换。

⑤工件装夹。虽然线切割加工过程中工件受力极小，但仍需牢固夹紧工件，防止加工过程中因工件位置突然变动造成断丝。同时要避免由于工件的自重和工件材料的弹性变形造成的断丝。在加工厚重工件时，可在加工快要结束时，用磁铁吸住将要下落的工件，或者由人工保护下落的工件，使其平行缓慢下落，从而防止断丝。

⑥电参数。电参数选择不当也是引起断丝的一个重要原因，所以要根据工件厚度选择合理的电参数。将脉冲间隔拉开一些，有利于熔化金属微粒的排出，同时峰值电流和空载电压不宜过高，否则使单个脉冲能量变大，切割速度加快，容易产生集中放电和拉弧，引起断丝。一般空载电压为100 V左右。在电火花加工中，电弧放电是造成负极腐蚀损坏的主要因素，再加上间隙不合适，容易使某一脉冲形成电弧放电。只要电弧放电集中于某一段，就会引起断丝。根据工件厚度选择合适的放电间隙——放电间隙不能太小，否则容易产生短路，也不利于冷却和电蚀物的排出；放电间隙过大，将影响表面粗糙度及加工速度。当切割厚度较大的工件时，应尽量选用大脉宽电流，同时放电间隙也要大一点，从而增强排屑效果，提高切割的稳定性。

35. 模具电解加工如何操作?

近年来由于电解加工的机床、电源、电解液、自动控制系统、工具阴极的设计制造水平及加工工艺等不断进步，电解加工已发展为比较成熟的特种加工方法，广泛应用于模具制造行业，例如型孔、型腔、型面到各种表面抛光等。此外还可以与其他加工方法复合进行的电解车、电解铣、电解切割等加工。以下介绍几种电解加工的具体应用。

（1）型孔加工

在模具制造中常会遇到各种形状复杂、尺寸较小的型孔，其截面形状有四方的、六方的、棱角形的、阶梯形的和锥形的等，用传统加工方法十分困难，甚至无法加工。一般采用电火花加工，但加工时间较长，电极损耗较大。若用电解加工则可以大大提高加工质量、生产率和降低成本。图2-100为型孔电解加工的

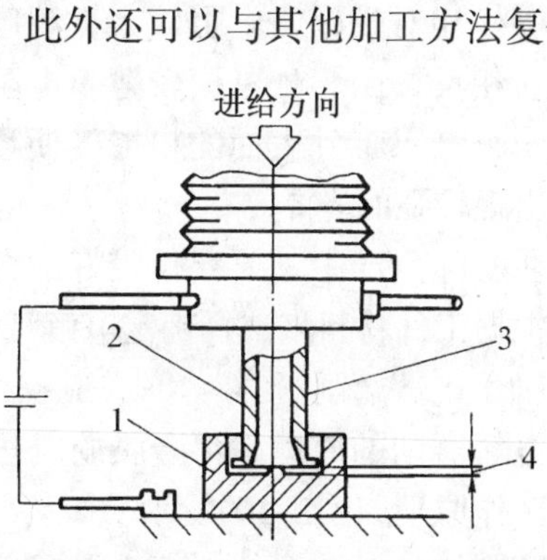

1-工件　2-绝缘套　3-管状阴极　4-加工间隙

图2-100　端面进给式型孔加工

示意图，型孔一般采用端面进给法，若不需要成型锥度，可将阴极侧面绝缘。为了增加端面的工作面积，将阴极出水口做成内锥孔。

图2–101为电液束加工深小孔。对于直径极小的孔，如$\phi \leqslant 0.8$ mm，深度为直径的50倍以上的深孔，一般采用电液束加工。电解液通过绝缘喷嘴高速喷出，形成电解液流束，当带负电的电解液高速喷射到工件时，工件上喷射点产生阳极溶解，并随着阴极的不断进给而加工出深小孔。

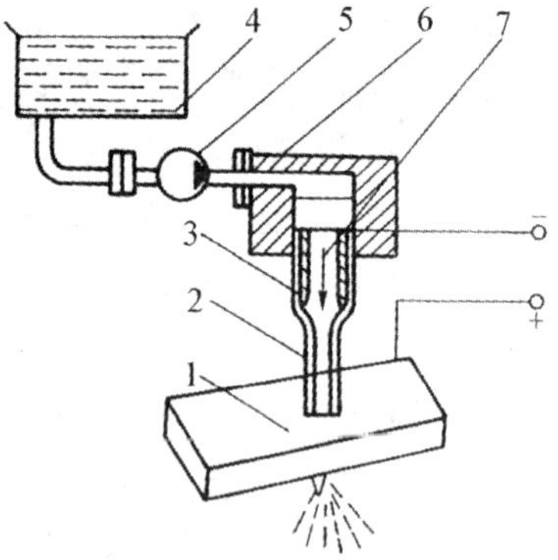

1–工件 2–绝缘管 3–阴极 4–电解液箱 5–高压液泵 6–进给装置 7–电解液

图2–101 电液束加工深小孔

（2）型腔的加工

型腔模包括塑料模、压铸模和锻模等，形状比较复杂。目前常用的加工方法有靠模仿形加工、电火花加工和数控加工等，但生产周期长和成本高。对于精度要求不高，消耗量较大的煤矿机械、汽车拖拉机的模具，采用电解加工，更能显示其优越性。

图2–102所示为连杆型腔模的电解加工示意图，电解液通过工具阴极内部流入，经过工具两端开放的通液孔，从侧面流出。

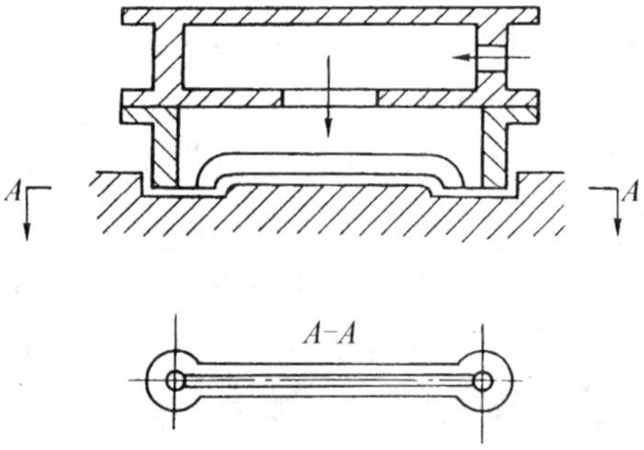

图2–102 连杆型腔模的电解加工

（3）电解抛光

电解抛光主要应用于经电火花加工后的型腔模的抛光。如塑料模、压铸模的型腔其表面粗糙度要求较低，用手工抛光的方法十分困难，周期长，质量难以保证，经过电解抛光后的表面粗糙度R_a可以从0.3 μm提高到0.4 μm以下，而且生产效率极高。

电解抛光的基本原理是利用阳极溶解法对工件表面进行腐蚀抛光的。如图2–103所示，工件与工具电极之间的距离较大（一般为40～100 mm），电解液又静止不动，在阳极表面生成一层薄薄的黏膜。由于工件表面微观凹陷处黏模相对较厚，电阻较大，溶解速度相对缓慢。相反，凸起处黏模较薄，电阻小，溶解速度快，结果工件表面的粗糙度便逐渐改善，并且出现较强的光泽。

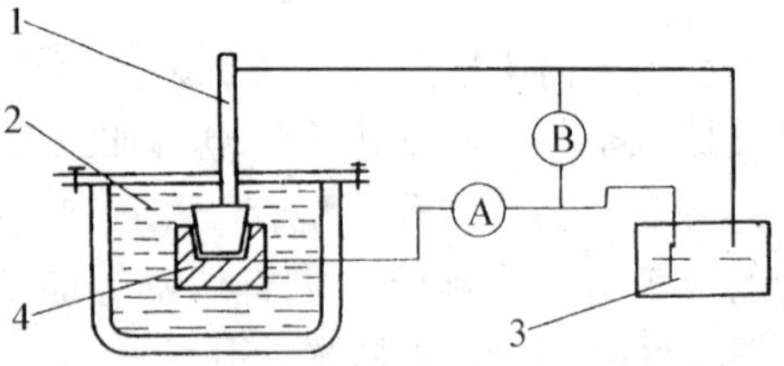

1–阴极 2–电解液 3–直流电源 4–被加工工件

图2–103 电解抛光原理

在实际生产中，要获得较好的抛光效果还必须根据工件材料来选择确定电解液配方和加工的参数。

（4）电解磨削

电解磨削的原理是将金属的电化学阳极溶解作用和机械磨削作用相结合的一种磨削工艺，工作原理如图2–104所示。

磨削加工时，工件接直流电源的正极，电解磨轮接负极。保持一定的电解间隙，并在电解间隙中保持一定量的电解液。当直流电源接通后，工件（阳极）的金属表面产生电化

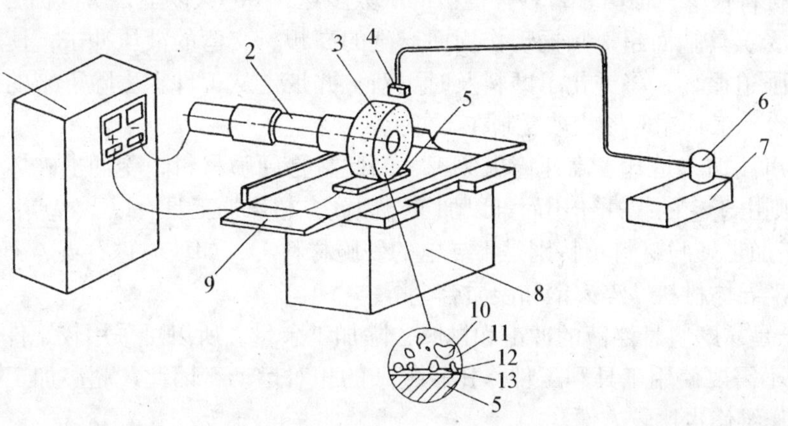

1–直流电源　2–绝缘主轴　3–电解磨轮　4–电解液喷嘴　5–工件　6–泵
7–电解液箱　8–床身　9–工作台　10–磨料　11–结合剂　12–电解间隙　13–电解液

图2–104　电解磨削原理

学溶解，其表面的金属原子失去电子氧化变为溶解于电解液的离子，同时与电解液中的氧结合，在工件的表面生成一层极薄的氧化膜。随后，通过高速旋转的磨轮将这层氧化膜不断刮除，并被电解液带走。由于这种阳极溶解和机构磨削的交互作用，结果使工件表面的金属不断地被蚀除掉，并形成光滑的表面和一定的磨削尺寸精度。

电解磨削去除金属起主要作用的是阳极电化学溶解，磨轮的作用是磨去电解产物（即阳极钝化膜）和整平工件表面。因而，磨削力和磨削热都很小，不会产生磨削毛刺、磨削裂纹、烧伤等现象。只要选择合适的电解液就可以用来加工任何硬度高或韧性大的金属工件，一般表面粗糙度R_a可低于0.16 μm，加工精度与普通机械磨削相近。此外，磨轮的磨损量很小，也有助于提高加工精度。

36. 如何进行超声加工？

超声加工是随着机构制造和仪器制造中各种脆性材料和难加工材料的不断出现而得到应用和发展的，它较好弥补了在加工脆性材料方面的某些不足，并显示出其独特的优越性。

（1）超声加工的原理和特点

超声加工也叫超声波加工，是利用产生超声振动的工具，带动工件和工具间的磨料悬浮液，冲击和抛磨工件的被加工部位，使局部材料破坏而成粉末，以进行穿孔、切割和研磨等，如图2–105所示。加工时工具以一定的静压力压在工件上，在工具和工件之间送入磨料悬浮液（磨料和水或煤油的混合物），超声换能器产生16 kHz以上的超声频轴向振动，借助于变幅杆把振幅放大到0.02 ~ 0.08 mm，迫使工作液中悬浮的磨粒以很大的速度不断地撞击、抛磨被加工表面，把加工区域的材料粉碎成很细的微粒，并从工件上去除下来。虽一次撞

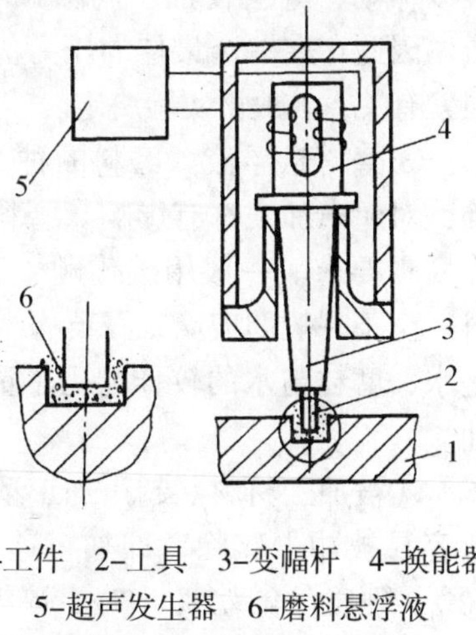

1–工件　2–工具　3–变幅杆　4–换能器
5–超声发生器　6–磨料悬浮液

图2–105　超声加工原理

击所去除的材料很少，但由于每秒钟撞击的次数多达16 000次以上，所以仍有一定的加工速度。工作液受工具端面超声频振动作用而产生的高频、交弯的液压冲击，使磨料悬浮液在加工间隙中强迫循环，将钝化了磨料及时更新，并带走从工件上去除下来的微粒。随着工具的轴向进给，工具端部形状被复制在工件上。

由于超声波加工是基于高速撞出原理，因此愈是硬脆材料，受冲击破坏作用也愈大，而韧性材料则由于它的缓冲作用而难以加工。因此，超声加工具有以下特点：

1）适于加工硬脆材料（特别是不导电的硬脆材料），如玻璃、石英、陶瓷、宝石、金刚石、各种半导体材料、淬火钢和硬质合金等。

2）由于是靠磨料悬浮液的冲击和抛磨去除加工余量，所以可采用较工件软的材料作工具。加工时不需要使用工具和工件作比较复杂的相对运动，因此，超声加工机床的结构比较简单、操作维修也比较方便。

3）由于去除加工余量是靠磨料的瞬时撞击，工具对表面的宏观作用力小，热影响小，不会引起变形及烧伤，因此适合于加工薄壁零件及工件的窄槽、小孔。

超声加工的精度，一般可达0.01～0.02 mm，表面粗糙度可达R_a 0.63 μm左右，在模具加工中用于加工某些冲模、拉丝模以及抛光模具工作零件的成型表面。

（2）影响加工速度和质量的因素

1）加工速度及其影响因素。超声加工的加工速度（或生产率）是指单位时间内被加工材料的去除量，其单位用mm^3/min或g/min表示。相对其它特种加工而言，超声加工生产率较低，一般为1～50 mm^3/min。加工最大速度可达400～2 000 mm^3/min。影响加工速度的主要因素有：

①工具的振幅和频率。提高振幅和频率，可以提高加工速度。但过大的振幅和过高的频率会使工具和变幅杆产生大的内应力，因而振幅与频率的增加受到机床功率以及变幅杆、工具材料疲劳强度的限制。通常振幅范围在0.01～0.1 mm，频率在16～25 kHz之间。

②进给压力。加工时工具对工件所施加的压力的大小，对生产率影响很大。压力过小则磨料在冲击过程中损耗于路程上的能量过多，致使加工速度降低；压力过大，则使工具难以振动，并会使加工间隙减小，磨料和工作液不能顺利循环更新，也会使加工速度降低。因此存在一个最佳的压力值，由于此值与工具形状、材料、工具截面积、磨粒大小等因素有关，一般由实验决定。

③磨料悬浮液。磨料的种类、硬度、粒度、磨料和液体的比例及悬浮液本身的黏度等，对超声加工都有影响。磨料硬，磨粒粗则生产率高，但在选用时还应考虑经济性与表面质量要求。一般用碳化硼、碳化硅加工硬质合金，用金刚石磨料加工金刚石和宝石材料。至于一般的玻璃、石英、半导体材料等则采用刚玉（Al_2O_3）作磨料。最常用的工作液是水，磨粒与水的较佳配比（重量比）为0.8～1。为了提高表面质量，有时也用煤油或机油。

④被加工材料。超声加工适于加工脆性材料，材料愈脆，承受冲击载荷的能力愈差，愈容易被冲击碎除，即加工速度愈快。如以玻璃的可加工性为100%作标准，则石英为50%，硬质合金为2%～3%，淬火钢为1%，而锗、硅半导体单晶为200%～250%。

除此之外，工件加工面积、加工深度、工具面积、磨料悬浮液的供级及循环方式对加工速度也都有一定影响。

2）加工精度及其影响因素。超声加工的精度除受机床、夹具精度影响外，主要与工具制造及安装精度、工具的磨损、磨料粒度、加工深度、被加工材料性质等有关。

超声加工精度较高，可达0.01 ~ 0.02 mm，一般加工孔的尺寸精度可达 ±（0.02 ~ 0.05）mm。磨料愈细，加工精度愈高，尤其是加工深孔时，采用细磨粒有利于减小孔的锥度。

工具安装时，要求工具质量中心在整个超声振动系统的轴心线上，否则在其纵向振动时会出现横向振动，破坏成型精度。

工具的磨损直接影响圆孔及型腔的形状精度。为了减少工具磨损对加工精度的影响，可将粗、精加工分开，并相应地更换磨料粒度，同时应合理选择工具材料。对于圆孔，采用工具或工件旋转的方法，可以减少圆度误差。

3）表面质量及其影响因素。超声加工具有较好的表面质量，表面层无残余应力，不会产生表面烧伤与表面变质层。表面粗糙度可达R_a 0.63 ~ 0.08 μm。

加工表面质量主要与磨料粒度、被加工材料性质，工具振动的振幅、磨料悬浮液的性能及其循环状况有关。当磨粒较细，工件硬度较高，工具振动的振幅较小时，被加工表面的粗糙度将得到改善，但加工速度也随之下降。工作液的性能对表面粗糙度的影响比较复杂，用煤油或润滑油工作液可使表面粗糙度有所改善。

（3）工具的设计

工具的结构尺寸、质量大小与变幅杆的连接好坏，对超声振动系统的共振频率和工作性能影响较大。同时，工具的形状、尺寸和制造质量，对零件的加工精度有直接影响。通常取工具直径D_t为

$$D_t = D - 2d_0$$

式中　D——加工孔径（mm）；

　　d_0——磨料基本磨粒的平均直径（mm）。

加工深孔时，为减小锥度，工具后部直径可比前端直径D_t稍小些或稍带倒锥。工具长度可按以下情况选取：

当工具模截面积比变幅杆输出端截面积小很多，工具连接到变幅杆上对超声系统共振频率影响不大时，可取工具长度$L_{,\max} < \frac{\lambda}{4}$（$\lambda$——工作频率下工具中的声波波长），变幅杆的长度也不减短。

当工具模截面积与变幅杆输出端横截面积相差不大时，仍取$L_{,\max} < \frac{\lambda}{4}$。变幅杆长度应减短，变幅杆减短部分的质量等于工具质量。

对于深孔加工，可取工具长度$L = \frac{\lambda}{2}$。

通常采用45钢和碳素工具钢作工具材料。

工具与变幅杆的连接必须可靠，连接面要紧密接触，以保证声能有效传递。按工具断面尺寸大小可分别采用螺纹连接或焊接。对于一般加工工具，通常采用锡焊，以便于工具制造和更换。

37. 模具电铸加工的工艺过程及要点是什么？

模具电铸加工工艺过程见表2–47。

表2-47 电铸加工的工艺过程及要点

序号	主要工艺过程	要　　点
1	原模表面处理	（1）对金属原模材料一般在电铸前需进行表面钝化处理 （2）对非金属原模材料需对表面作导电化处理
2	电铸至规定厚度	（1）电铸通常生产率较低，一般每小时电铸金属层0.02～0.5 mm （2）电流密度过大易使沉积金属的结晶粗糙，强度降低 （3）电铸常用的金属有铜、镍或铁3种。相应的电铸液为含有电铸金属离子的硫酸盐、氨基磺酸盐、氟硼酸盐和氯化物等水溶液
3	衬背处理	塑料模具电铸件的衬背方法常为浇铸铝或铅锡低熔点合金
4	脱　　模	电铸件与原模的分离方法有：敲击锤打、加热或冷却胀缩分离、用薄刀刃撕剥分离、加热熔化和化学溶解等
5	清洗干燥	

38. 设计组织冲模时有哪些禁忌?

1）模具结构要力求简单、合理和通性强。

2）模具刚性要好，使用稳定可靠。

3）模具零件的更换和调节应便捷，夹紧可靠。

4）模具零件（特别是凸模和凹模零件）应便于制造。

5）必须有可靠的导向、定位、压料和卸料等装置。

6）模具的使用和操作要安全。

7）各类零件应尽量采用国家标准。

39. 怎样防止拉深件的起皱?

在拉深过程中，假如毛坯的相对厚度较小，则拉深毛坯的变形区（即凸缘部分）在切向压应力的作用下，很可能因为失稳而发生起皱现象。毛坯严重起皱后，由于不可能通过凸模与凹模之间的间隙而被拉断，造成废品。即使轻微起皱的毛坯，可能勉强能通过间隙，但也还会在零件的侧壁上遗留下起皱的痕迹，影响拉深件的表面质量。因此，拉深过程中的起皱现象是不允许的，要设法消除。常用的防止拉深毛坯变形区起皱的方法是在拉深模上设置压边圈。

（1）压力装置的形式

目前在生产实际中常用的压力装置有两大类，即弹性压力装置和刚性压力装置。

1）弹性压边装置。这种装置多用于普通压力机，通常有如下3种：

①橡皮压边装置，见图2-106（a）。

②弹簧压边装置，见图2-106（b）。

③气垫式压边装置，见图2-106（c）。

橡皮及弹簧压边装置的压边力随拉深深度的增加而增大，尤以橡皮压边装置更为严重。这种情况会使拉深力增大，从而导致零件断裂。因此，橡皮及弹簧压边装置通常只用于浅拉深。

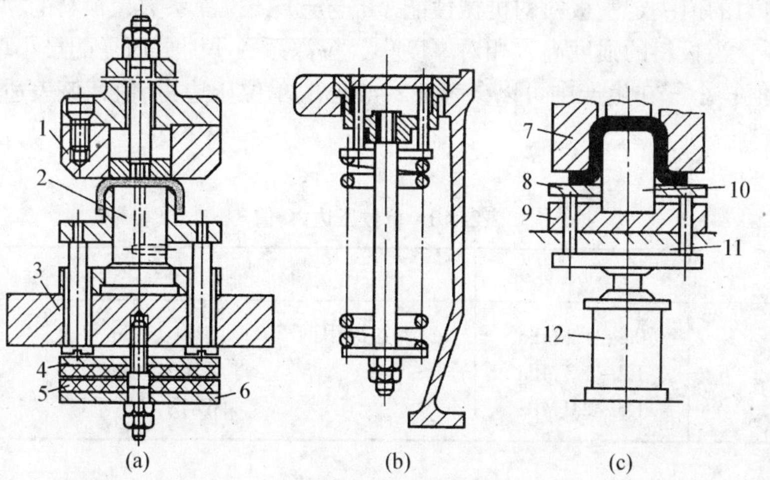

1–凹模　2–凸模　3–下模板　4–上托板　5–橡皮　6–下托板　7–凹模　8–压边圈　9–下模座　10–凸模　11–压力机工作台　12–气缸

图2–106　弹性压力装置

气垫式压边装置的压边效果较好，是国内目前改进压力机构造的发展方向之一。弹簧与橡皮压边装置虽有缺点，但结构简单，对单动的中小型压力机采用橡皮或弹簧装置是很方便的。根据生产经验，只要正确地选择弹簧规格及橡皮的牌号和尺寸，就能尽量减少它们的不利方面，充分发挥作用。

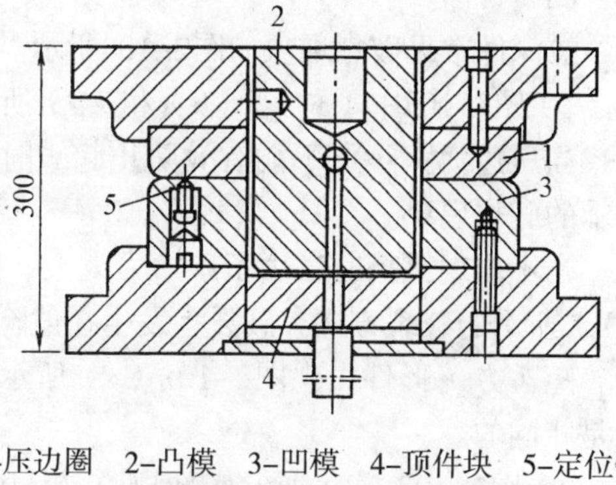

1–压边圈　2–凸模　3–凹模　4–顶件块　5–定位销

图2–107　刚性压力装置

2）刚性压边装置（见图2–107）。这种装置的特点是压边力不随行程变化，大小可通过调节压边圈与凹模之间的间隙来调整。这种压边装置的拉深效果较好，且模具结构简单。这种结构用于双动压力机，凸模在压力机的内滑块上，压边装置在外滑块上。

（2）压边力和拉深力

防皱压边圈的作用力应在保证毛坯凸缘部分不至起皱的前提下，选取尽量小的数值。压边力能够引起毛坯凸缘部分与凹模平面和压边圈表面之间的摩擦阻力，如果这项阻力过大，就可能引起毛坯破裂。为了使压边圈能可靠地工作，通常取压边力Q之值稍大于防皱作用所需的最低值，并可用下式求得：

$$Q=\frac{\pi}{4}\left(D^2-d^2\right)q$$

式中　Q——压边力（N）；

D——毛坯直径（mm）；

d——拉深件直径（mm）；

q——单位压边力（MPa）。

单位压边力的值决定于板料的机械性能（σ_b与σ_s）、拉深系数、板料的相对厚度和润滑等。一般来说，当板料的强度高、相对厚度小、拉深系数小时，所需的最小单位压边力q较大；反之，q值较小。在生产中可以参考表2–48选取单位压边力q值，该表适用于圆筒形拉深件。

表2–48 单位压边力q值

材 料	q	材 料		q
铝	0.8 ~ 1.2 MPa	深拉深用钢	厚度>0. 5 mm	2.0 ~ 2.5 MPa
铜	1.2 ~ 1.8 MPa		厚度>0. 5 mm	2.5 ~ 3.0 MPa
黄铜	1.5 ~ 2.0 MPa		不锈钢	3.0 ~ 4.5 MPa

计算拉深力的目的在于选择设备和设计模具，对于中级模具钳工仅需作简单了解即可。

40. 拉深件通常有哪些质量缺陷和补救措施?

（1）破裂

拉深件常见破裂现象如图2–108所示。

1）图2–108中（a）、（b）和（g）所示为凸模圆角区发生的破裂现象。

当压边力太小，不能有效防止起皱时，材料无法进入凹模型腔，会出现图2–108（a）所示的破裂现象。

当不出现皱折时，由于压边力太大、凹模圆角小和拉深材料塑性差等原因造成图2–108（b）所示的破裂方式。破裂多发生在危险断面，即凸模圆角区。

矩（方）形件出现图2–108（g）所示凸模圆角区破裂，与图2–108（b）所示的产生原因是相同的。

2）图2–108（c）所示底部拉脱，是由于凹模圆角半径过小，拉深初始阶段材料被切割引起的。

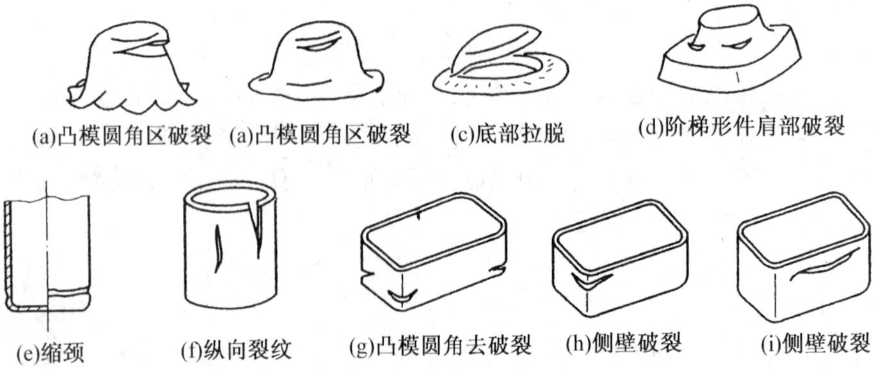

图2–108 拉深件破裂

3）图2–108（d）所示阶梯形零件的肩部破裂，是由于凸肩部分成型时，材料在母线方向承受了过大的拉力而导致破裂的。

4）图2–108（e）所示缩颈现象产生的原因与图2–108（b）是相同的，只是材料承受较大的拉应力未使危险断面破裂，而是产生较大的变薄如颈部状。工件表面有缩颈会大大降低其使用性能，再次拉深时会在颈部形成裂纹。

5）纵向裂纹如图2–108（f）所示，又称时效裂纹。拉深工件放置一段时间后，在残余应力作用下，边缘缺陷处出现微裂，扩展成纵向破裂，黄铜易产生时效裂纹。

屈服点高的材料（如不锈钢）拉深时，凸模圆角处不易开裂，但侧壁会产生纵向裂纹。

6）矩（方）形等非旋转件深拉深时，材料成型性能差，晶粒粗大时易产生侧壁开裂，圆角部分的裂纹与拉深方向成45°角，而直边部分的裂纹则为横向裂纹，如图2–108（h）、（i）所示。

当发现拉深工件出现破裂时，可从以下3方面采取措施。

①改善拉深条件。调整压边力大小、选择合适的润滑剂和润滑方式、调整毛坯形状和尺寸等。

②修正、调整模具参数。包括：凸模圆角半径、凹模圆角半径、模具间隙、模具工作表面粗糙度等。

③选择适宜拉深的材料。包括：材料牌号、成型性能、金相组织和材料状态等。

（2）起皱

起皱和破裂是拉深失稳的两种形式，常见的起皱现象如图2–109所示。

1）凸模起皱是最常见的［（见图2–109（a）所示］，在各类零件拉深时都会出现，适当增大压边力可消除凸缘部分起皱。

2）侧壁非直边的工件如锥形件、球形件等，进入凹模后处于悬空状态的材料，径向拉应力小，在切向压应力作用下会产生图2–109（b）所示的侧壁皱褶。采用拉延筋或拉延槛可有效防止侧壁皱折的产生。如只增大压边力，则防皱的效果不明显，反易产生破裂现象。

3）图2–109（c）所示侧壁波纹是棱锥台零件拉深时的一种起皱形式。棱锥台形件兼有矩（方）形件和锥形件的变形特征，拉深时，角部向直边部分移动的材料处于悬空状态，径向拉应力使材料处于松弛状态。通过设置拉延筋或拉延槛，适当调节周边各点压边力的大小，可消除波纹的产生。

4）矩（方）形件拉深时，角部压力太小，材料起皱后拉入凹模型腔，形成工件角部向内折拢的现象，如图2–109（d）所示。采用加大压边力或增大角部毛坯面积的方法可消除此现象。

(a)凸缘起皱　(b)侧壁起皱　(c)侧壁波纹　(d)角部起皱　(e)堆积皱纹

图2–109　拉深件起皱

5）图2-109（e）所示矩形阶梯形件。各部分形状的差异使得材料在拉深过程中变形不均匀，当某些部位表面积过剩而周边又不能吸收过剩的材料时，就会造成材料堆聚，形成堆积皱纹。堆积皱纹只出现在非旋转体零件拉深时。

消除堆积皱纹的方法有两种。一是产品零件设计中尽可能避免断面形状急剧变化。二是冲压时采取分次成型的方法，第一次成型时减小断面尺寸变化，如取较大的过渡圆弧，减小变化断面的台阶深度；第二次成型时使材料局部胀形，依靠材料变薄吸收过剩材料防止堆聚。

（3）形状缺陷

形状缺陷见图2-110所示。

1）底部凸起不平见图2-110（a）所示。常见于硬材料浅拉深件，是由于拉深时所需压边力较小，拉深终了时未对材料镦压所致。检查模具零件高度尺寸，适当加大凸模进入凹模的深度，使工件底部在拉深终了时镦压一次，即可获得平整的底面。

2）拉深完成后，压力机回程时，工件底部与凸模脱开时形成一定的真空，会产生图2-110（b）所示的底部内凹现象。软料、薄料拉深时更易出现内凹现象。凸模上设置排气孔可有效防止底部塌陷，对软材料要加大排气孔尺寸或增大排气孔数量。

3）图2-110（c）所示的壁部松弛常发生在硬材料浅拉深的矩（方）形件（$H/R<2.5\sim3$）拉深时，是由于直边部分的材料流入比圆角部分多，在直边侧壁部分形成多余材料所致。

消除壁部松弛的方法如下：

①减小直边部分的凹模圆角半径，可取圆角部分的一半。

②在直边部分合理设置拉延筋，增大直边部分的压料力。

4）图2-110（d）所示侧壁内凹现象多发生在高盒形件$H/B>1.1$、$A/B>2$、$A>50t$的情况下。不锈钢、高强度合金钢、硬黄铜等材料拉深时直边内凹可达5～6 mm之多；软钢拉深时内凹数值较小，一般仅为1～3 mm。有凸缘的矩形件也会有侧壁内凹。拉深后留下的直边内凹是无法通过整形消除的。

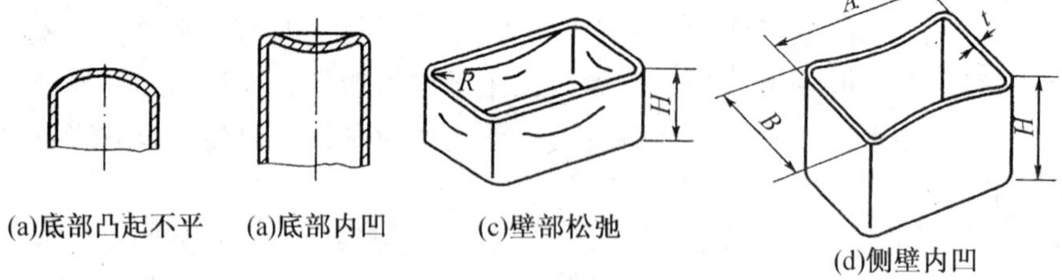

(a)底部凸起不平　(a)底部内凹　(c)壁部松弛　(d)侧壁内凹

图2-110　拉深件形状缺陷

消除侧壁内凹必须增大直边部分材料变形的拉应力，使圆角部分流向直边部分的材料向高度方向移动。可采用以下工艺措施消除侧壁内凹现象：

①合理设置拉延筋，增大压力效果。

②调整模具参数。长边中段的凹模圆角半径取$R_{凹}=(4\sim6)t$，圆角中点C取$R_{凹}=(8\sim10)t$，中间圆滑过渡。长边中段的凸、凹模间隙取$\frac{Z}{2}=(0.85\sim0.9)t$。长边中段长度$l\approx\frac{3}{5}A$，如图2-111所示。

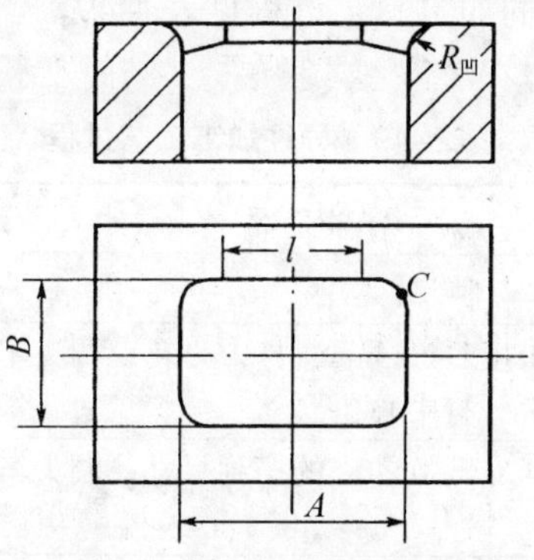

图2-111 凹模圆角半径调整

③调整拉深工艺，如采用鼓形凸模法、变薄成形法、二次拉深成形法等。

41. 模架组成零件如何加工？

（1）导柱和导套的加工

导柱和导套的加工属于典型的内、外圆柱面的加工，加工方法有车、磨、研磨和抛光等。如图2-112所示为冷冲压模具标准导柱和导套零件图。这两种零件在模具中起导向作用，保证凸模和凹模在工作中具有正确的相对位置。为了保证良好的导向性能，在加工中除了保证导柱和导套配合表面的尺寸和形状精度外，还要保证导柱、导套各配合面之间的同轴度要求。按照它们的结构尺寸和设计要求，可以直接选用适当尺寸的热扎圆钢棒料作为毛坯。

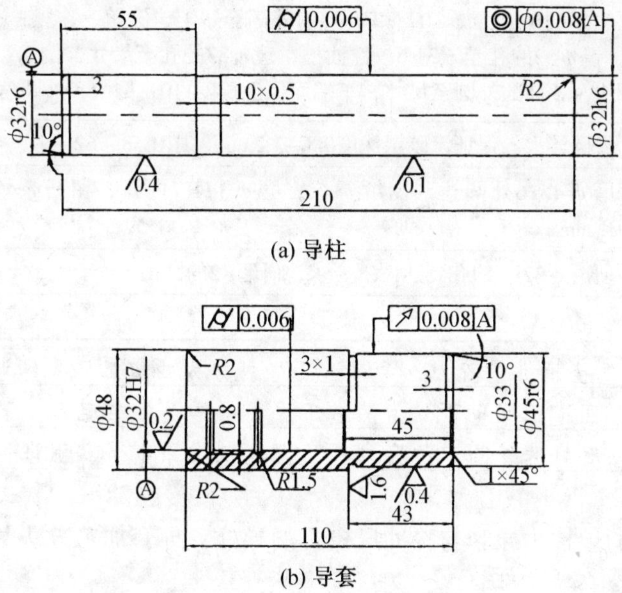

材料：20 钢

热处理：HRC58~62，渗碳深度0.8~1.2mm

图2-112 导柱和导套

1）导柱的加工工艺。导柱的加工工艺过程见表2–49。

表2–49　导柱加工工艺过程

工作号	工序名称	工序内容	设备	夹具
1	下料	按尺寸ϕ35×215切断	锯床	平口钳
2	车端面打中心孔	车端面保持长度212.5 mm，打中心孔；调头车端面保持长度210 mm，打中心孔	车床	三爪卡盘
3	车外圆	车外圆ϕ32.4，车10×0.5的槽到尺寸，调头车外圆至ϕ32.4		双顶尖，鸡心夹头
4	热处理	渗碳淬火，保证渗碳层深度0.8～1.2 mm，HRC58～62	车床	双顶尖，鸡心夹头
5	研中心孔	研中心孔，调头研另一端中心孔		
6	磨外圆	磨ϕ32 h 6外圆留研磨量0.01 mm，调头磨ϕ32r 6外圆到尺寸	车床	顶尖，鸡心夹头
7	研磨	研磨外圆ϕ32 h 6达要求，并抛光R2圆角	外圆磨床	双顶尖，鸡心夹头
8	检验		车床	三爪卡盘

2）导套的加工工艺过程。导套的加工工艺过程见表2–50。

表2–50　导套加工工艺过程

工作号	工序名称	工序内容	设备	夹具
1	下料	按尺寸ϕ52×115切断	锯床	平口钳
2	车外圆及内孔	钻ϕ32的孔至ϕ30，车ϕ45的外圆至ϕ45.4倒角，车槽3×1，镗ϕ32的孔至ϕ31.6，镗油槽，镗ϕ33的孔至尺寸，倒角，调头车ϕ48的外圆至尺寸，车端面保证长度110，倒内、外圆角	车床	三爪卡盘
3	热处理	渗碳淬火，保证渗碳层深度0.8～1.2 mm，HRC58～62		
4	磨内、外圆	磨ϕ45r6外圆达到图纸要求，磨ϕ32H7内孔，留研余量0.01 mm	万能磨床	三爪卡盘
5	研磨内孔	研磨ϕ32H7的孔到达图纸要求，研磨R2的圆角	车床	三爪卡盘
6	检验			

注意：如果导套的生产批量较大，第二道工序可分为两道工序，即调头前为一道，调头后为下一道工序。第四道工序也可分为两道工序，一道是用芯轴以内孔定位在外圆磨床上磨外圆，另一道是以磨好的外圆定位磨内孔（互为基准原则），保证内外圆柱面的同轴度要求。

塑料注射模具的导柱、导套与冷冲压模具的导柱、导套加工方法基本相同，在这里就不再复述。

（2）上、下模座的加工

冷冲压模具的上、下模座，用来安装导柱、导套，连接凸、凹模固定板等零件，其结构、尺寸又标准化。图2–113所示是一种后侧导柱的标准模座，一般采用铸铁或铸钢制造。

为保证模架的装配要求，使模架工作时上模座沿导柱上、下移动平稳，无滞阻现象，加工后模座的上、下平面应保证平行；上模座和下模座上的导柱、导套安装孔的孔间距离尺寸应保证一致；孔的轴心线与模座的上、下平面应垂直；对安装滑动导柱的模座，其垂直度公差不超过100∶0.01。模座的加工主要是平面和孔系的加工，其加工方法主要有铣或刨、磨、钻、镗等。为了使加工方便和保证零件的技术要求，在各工艺阶段应先加工平面，再以平面定位加工孔，模座的毛坯选择铸造的方法。

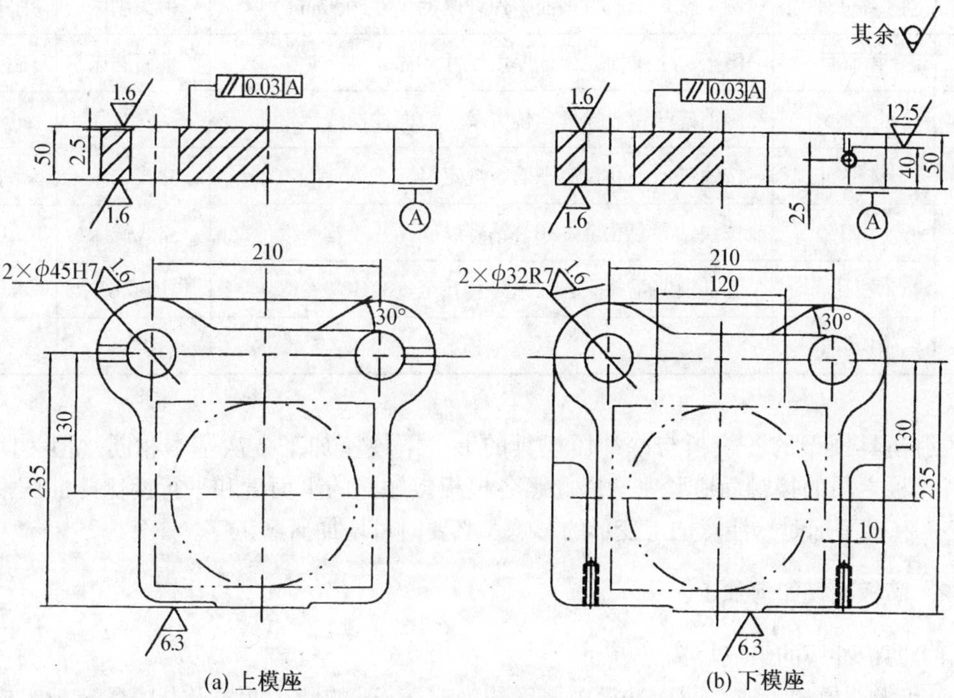

图2-113　冷冲压模具上、下模座

1）上模座的加工工艺过程（表2-51）。

表2-51　上模座的加工工艺过程

工作号	工序名称	工序内容	设　备	夹　具
1	备料	铸造毛坯		
2	刨（铣）平面	刨（铣）上、下平面，保证厚度尺寸50.8 mm	牛头刨床	平口钳
3	磨平面	磨上、下平面，保证厚度尺寸50 mm	平面磨床	磁力台
4	钳工画线	画前部凸台、导套孔位置及上表面油槽线		
5	铣	按线铣前部凸台	立式铣床	平口钳
6	钻孔	按线钻导套孔至φ43	立式铣床	压板
7	镗孔	和下模座重叠一起配镗导套孔至φ45H7	镗床或铣床	压板
8	铣槽	按线铣上平面R2.5的圆弧槽	立式铣床	压板
9	检验			

2）下模座的加工工艺过程（表2–52）。

表2–52 下模座的加工工艺过程

工作号	工序名称	工 序 内 容	设 备	夹 具
1	备料	铸造毛坯		
2	刨（铣）平面	刨（铣）上、下平面，保证厚度尺寸50.8 mm	牛头刨床	平口钳
3	磨平面	磨上、下平面，保证厚度尺寸50 mm	平面磨床	磁力台
4	钳工画线	画前部凸台、导套孔位置及上表面油槽线		
5	铣平面	按线铣前部和台肩平面至规定尺寸	立式铣床	平口钳
6	钳工	按线钻导套孔至ϕ30，钻螺纹底孔并攻丝	立式铣床	压板
7	镗孔	和上模座重叠一起配镗导套孔至ϕ32H7	镗床或铣床	压板
8	检验			

注射模具模架的各模板与冷冲压模具的上、下模座加工方法基本相同，但为防止溢洋，各模板之间的接触面应紧密。因此，各模板接触面的平面度和平行度比冷冲压模具要求严格，在磨平面时，注意加工变形的影响，必要时可增加研磨工序。

42. 薄板冲模如何加工？

（1）薄板冲模的组成与特点

1）薄板冲模的组成。薄板冲模由厚度约为5 ~ 6 mm的凸、凹模及凸模固定板组成的厚芯，及具有弹销式快速夹紧装置的通用模架组成的。它适用于厚度为0.2 ~ 20 mm的有色金属板料和软钢板的分离，冲裁工件的最大尺寸为400 mm × 300 mm，可用于壳体和覆盖件落料工作。

2）薄板冲模的特点。薄板冲模适用于中小批量生产的中小尺寸的金属板料的通用模，生产效率高，模具成本低，使用寿命较长。其工艺特点，如表2–53所示。

表2–53 薄板模的工艺特点

结 构 特 点	工 艺 特 点
（1）采用撞击式模柄和模架，安装和操作简单，模具不受压力机精度的影响 （2）模加是通用的 （3）凹模卸料板、垫板可标准化，更换凸模、凹模、卸料板、垫板，即可冲制相应的冲件 （4）凸、凹模导向精度高	（1）薄板冲模采用热处理过（40 ~ 45HRC）的薄钢带来做凹模，省去了修正变形的工序 （2）制模方法有压印后钳工加工，线切割加工，以垫板孔冲制薄板凹模等几种 （3）冲制的零件精度高，可达 ± 0.03 mm，表面粗糙度小 （4）凸、凹模间隙要求不严，厚度小于3 mm的各种材料，冲裁间隙为0.1 mm以内，精度要求高时，间隙放大到0.15 ~ 0.2 m

（2）薄板冲模凸模工作尺寸及间隙确定（表2–54）

表2–54　薄板冲模凸模工作尺寸及间隙确定　（mm）

零件厚度	间　隙	凸模工作尺寸	
		金属材料	非金属材料
≤1	按无间隙冲模	$D_T=(D-0.5\Delta)^{\ 0}_{-\delta}$	$D_T=(D-0.75\Delta)^{\ 0}_{-\delta}$
1～3	按一般冲裁模间隙选取	$D_T=(D-0.5\Delta-z)^{\ 0}_{-\delta}$	$D_T=(D-0.75\Delta-z)^{\ 0}_{-\delta}$

注：D_T—凸模公称尺寸，D—工件公称尺寸，Δ—工件公差，δ—凸模制造公差（$3/4\delta\Delta$），z—凸、凹模间隙值。

（3）薄板冲模的典型结构

薄板冲模典型结构见表2–55。

表2–55　薄板冲模的典型结构

名　称	简　图	特　点
简易薄板冲孔模	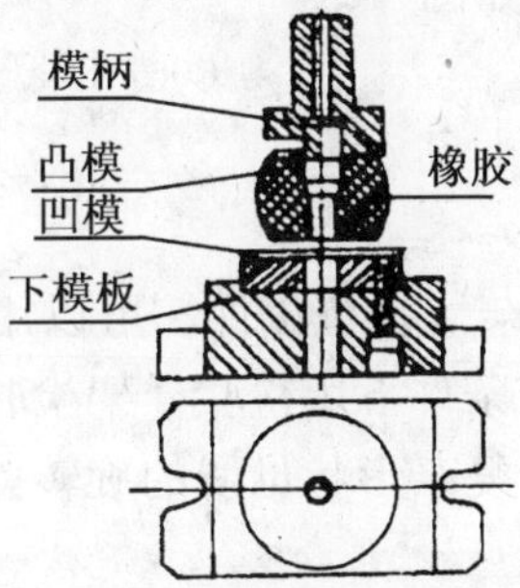	（1）结构简单 （2）用于冲裁特大型零件的圆孔 （3）双向间隙小，橡皮卸料力小，只能冲制厚度<1.5 mm的零件 （4）下模板的漏料孔比垫板漏料孔大工1～2 mm，使废料顺利漏下
薄板落料模	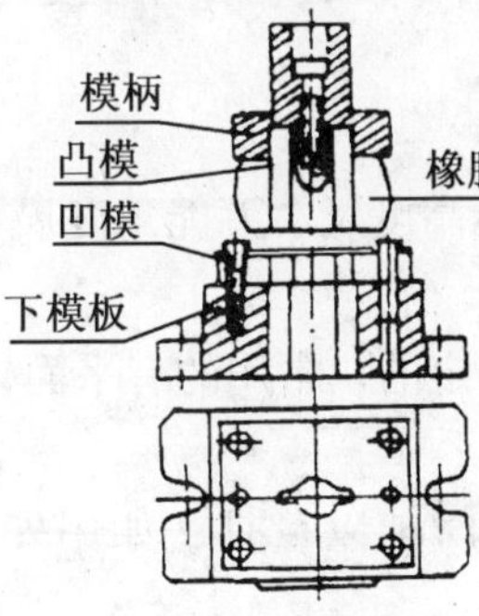	（1）凸模用环氧树脂浇注 （2）垫板和凹模用螺栓固定 （3）凹模型孔用线切割 （4）凹、凸模双向间隙为0.1 mm
薄板冲模	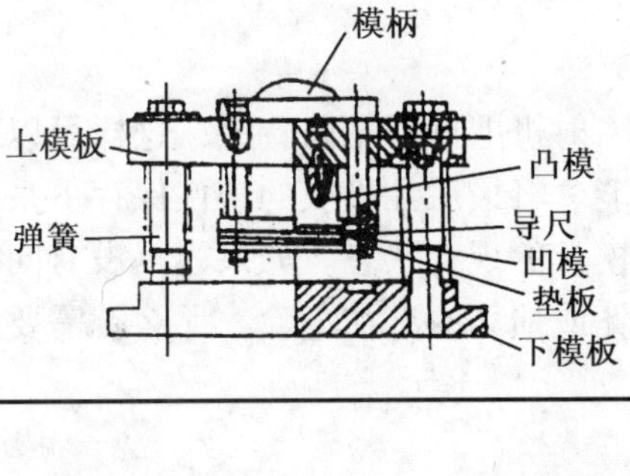	（1）装卸简单 （2）卸料板、凹模和垫板可标准化 （3）冲件不同时只需更换凸模导尺、卸料板、凹模和垫板即可 （4）制造周期短，适于小批量试制性生产

43. 冲压件质量检查有哪些方法?

（1）冲裁件尺寸测量

测量冲裁件尺寸时，应测量其光亮带部分的尺寸，如图2–114所示。冲孔件测量其最小尺寸*d*［见图2–114（a）所示］，落料件测量其最大尺寸*D*［见图2–114（b）所示］。

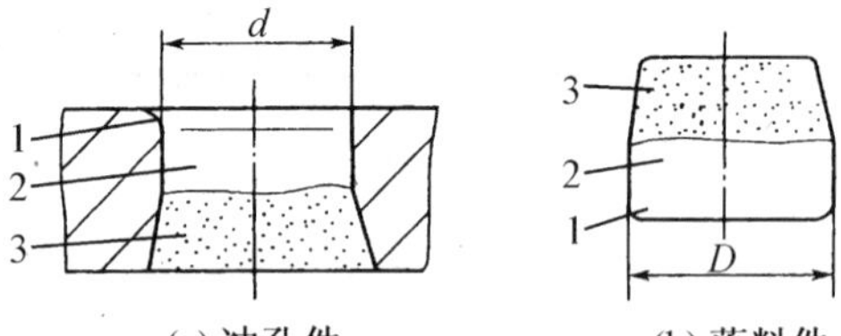

(a) 冲孔件　(b) 落料件

1–圆角带　2–光亮带　3–断裂带

图2–114　冲裁件断面

（2）弯曲件尺寸测量

产品零件标注外形尺寸时，测量其外形尺寸作为检查依据；标注内形尺寸时，则测量其内形尺寸。对复杂形状的弯曲件进行尺寸检测时，可参照冲压件公差标注规范的有关建议检查。

（3）拉深件尺寸测量

1）直壁拉深件尺寸测量。工件要求外形尺寸时，检查其大头尺寸，如图2–115（a）所示。工件要求内形尺寸时，检查其小头尺寸，如图2–115（b）所示。

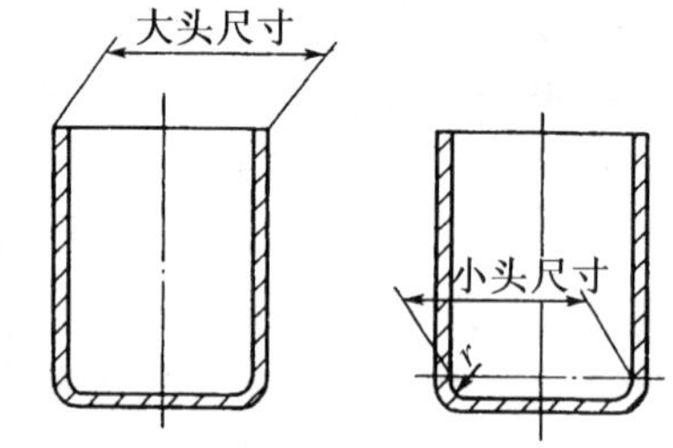

(a) 要求外形尺寸时　(b) 要求内形尺寸时

图2–115　拉深件尺寸检查

一般情况下，不再检查直壁部分另一头尺寸，除非工件有特殊要求。

2）复杂形状拉深件尺寸测量。对于复杂形状拉深件，可以用平面样板或立体检验样架。如汽车覆盖件的形状尺寸，在批量生产条件下用检验样架检验，用拉深件曲面形状与检验样架的不符合程度作为检查依据。对于复杂形状母线的旋转体拉深件，可采用平面样板检查母线形状的不符合程度。

拉深件曲面、母线形状与检验样架、平面样板的不符合程度是由冲压工艺规程中要求的。

（4）冲压件尺寸测量用器具

通用测量器具有：盒尺、游标卡尺、游标高度尺、万能角度尺、90° 角尺、外径千分尺和工具显微镜、三坐标测量机等。

专用测量工具是根据零件的形状、尺寸确定的，常用的有平面样板和立体检验样架。

（5）冲压件外观质量检查

冲压件外观质量检查以目测为主，必要时辅以量具，如用外径百分尺测量毛刺高度等。

44. 模具有哪些修复手段和方法?

模具的检测与维修应从模具未从注射机上拆下之前着手，这样可以在注射机、模具正常运转的情况下，测试模具的各种功能。将最后几模次的塑件保存下来并检查其外观形状和测量其尺寸，通过这些信息可确定模具的现有状态。如果模具没有问题，那么就可以按前述的常规方法保养；如果模具有损坏或损坏的潜在危险，那么就需要及时修理或更换损坏的零件。

（1）模具修复手段

1）堆焊。堆焊是焊接的一个分支，是金属晶内结合的一种熔化焊接方法。但它与一般焊接不同，不是为了连接零件，而是用焊接的方法，在零件的表面堆敷一层或数层具有一定性能材料的工艺过程。其目的在于修复零件或增加其耐磨、耐热、耐蚀等方面的性能。堆焊通常用来修补模具内诸如局部缺陷、开裂或裂纹等修正量不大的损伤。目前用得较为广泛的是氩气保护焊接——氩弧焊。

氩弧焊具有氩气保护性良好、堆焊层质量高，热量集中、热影响区小，堆焊层表面洁净、成型良好和适应性强等优点。但其需要操作者要具有丰富的经验，熟知模具材料及热处理性能，这样才能保证模具在焊接过程中不开裂、无气孔。为此，氩弧焊在使用中必须遵循以下基本原则：

①焊丝材料必须与所焊的模具材料相同或至少与材料相近，硬度值相同或相近，以使模具的硬度和结构均匀一致。

②电流强度应控制得很小，这样可防止模具局部硬化以及产生粗糙结构。

③所焊零件一般需要预热，特别是对较大型零件，以减少局部过热造成的应力集中。预热温度必须达到马氏体形成温度以上，但加热温度不能太高（<500 ℃以下），否则将增大熔焊深度。模具在整个焊接过程中，必须保持预热温度。

④焊后的零件根据具体情况，需要进行退火、回火或正火等热处理，以改善应力状态和增强焊接的结合力。

2）电阻焊。目前应用较普遍的便携式模具修补机，原理也可归于电阻焊之列。它可输出一种高能电脉冲，这种电脉冲可以单次或序列方式输出。将经过清洁的待修复的零件表面覆以片状、丝状或粉状修补材料，在高能电脉冲作用下，修补材料与零件结合部的细微局部产生高温，并通过电极的碾压，使金属熔接在一起。具有熔接强度高、修补精度高、适用范围大、零件不发热、零件损伤小和修复层硬度可选等优点。主要用于尺寸超差、棱角损伤、氩弧焊不足、局部磨损、锈蚀斑和龟裂纹等的修补，但不适于滑动部位的修补。图2-116和图2-117分别是应用片

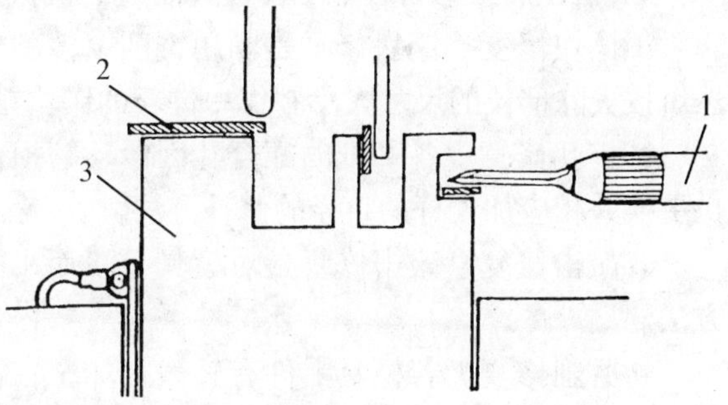

1-电极　2-片材　3-工件

图2-116　片材的应用

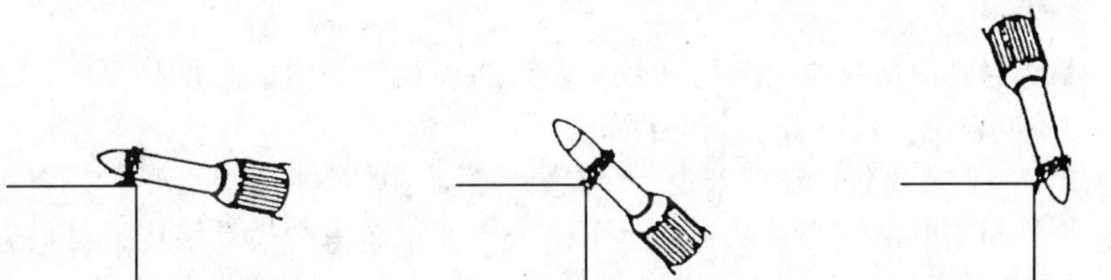

(a) 分型面修补　(b) 角部修补　(c) 立面修补

图2-117　粉末的应用

材和粉末材料修补零件的示意图。

3）电刷镀。电刷镀是从槽镀技术上发展起来的一种新的电镀方法，原理和电镀原理基本相同，也是一种电化学沉积过程，其工作原理如图2–118所示。将表面处理好的零件与专用的直流电源的负极相连，作为刷镀的阴极；镀笔与电源的正极相连，作为刷镀的阳极。刷镀时，使棉花包套中浸满电镀液的镀笔以一定的相对速度在被镀零件表面上移动，并保持适当的压力。这样在镀笔与被镀零件接触的部分，镀液中的金属离子在电场力的作用下扩散到零件表面，在表面获得电子并被还原成金属原子，这些金属原子沉积结晶就形成了镀层。随着刷镀时间的增加，镀层逐渐增厚，直至达到需要的厚度。

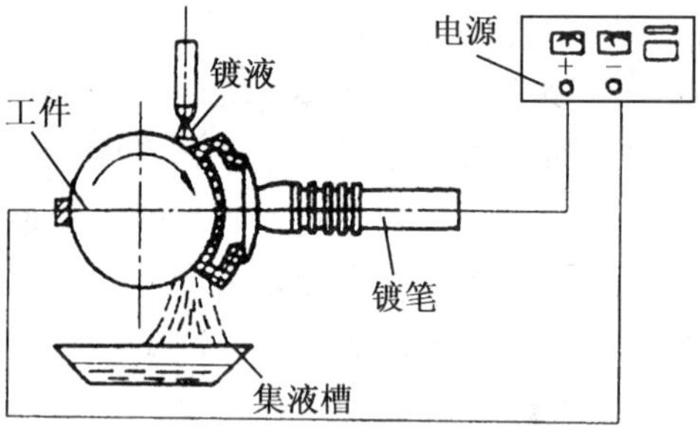

图2–118　电刷镀工作原理

与常规电镀相比，电刷镀具有以下优点：

①设备简单，携带方便，不需要大的镀槽设备。

②工艺简单，操作方便，凡镀笔能触及的部位均可电镀。

③镀层种类多，与基本材料的结合力强，力学性能好，能满足各种维修性能的要求。

④沉积速度快，但需采用高电流密度进行操作。

电刷镀主要用于恢复磨损零件的尺寸精度与几何形状精度，填补零件表面的划伤沟槽、压坑和补救加工超差零件等。还可用于强化零件表面，提高零件的耐高温性能、零件的耐蚀性和装饰零件表面，减少零件的摩擦系数。

4）机械加工与特种加工。模具制造的机械加工与特种加工方法同样可用于模具修复。

①镶块修复。镶块修复是利用铣削、镗削、线切割等加工方式去掉需要修补的部位，然后按去除部位的尺寸大小制作一件新的镶块镶入该部位。

②扩孔修复。各种杆的配合孔因滑动磨损而变形产生溢料时，可采用扩大孔径，同时也更换并相应加大杆的直径的修补方法。

③敲击修复。敲击修复是对模具上浅而小的伤痕，利用手锤敲打四周弥补伤痕的修补方法。

④磨削修复。若模具零件有轻微损坏，在不影响尺寸精度的前提下，可用磨削的加工方法去除。

⑤砂光处理。对于除锈和咬死部位的修整，可根据损伤的程度，使用油石、砂纸、便携式抛光机、研磨剂等进行修磨。

（2）模具修复方法

模具修复主要包括制造缺陷的补救、模具磨损和意外损坏修复等内容。在实际工作中，应针对不同情况，采用相应的修补手段。

制造缺陷的含义比较广泛。宏观上，在试模过程中模具所暴露出的问题都可以归为制造缺陷。此时问题的解决必须从根本上下工夫，要重新审视模具结构、材料选择及热处理、加工手段等方面。优先选择的补救措施是更换，即更换掉那些尺寸超差、材质过软等问题零件。如果发现结构上有问题，也要下决心予以纠正。若此时就采取前述的各种修复手段，显然就是降低了对模具质量的要求。在一个新模具上又焊又补，有损厂家形象，也同时留下了问题隐患（如堆焊、电刷镀等都有一个结合强度的问题）。

随着新材料的不断涌现和热处理工艺的改进，模具磨损的现象越来越少，但也时有发生。对磨损的部位可分为静止表面和可动表面两类。静止表面是指和其他零件无滑动接触的表面，由于这样的表面相对而言受外力较小，所以可以采用各种修复手段加以修补。可动表面是指和其他零件有滑动接触的表面，如滑块与滑道压板配合面、推杆与推杆孔配合面、定动模互插芯的接触面等，由于其在高频率往复运动的同时，还要承受摩擦力、锁模力等的冲击，在修补方法上必须有所选择。最佳方案是采用合适的加工手段将磨损面去除，然后相应调整相配件的尺寸，如将滑块的磨损面通过磨削去掉，同时加宽滑道压板；扩大推杆孔直径，更换推杆等。另外采用氩弧焊，不要采用电阻焊和电刷镀，后两者的结合力不如前者。

意外损坏的情况比较复杂，首先需确定是对模具修理还是更换个别零件。一般模具制造厂家都提供易损件的备件，这样更换以后模具就能够正常工作。如果需要模具修理，可针对具体的损坏情况，采用适当的修补手段。

第三部分　模具加工综合实例

1. 铣削加工实例

图3–1所示定模型板零件。根据零件的特点，可在数控铣床上加工其9.9 mm深的型腔，加工实例见表3–1所示。

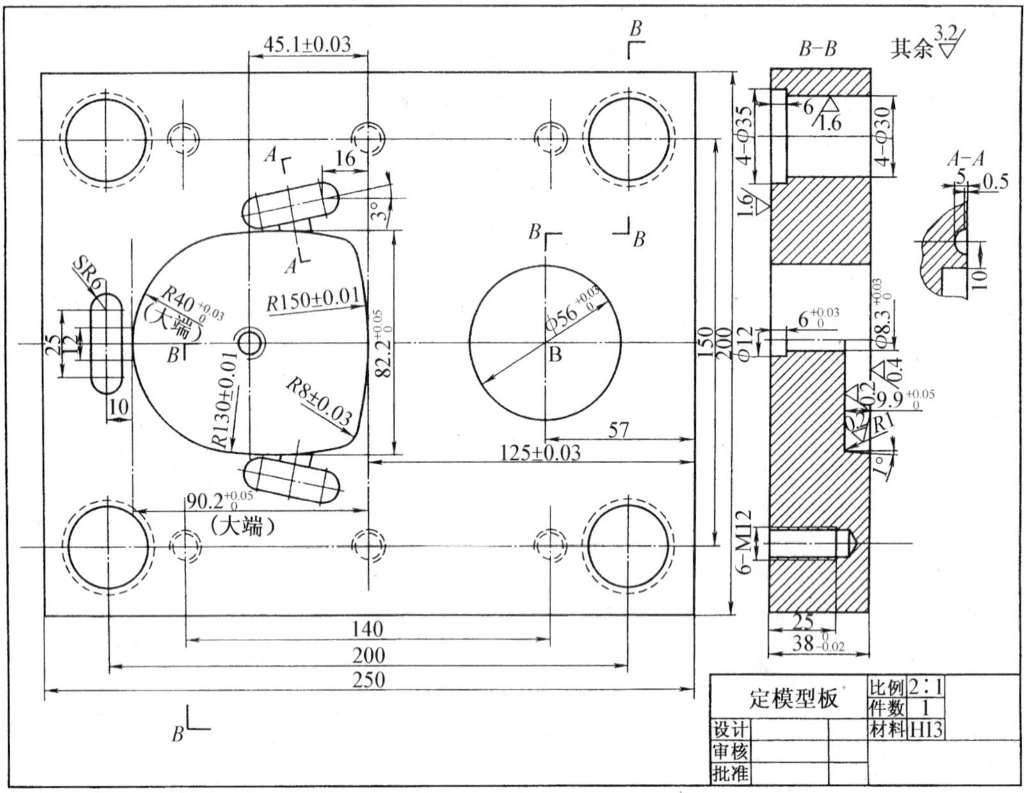

图3–1　定模型板

表3–1　定模型板加工实例

序号	实 训 内 容	要　　求	图示及说明
1	分析零件图，建立加工数学模型	根据数控加工的需要，只需建立型腔表面的数学模型。要将零件上6个孔在一道工序中加工出来，应确定孔中心位置	 根据具体情况可适当按比例缩小零件尺寸

续表

序号	实训内容	要　求	图示及说明
2	分析零件已加工状态，确定数控加工方案	根据加工条件及加工要求制订合理的工艺路线	
3	编制数控加工程序	根据数控系统的要求和工序安排，采用CAM软件编制出型腔的粗、精加工程序	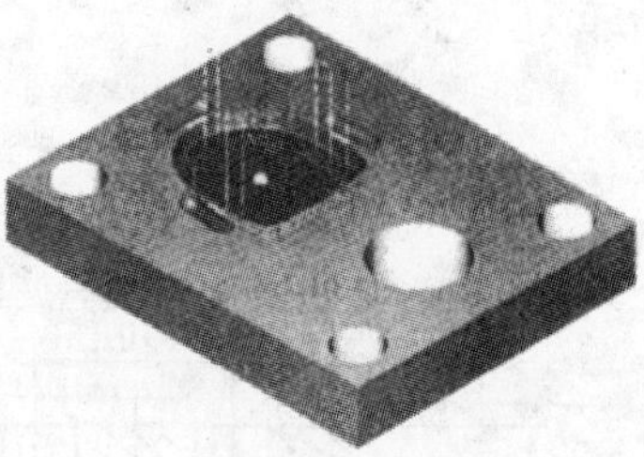
4	开机、机床回原点	确认数控铣床工作正常	
5	工件装夹找正	用螺钉压板将工件定位夹紧在机床工作台上，然后用百分表找正，找正精度控制在0.01 mm之内。螺钉压板不妨碍刀具运动	
6	刀具安装	根据加工条件和加工程序选择合适的铣刀并装夹到相应刀柄中，再将刀柄安装到机床主轴上。型腔深9.9 mm，故铣刀在刀柄上的伸出长度为15 mm左可即可	
7	对刀，设备工件坐标系	根据加工程序的编制和型腔与导柱孔的位置精度要求选择导柱孔中心或零件基准侧面相交点作为对刀点，根据加工条件选择对刀工具，保证0.01 mm的对刀精度。将对刀参数输入到机床中	
8	输入加工程序、加工参数	型腔加工程序较长，可用RS232接口方式输入到机床中	
9	程序试运行	沿+Z方向按100 mm，30 mm，10 mm，2 mm多次平移工件坐标系，检查加工程序是否正确	
10	试　切	执行加工程序，使用较低的进给速度倍率，并注意随时终止加工。必要时可使用工业用蜡代替实际材料	
11	加　工	监控加工状态，适当调整主轴转速及进给速度，完成零件加工	
12	测　量	对加工部位进行测量，检查是否达到加工要求	

2. 典型凸模的加工实例

图3-2所示为一个罩壳类塑件，成型该零件所需的型芯如图3-3和图3-4所示。

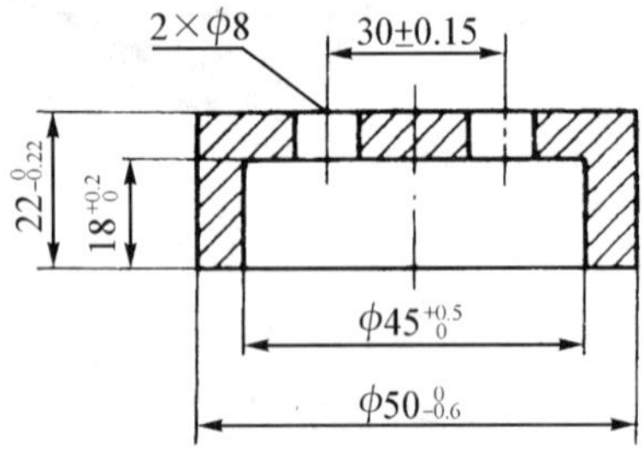

图3-2 罩壳类塑件

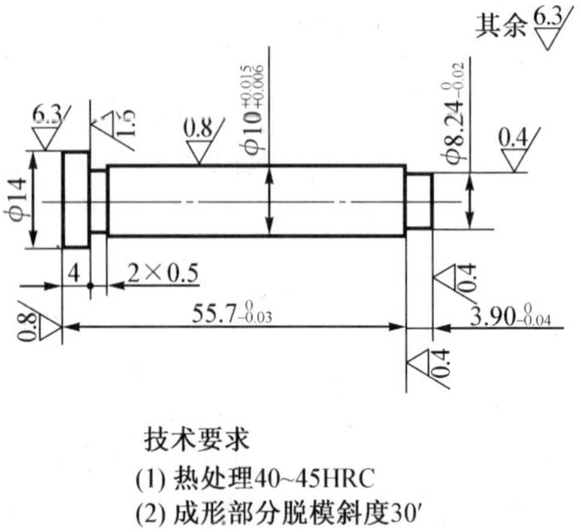

图3-3 小型芯（材料40Cr）

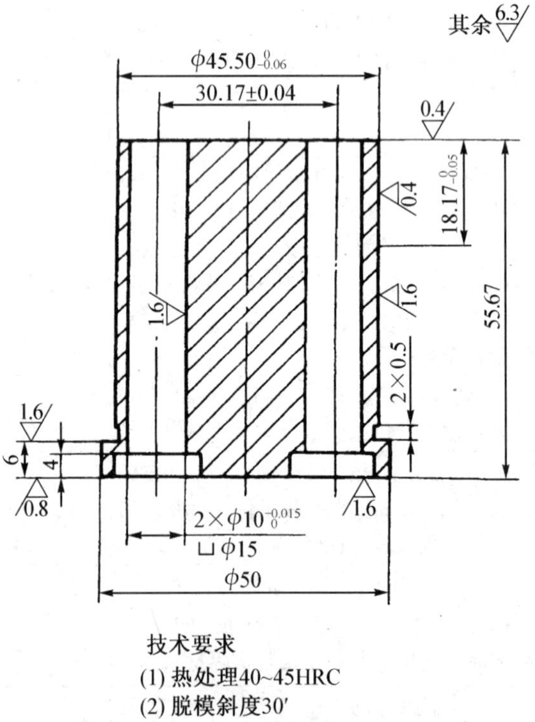

图3-4 大型芯（材料40Cr）

（1）小型芯的加工工艺过程

序号	工序名称	工序主要内容
1	下料	根据零件图尺寸，考虑装夹余量按φ19 mm×68 mm。
2	车外圆面	车右端面，粗车外圆柱面至尺寸：φ8.6 mm×3.90 mm，φ10.4 mm×51.7 mm，φ14 mm×4 mm，切槽2 mm×0.5 mm至尺寸，调头车外圆φ6 mm×8 mm（工序见图3–5）。
3	检验	
4	热处理	按技术要求热处理至40～45HRC。
5	精车	精车φ8.24 mm至尺寸，并车出斜度30′。
6	磨外圆面	磨φ10 mm至尺寸。
7	钳工	去除工艺柄。
8	检验	

（2）小型芯工艺过程分析

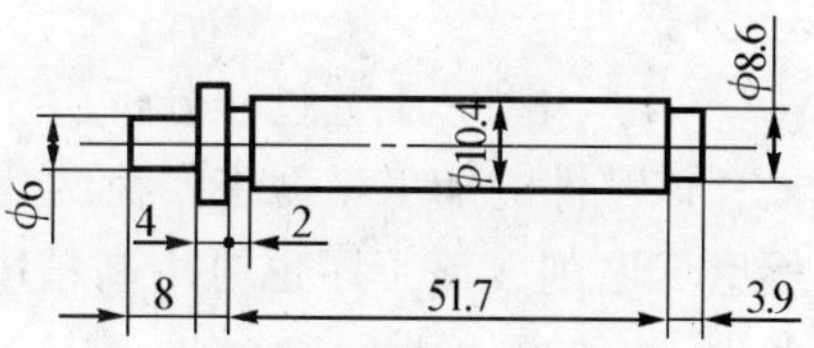

图3–5　小型芯的工序

轴类型芯是实际工作中碰到较多的一种典型成型零件，型芯的粗、精加工主要采用车削和磨削。在加工过程中，工件需要可靠地进行装夹，如果型芯的台肩宽度不能起到稳固的装夹作用时，必须在台肩侧设置工艺柄。一般工艺柄的大小可取φ6 mm×8 mm，如工序图3–5所示。当型芯各部分粗、精加工完毕后，工艺柄去除的方法可以有几种：

1）直接用锤将工艺柄敲掉，由于型芯经过热处理后，工艺柄与台肩连接处很脆，所以受到外力的敲击就可以使工艺柄与零件体分离。

2）采用线切割去除。

3）如果零件台肩处的硬度不高时，可在车床上将工艺柄切掉。

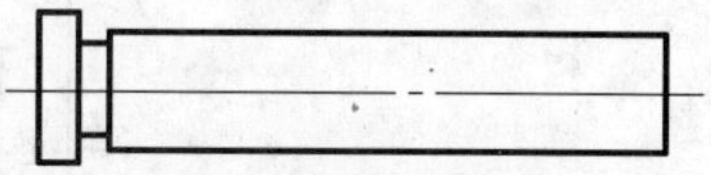
图3–6　改进的小型芯

在工序第5中采用精车来加工，不采用磨削，主要是因为磨削不能将阶梯处的直角磨出，而只能用精车。如果设计小型芯与大型芯装配处的尺寸不考虑要求基孔制的话，可以将小型芯设计成图3–6形状，这样工序5就可以采用磨削来精加工了。

（3）大型芯的加工工艺过程

序号	工序名称	工序主要内容
1	下料	根据零件图尺寸，考虑装夹余量按φ52 mm×60 mm下料。
2	车外圆面	车右端面，粗车外圆面至尺寸：φ46 mm×50 mm，切槽2 mm×0.5 mm，调头车外圆端面φ50 mm外圆面。
3	划线	两端面划线。
4	钻孔	钻2个φ11 mm孔，并锪沉孔φ15 mm，工序见图3–7。
5	热处理	按技术要求热处理至40～45HRC。
6	磨外圆面	磨外圆面至尺寸φ45.5 mm，并磨出斜度30′。

7	磨端面	磨两端面至零件尺寸。
8	磨孔	用坐标磨床磨2个φ11 mm孔。
9	钳工	钳工修整。

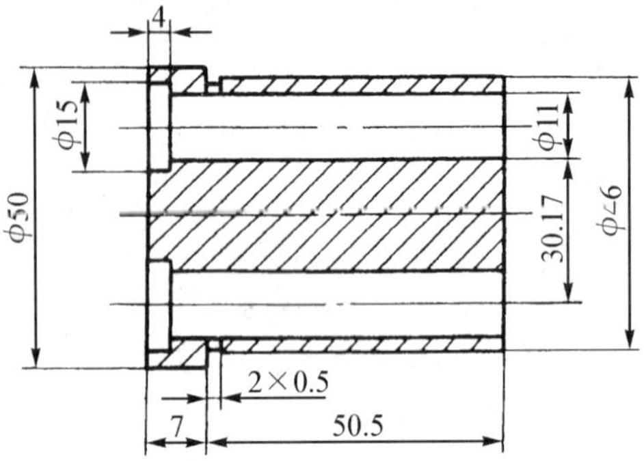

图3-7　大型芯的工序

（4）大型芯工艺过程分析

该零件的加工难度主要在两孔和孔心距上，一般的设备加工有困难，所以工序8采用坐标磨床磨削，该工序也可用高精度的线切割将两孔割出。加工过程中应多次检验，以保证各道工序的正确性。

3. 凹模的加工实例

例一　注射模型腔如图3-8所示。

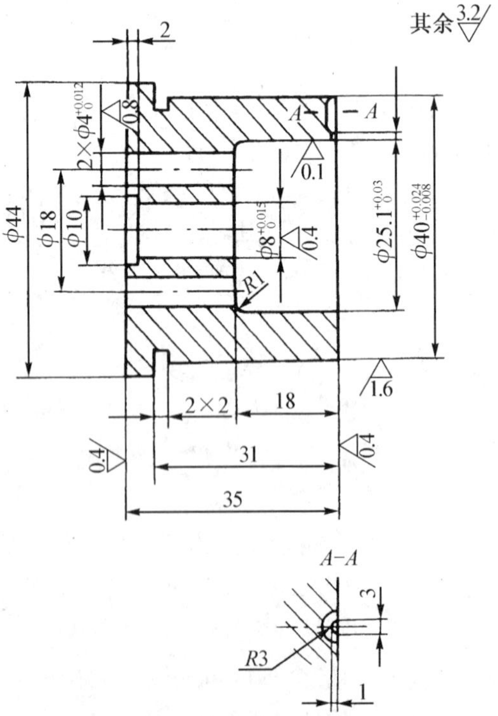

材料：GrWMn　热处理：淬硬50HRC　数量：2

图3-8　注射模型腔

（1）加工工艺过程

序号	工序名称	工序主要内容
1	下料	
2	锻	锻成ϕ48 mm×100 mm。
3	热处理	退火。
4	车	车外圆ϕ44 mm至尺寸； 车退刀槽2 mm×2 mm； 车外圆ϕ40 mm，留磨量0.5 mm； 车右端面，留磨量0.2 mm； 钻$\phi 8_{0}^{+0.015}$ mm孔，预钻孔达ϕ7 mm，铰孔ϕ8 mm，留磨量0.3 mm； 扩ϕ25.1 mm、镗ϕ25.1 mm及孔底，各留磨量0.5 mm和0.2 mm（孔深度镗至18.0 mm）； 切断； 掉头车左端，留磨量0.2 mm； 锪ϕ10 mm孔。
5	坐标镗	以外圆为基准找正，钻、铰2×$\phi 4_{0}^{+0.012}$ mm孔，留磨量0.01 mm。
6	热处理	淬火并回火达50～55HRC。
7	内圆磨	以外圆ϕ40 mm为基准，磨孔$\phi 8_{0}^{+0.015}$ mm达图样要求；磨孔$\phi 25.1_{0}^{+0.03}$ mm； 留研量0.015 mm； 磨孔底并接R1 mm，留研量0.010 mm（孔深度磨至18.19 mm）。
8	外圆磨	以内孔$\phi 8_{0}^{+0.015}$ mm定位，穿专用心轴，磨外圆$\phi 40_{+0.008}^{+0.024}$ mm达图样要求。
9	钳	研磨2×$\phi 4_{0}^{+0.012}$ mm达图样要求； 研磨$\phi 25.1_{0}^{+0.03}$ mm孔底及R1达图样要求。
10	钳工装配	

（2）工艺分析

1）锻后的毛坯长度100 mm，除包括两件型腔的长度、端面加工余量外，还包括切断槽宽和车削第2件时夹持料长度。

2）模具零件加工属单件生产，工序安排上采用工序集中的原则，所以车削各表面集中为工序4，磨削各内表面也集中在工序7。

3）工序10钳工装配包括压装型腔、与型腔固定板一起磨两大面、磨分流道和浇口。

例二 塑料模对拼式型腔如图3–9所示。材料为45钢。加工的技术要求有：型面各尺寸的公差均按±0.015 mm，成型工作面粗糙度R_a≤0.1 μm，结合面及外表面的表面粗糙度R_a≤0.8 μm，热处理调质25～30HRC。

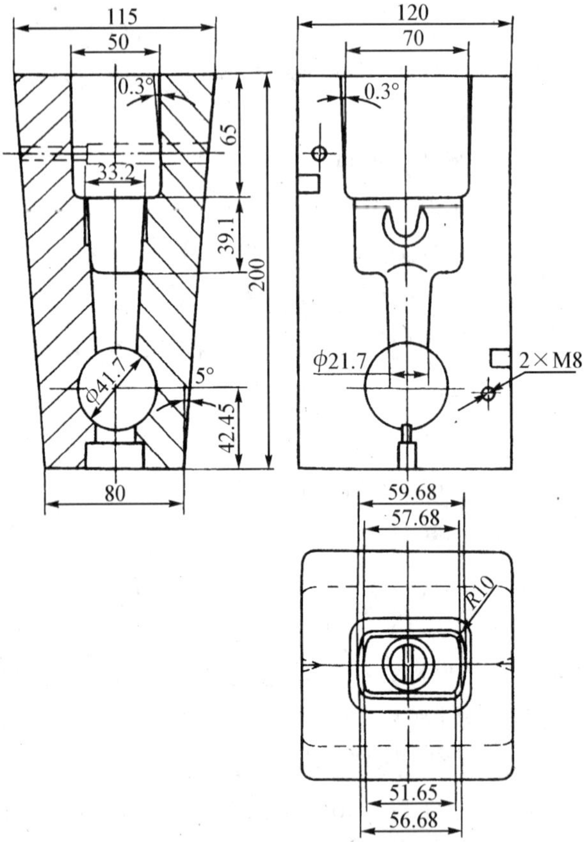

图3-9　塑料模对拼式型腔

（1）对拼式型腔的加工工艺过程

序号	工序名称	工序主要内容
1	下料（两件）	
2	锻	锻成205 mm×125 mm×62 mm（两件）。
3	刨	刨六面，5°斜面不刨出，各面留磨量0.5 mm。
4	热处理	调质25～30HRC。
5	平磨	磨结合面达要求。
6	钳	将两拼块拼合； 钻、铰导钉孔并装上导钉； 在拼块的大面（即斜面）钻工艺螺孔底孔及攻螺纹2×M8。
7	平磨	两拼块以导钉定位拼合，磨外形各表面达图样要求，5°斜面不磨出。
8	钳	将两拼块拆开，在拼块的结合面上划ϕ41.7 mm圆球面中心，钻ϕ10 mm预孔，深10 mm。

9	车	按ϕ10 mm预孔找正，装夹在花盘上，粗、精车ϕ41.7 mm圆球面，留研磨余量0.015 mm； 车另一拼块的ϕ41.7 mm圆球面，要求同前。
10	车	花盘上搭铁角，拼块以螺钉初步紧固在角铁上，以导钉定位拼装另一拼块，按外形表面找正中心后夹紧； 钻锥孔的预孔达ϕ18 mm； 镗孔ϕ21.7 mm，留研量0.02 mm；镗锥孔，留研磨量0.012 mm。
11	钳	拆开拼块，在结合面上划方形孔、圆弧槽、缺口、浇道和浇口线。
12	立铣	按线找正； 铣2个方形孔预孔，留电火花加工余量0.8 mm； 铣圆弧槽，留研磨0.015 mm； 铣浇口、浇道、留研磨量0.010 mm； 铣两侧缺口。
13	电火花加工	以导钉定位拼合两拼块，以外形面找正；电火花加工56.68 mm × 33.2 mm方形孔，留研磨量0.015 mm； 电火花加工70 mm × 50 mm方形孔，留研磨量0.015 mm。
14	工具磨	磨5° 斜面达图样要求。
15	钳	研磨型孔各型面达图样要求。 研磨浇口、浇道达图样要求。

（2）工艺分析

1）对拼式型腔加工的关键和难点是保证两拼块上半型孔对正和不错位，工艺上的措施是以导钉定位，将两拼块拼合起来加工。所以首先是磨结合面（工序5）、加工导钉孔和装导钉（工序6）。

2）工序7将两拼块拼合后磨外形，目的是使两拼块有相同外形尺寸和基面，磨时应特别注意两拼块的厚度须一致。

3）工序9中，拼块A找正并在花盘上夹紧后，紧靠拼块的一对垂直面（基面）装上两块定位板，另一拼块使用这两块定位板定位装夹，以保证两拼块上的半圆球面的对正（图3–10）。

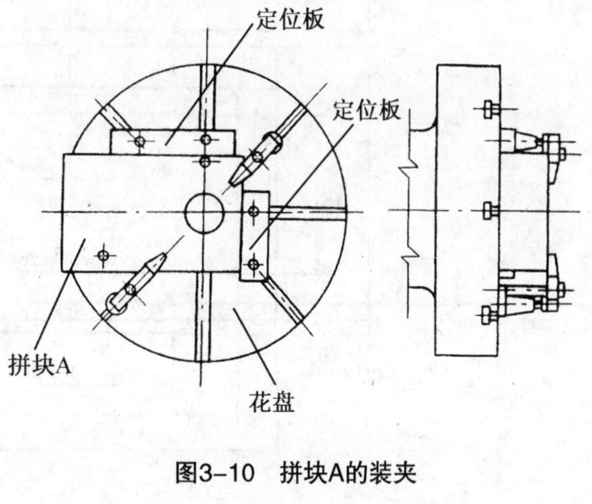

图3–10 拼块A的装夹

4）工序10的装夹方法如图3–11所示。

5）型孔以电火花加工精加工（工序13）。即使铣预孔（工序12）时，型孔有些错位，在电火花加工中可以纠正过来。

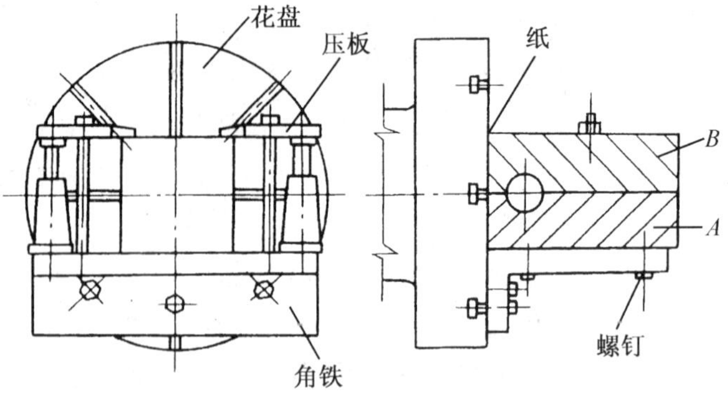

图3-11　工序10的装夹方法

6）如果因为结构或使用上的原因，不允许在拼块上装导钉，则可将拼块的毛坯加宽（加长）或增加一个工艺柄来装导钉。待加工完毕后，再将加宽（加长）的部分或工艺柄去掉。

例三　如图3-12所示是注射模上凹模镶块。

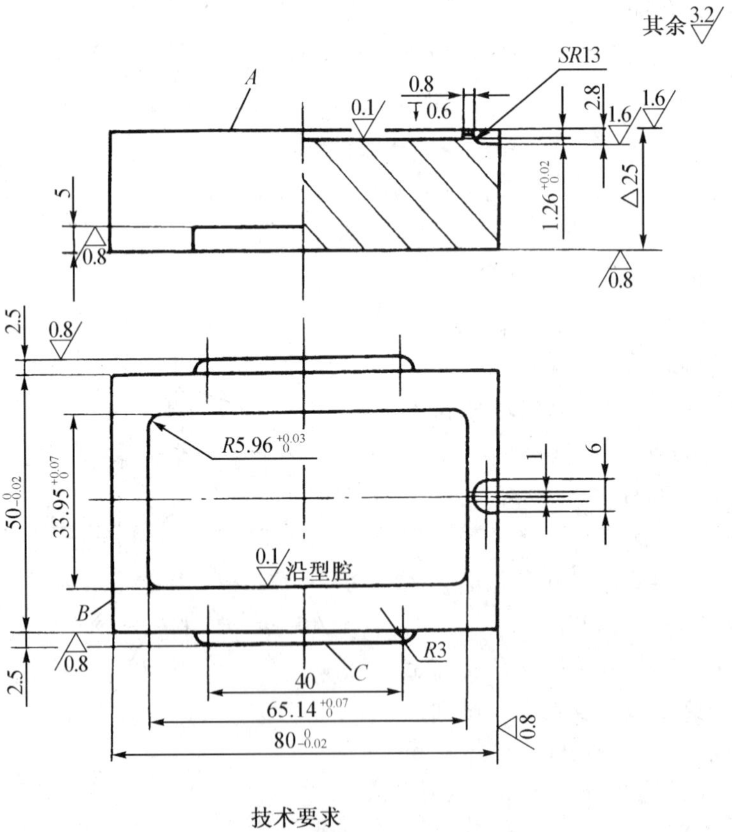

技术要求

(1) △尺寸磨配

(2) 热处理53~58HRC

(3) 材料：T10A

图3-12　上凹模镶块结构及尺寸

加工工艺过程

序号	工序名称	工序主要内容
1	下料	ϕ80 mm × 31 mm。
2	锻造	锻成85 mm × 60 mm × 30 mm。
3	热处理	退火至180 ~ 200HBS。
4	刨	刨六面至尺寸81 mm × 56 mm × 26.5 mm。
5	平磨	磨六面至尺寸80.4 mm × 55 mm × 26 mm，并保证*B*、*C*面及上下平面四面垂直度0.02 mm/100 mm。
6	数控铣	（1）以*B*、*C*面为基准铣型腔，长、宽到要求，深度到1.5 mm； （2）铣流道及浇口，除其深度按图样相应加深0.26 mm外，其余到要求。 （3）铣2个40 mm × 2.5 mm台阶，使相关尺寸$50^{0}_{-0.02}$ mm到50.5 mm。
7	钳	（1）研光浇口流道R_a（0.2 ~ 0.4）μm； （2）修锉2个40 mm × 2.5 mm台阶两端*R*2.5圆弧到要求。
8	热处理	淬火至要求。
9	平磨	（1）磨Δ25尺寸到25.5 mm型腔面磨光为止，磨$80^{0}_{-0.02}$ mm到要求。 （2）注意保证各面垂直，垂直度误差在0.02 mm/100 mm以内。
10	成型磨	磨$50^{0}_{-0.02}$ mm到要求。
11	钳	将本件压入上固定板。
12	平磨	与上固定板配磨，使本件与上固定板上平齐平，且使型腔深度达到要求。
13	钳	研型腔到R_a0.1 μm，研浇口到R_a0.8 μm。

例四　图3–13所示是注射模的下固定板。

加工工艺过程

序号	工序名称	工序主要内容
1	下料	切割钢板至尺寸285 mm × 195 mm × 45 mm。
2	刨	刨六面至尺寸281 mm × 191 mm × 41 mm。
3	热处理	调质至尺寸20 ~ 25HRC。
4	平磨	磨六面至尺寸280 mm × 190 mm × 40 mm，保证*A*、*B*面及两大平面四面垂直，垂直误差在0.01 mm/10 mm以内。
5	钳	（1）划线以*A*、*B*面为基准划各孔位中心线，60 mm槽宽线，中间2个80 mm × 50 mm方孔的线切割穿丝孔位中心线。

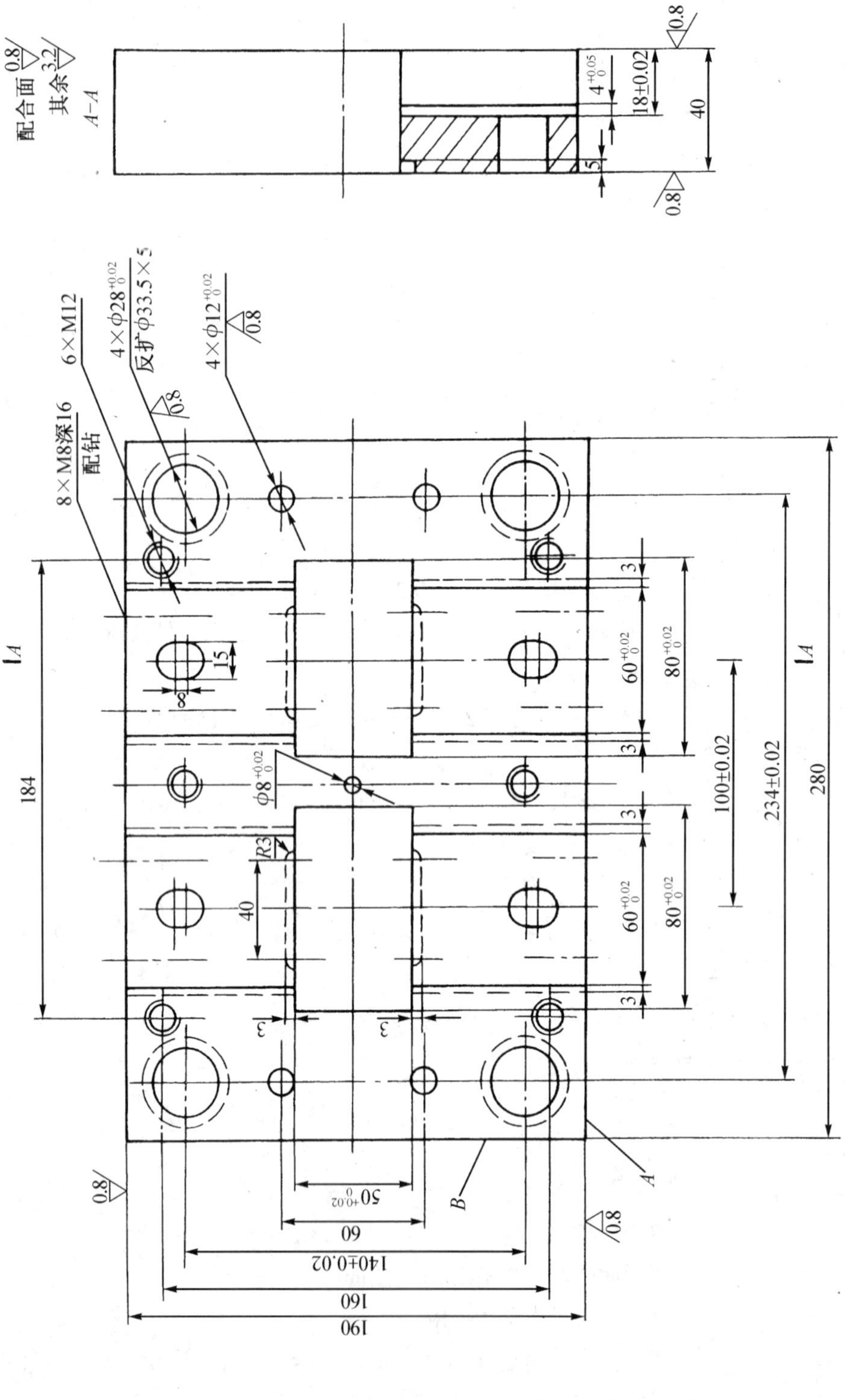

技术要求

(1) 材料：45钢

(2) 铣斜销孔后铣长圆孔

(3) 热处理：20~25HRC

图3-13　下固定板

		（2）钻穿丝孔。
6	线切割	以*A*、*B*面为基准切2个80 mm × 50 mm方孔到要求。
7	铣	（1）以*A*、*B*面为基准找正，铣导滑槽到要求。**注意**：导滑槽位置与线切割方位置对中。 （2）翻面铣4个40 mm × 5 mm柱台。 （3）与上固定板配4 × ϕ 28 mm孔到要求，并扩ϕ 33.5 mm × 5 mm孔到要求。
8	钳	与下垫板配合加工： （1）钻铰4 × ϕ 12 mm孔到要求，钻铰中间ϕ 8 mm孔到要求。 （2）钻6 × M12 mm螺纹底孔，并攻螺纹到要求。 （3）配钻8 × M8 mm螺纹底孔，并攻螺纹到要求。
9	铣	模具组合件钻镗斜销孔，确定4个中心距8 mm两端为ϕ 15 mm，半圆的长圆孔孔位拆卸组合件后，单独铣该4个长圆孔到要求。

例五 如图3-14所示是压缩模的凹模

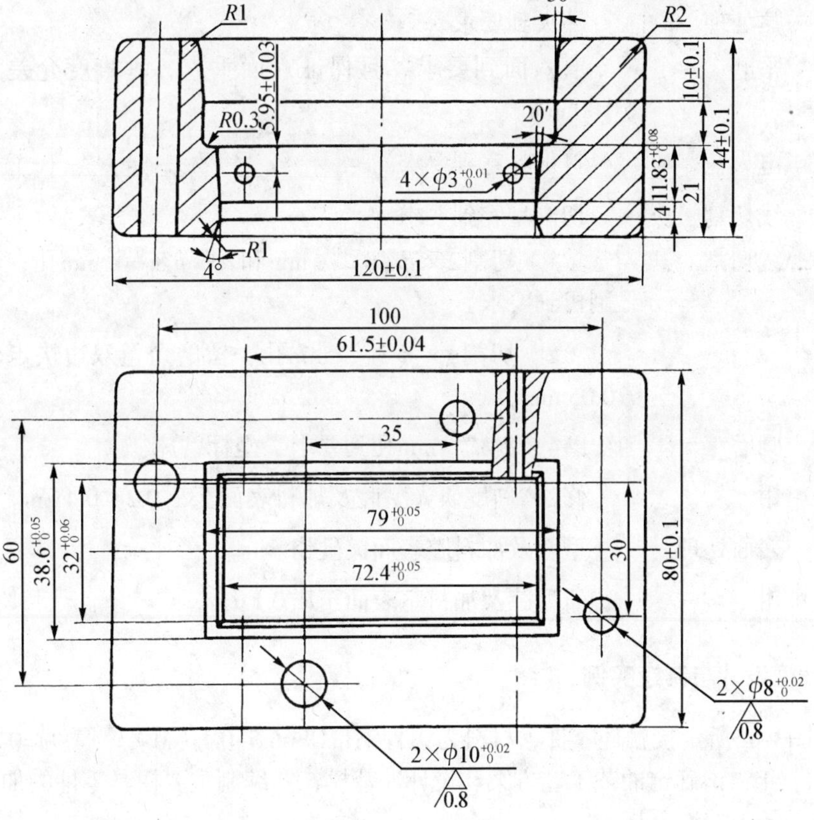

技术要求

(1) 热处理：38~62HRC

(2) 材料：T10A

(3) 型腔：加料室表面R_a0.1, 其余表面R_a0.63

图3-14 压缩模的凹模

加工工艺过程

序号	工序名称	工序主要内容
1	下料	ϕ80 mm × 110 mm。
2	锻造	锻成128 mm × 88 mm × 48 mm。
3	热处理	退火至180 ~ 200HBS。
4	铣	铣六面至120.6 mm × 80.6 mm × 44.6 mm。
5	平磨	磨六面至120.3 mm × 80.3 mm × 44.3 mm，保证六面垂直，垂直度允差为0.02 mm/100 mm。
6	钳	（1）划线：型腔及加料室轮廓线，各孔位中心线。 （2）钻孔：在各孔位钻穿丝孔，并钻型腔穿丝孔。
7	铣	（1）粗铣加料室，四边及底面，留0.5 ~ 1 mm余量。 （2）翻面铣4° 斜面到要求。
8	钳	修锉4° 斜面四角及口部R1到要求。修锉外形各处R2到要求。
9	热处理	淬火到要求。
10	平磨	磨六面到要求，且保证六面垂直，垂直度允差为0.02 mm/100 mm。
11	电火花	打加料室到要求。
12	线切割	切割型腔到要求。
13	线切割	（1）切割2 × $\phi\,10_{0}^{+0.012}$ mm和2 × $\phi\,8_{0}^{+0.012}$ mm孔，快走丝线切割机到要求。 （2）切割4 × $\phi\,3_{0}^{+0.01}$ mm孔，留磨余量双边快走丝线切割机0.05 mm。
14	圆磨	磨4 × $\phi\,3_{0}^{+0.01}$ mm孔到要求，坐标磨床。
15	钳	修20′ 斜度研光型腔及加料表面至R_a 0.2 ~ 0.4 μm。
16	表面处理	型腔及加料腔表面镀硬铬。
17	钳	研型腔及加料室表面至R_a 0.1 μm。

4. 冲裁模设计与制造实例

冲裁如图3-15所示接触环零件，材料为锡青铜带QSn6.5-0.1（M），厚度t=0.3 mm。已知产量为15万件/年，请确定冲裁工艺方案和设计冲裁模，并编制主要模具零件的加工工艺。

（1）零件的工艺性分析

1）结构与尺寸。该零件结构较简单，形状对称，尺寸较小。悬臂宽度（1.5、1.025）大于1.5t，臂长（3.25、1.3）小于5倍臂宽；凹槽宽度$1.65_{0}^{+0.12}$ mm＞1.5t，深度也较小；最小孔径$\phi\,1.85_{0}^{+0.12}$ mm＞0.9t；孔至边缘间最小距离（0.925）＞1.5t。均适宜于冲裁加工。

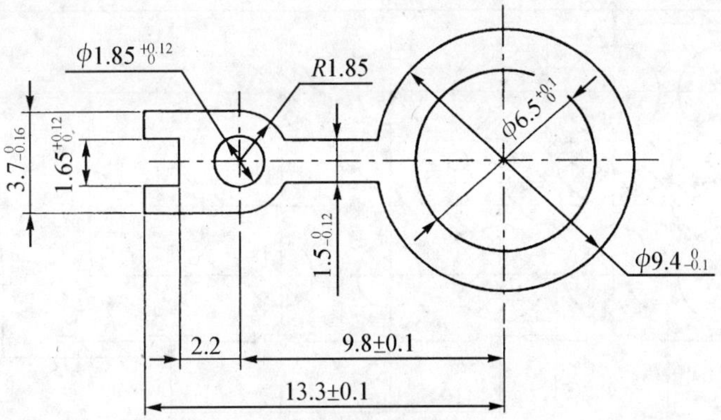

图3-15　接触环

2）精度。零件尺寸公差除$\phi 9.4^{0}_{-0.1}$接近于IT11级以外，其余尺寸均低于IT2级，亦无其他特殊要求。从表可知，利用普通冲裁方式可以达到零件图样要求。

3）材料。锡青铜带QSn6.5-0.1（M），软态，带料，抗剪强度τ_b=255 MPa，断后伸长率δ_{10}=38%。此材料具有较高的弹性和良好的塑性，其冲裁加工性较好。

根据以上情况分析，该零件的工艺性较好，可以冲裁加工。

（2）确定冲裁工艺方案

该零件包括落料和冲孔两个基本工序，可采用的冲裁工艺方案有单工序冲裁、复合冲裁和级进冲裁3种。由于零件属于大批量生产，尺寸又较小，因此采用单工序冲裁效率太低，且不便于操作。若采用复合冲裁，虽然冲出的零件精度和平直度较好，生产效率也较高，但因零件的孔边距太小，模具强度不能保证。采用级进冲裁时，生产效率高，操作方便，通过设计合理的模具结构和排样方案可以达到较好的零件质量和避免模具强度不够的问题。

根据以上分析，该零件采用级进冲裁工艺方案。

（3）确定模具总体结构方案

1）模具类型。根据零件的冲裁工艺方案，采用级进冲裁模。

2）操作与定位方式。虽然零件的生产批量较大，但合理安排生产可用手工送料方式能够达到批量要求，且能降低模具成本，因此采用手工送料方式。考虑零件尺寸较小，材料厚度较薄，为了便于操作和保证零件的精度，宜采用导料板导向、侧刃定距的定位方式。为减小料头和料尾的材料消耗和提高定距的可靠性，采用双侧刃前后对角布置。

3）卸料与出件方式。考虑零件厚度较薄，采用弹性卸料方式。为了便于操作、提高生产率，冲件和废料采用由凸模直接从凹模洞口推下的下出件方式。

4）模架类型及精度。由于零件厚度薄，冲裁间隙很小，又是级进模，因此采用导向平稳的对角导柱模架。考虑零件精度要求不是很高，但冲裁间隙较小，因此采用Ⅰ级模架精度。

（4）工艺与设计计算

1）排样设计与计算。该零件材料厚度较薄，尺寸小，近似T形，因此可采用45°的斜对排样，如图3-16所示。考虑模具强度的影响，在冲孔和落料工位之间增设一个空位。

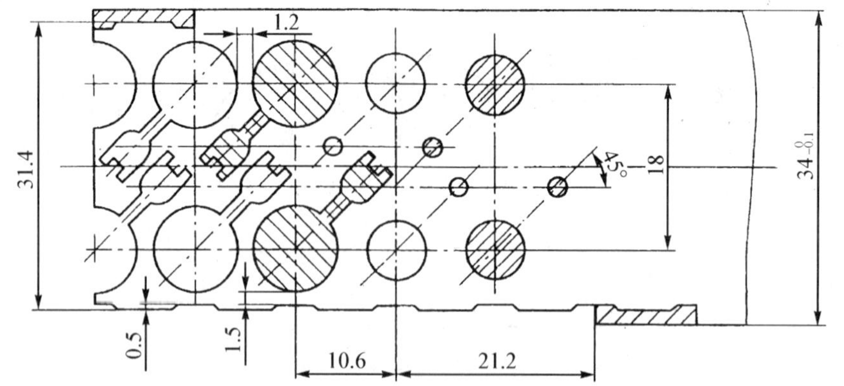

图3-16 排样

根据排样图的几何关系，可以近似算出两排中心距为18 mm。

取a=1.5 mm，a_1=1.2 mm，Δ=0.10 mm，z=0.5 mm，b_1=1.3 mm，y=0.1 mm。另因采用的ⅠC型侧刃，故料宽每边需增加燕尾形切入深度a'=0.5 mm。因此，条料宽度为

$$B_{-\Delta}^{0}=(D_{max}+2a+2a'+nb_1)_{-\Delta}^{0}$$
$$=(18+9.4+2\times1.5+2\times0.5+2\times1.3)_{-0.10}^{0}=34_{-0.10}^{0}\text{（mm）}$$

冲裁后废料宽度为

$$B_1=D_{max}+2a+2a'=18+9.4+2\times1.5+2\times0.5=31.4\text{（mm）}$$

进距为

$$S=9.4+1.2=10.6\text{（mm）}$$

导料板间距为

$$B'=B+Z=34+0.5=34.5\text{（mm）}$$
$$B_1'=B_1+Y=31.4+0.2=31.5\text{（mm）}$$

由零件图近似算得一个零件的面积为54 mm^2，一个进距内冲两件，故A=54×2=108 mm^2。一个进距内的坯料面积$B\times s$=34×10.6=360.4 mm^2。因此材料利用率为

$$\eta=\frac{A}{B_s}\times100\%=\frac{108}{360.4}\times100\%\approx30\%$$

2）计算冲压力与压力中心，初选压力机。

①冲裁力。根据零件图可算得一个零件内外周边之和L_1=77 mm，侧刃冲切长度L_2=13.8 mm。根据排样图一模冲两件和双侧刃布置，故总冲裁长度L=（77+13.8）×2=181.6 mm。又τ_b=255 MPa，t=0.3 mm，取K=1.3，则

$$F=KLt\tau_b=1.3\times181.6\times0.3\times255=18\,060\text{（N）}$$

②卸料力。取K_x=0.06，则

$$F_x=K_xF=0.06\times18\,060=1\,084\text{（N）}$$

③推件力。根据材料厚度取凹模刃口直壁高度h=5 mm，故$n=h/t$=5/0.3=16。取K_T=0.07，则

$$F_T=nK_TF=16\times0.07\times18\,060=20\,227\text{（N）}$$

总冲压力$F_\Sigma=F+F_x+F_T$=18 060+1 084+20 227=39 371 N≈40（kN）

应选取的压力机公称压力$P_0 \geqslant (1.1 \sim 1.3) F_{\Sigma} = (1.1 \sim 1.3) \times 40 = 44 \sim 52$ kN，因此可选压力机型号为J23—6.3。

因冲裁件尺寸较小，冲裁力不大，且选用了对角导柱模架，受力平稳，估计压力中心不会超出模柄端面积之外，故不必详细计算压力中心的位置。

3）计算凸、凹模刃口尺寸及公差。由于材料薄，模具间隙小，故凸、凹模采用配作加工为宜。又根据排样图知，凹模的加工较凸模困难，且级进模所有凹模型孔均在同一凹模板上，因此，选用凹模为制造基准件。故不论冲孔、落料，只计算凹模刃口尺寸及公差，并将计算标注在凹模图样上。各凸模仅按凹模各对应尺寸标注其基本尺寸，并注意按凹模实际刃口尺寸配双面间隙0.03 mm，侧刃按侧刃孔配单面间隙0.015 mm。

① 落料凹模刃口尺寸。按磨损情况分类计算。

a．凹模磨损后增大的尺寸，按公式$A_d = (A_{max} - x\Delta)_0^{+\Delta/4}$计算。

$9.4_{-0.1}^{0}$　　$A_{d1} = (9.4 - 0.75 \times 0.1)_0^{+0.1/4} = 9.33_0^{+0.025}$（mm）

$1.5_{-0.12}^{0}$　　$A_{d2} = (1.5 - 0.75 \times 0.12)_0^{+0.12/4} = 1.44_0^{+0.03}$（mm）

$3.7_{0.16}^{0}$　　$A_{d3} = (3.7 - 0.75 \times 0.16)_0^{+0.16/4} = 3.58_0^{+0.04}$（mm）

13.3 ± 0.1　　$A_{d4} = (13.3 + 0.1 - 0.75 \times 0.2)_0^{+0.2/4} = 13.25_0^{+0.05}$（mm）

2.2 ± 0.12　　$A_{d5} = (2.2 + 0.12 - 0.5 \times 0.24)_0^{+0.24/4} = 2.2_0^{+0.025}$（mm）

b．凹模磨损后减小的尺寸，按公式$B_d = (B_{min} + x\Delta)_{-\Delta/4}^{0}$计算。

$1.65_0^{+0.12}$　　$B_d = (1.65 + 0.75 \times 0.12)_{-0.12/4}^{0} = 1.74_{-0.03}^{0}$（mm）

c．凹模磨损后不变的尺寸，按公式$C_d = (C_{min} + 0.5\Delta) \pm \Delta/8$计算。

9.8 ± 0.1　　$C_d = (9.7 + 0.5 \times 0.2) \pm 0.2/8 = 9.8 \pm 0.025$（mm）

②冲孔凹模刃口尺寸。冲孔凹模均为圆形，可按公式$d_d = (d_{min} + x\Delta + Z_{min})_0^{+\Delta/4}$计算。

$6.5_0^{+0.1}$　　$d_{d1} = (6.5 + 0.75 \times 0.1 + 0.03)_0^{+0.1/4} = 6.61_0^{+0.025}$（mm）

$1.85_0^{+0.12}$　　$d_{d2} = (1.85 + 0.75 \times 0.12 + 0.03)_0^{+0.12/4} = 1.97_0^{+0.03}$（mm）

③侧刃孔尺寸可按公式$A_d = (A + 0.5Z_{min})_0^{+\delta_d}$计算，取$\delta_d = 0.02$，则

$$A_d = (A + 0.5Z_{min})_0^{+\delta_d} = (10.6 + 0.5 \times 0.03)_0^{+0.02} = 10.61_0^{+0.02} \text{（mm）}$$

当采用线切割机床加工凹模时，各型孔尺寸和孔距尺寸的制造公差均可标注为±0.01（为机床一般可达到的加工误差），本例即采用这种加工的标注法。

（5）设计选用模具零、部件，绘制模具总装草图

限于篇幅，这里只介绍凸、凹模零件的设计过程。

1）凹模设计。凹模采用矩形板状结构和直接通过螺钉、销钉与下模座固定的固定方式。因冲件的批量较大，考虑凹模的磨损和保证冲件的质量，凹模刃口采用直刃壁结构，刃壁高度取5 mm，漏料部分沿刃口轮廓适当扩大（为便于加工，落料凹模漏料孔可设计成近似于刃口轮廓的简化形状，如图3-17所示）。凹模轮廓尺寸计算如下。

沿送料方向的凹模型孔壁间最大距离为

$$l = 31.81 + 21.2 + 10.61 \approx 63.6 \text{（mm）}$$

垂直于送料方向的凹模型孔壁间最大距离为

$$b = 31.4 - 2 \times 0.5 + 2 \times 6 = 42.4 \text{（mm，取侧刃厚度为6 mm）}$$

沿送料方向的凹模长度为

$$L = l + 2c = 63.6 + 2 \times 20 = 103.6 \text{（mm，取}c = 20\text{ mm）}$$

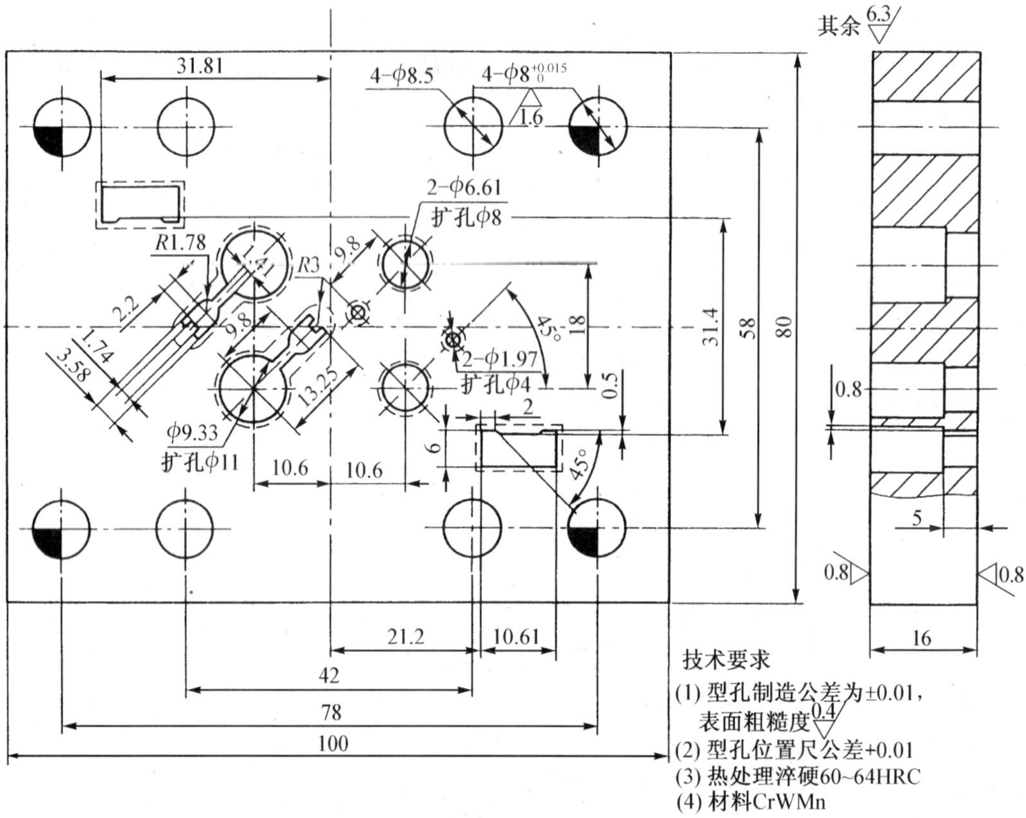

图3-17　凹模

垂直于送料方向的凹模宽度为

$$B=b+2c=42.4+2\times20=82.4\ (\text{mm})$$

凹模厚度为

$$H=K_1K_2\sqrt[3]{0.1F}=1\times1.25\sqrt[3]{0.1\times18\,060}=15.2\ (\text{mm，取}K_2=1.25，K_1=1)$$

根据算得的凹模轮廓尺寸，选取与计算值相接近的标准凹模板轮廓尺寸为$L\times B\times H$=100 mm × 80 mm × 16 mm。

凹模的材料选用CrWMn，工作部分热处理淬硬60 ~ 64 HRC。

2）凸模设计。落料凸模刃口部分为非圆形，为便于凸模和固定板的加工，可设计成阶梯形结构，并将安装部分设计成便于加工的长圆形，通过铆接方式与固定板固定。凸模的尺寸根据刃口尺寸、卸料装置和安装固定要求确定。凸模的材料也选用CrWMn，工作部分热处理淬硬58 ~ 62 HRC。

冲孔凸模的设计与落料凸模基本相同，因刃口部分为圆形，其结构更简单。考虑冲孔凸模直径很小，故需对最小凸模$\phi\,1.85^{+0.12}_{0}$ mm冲孔凸模进行强度和刚度校核。

①凸模最小直径的校核（强度校核）。因孔径虽小，但远大于材料厚度，估计凸模的强度和刚度是够的。为使弹压卸料板加工方便，取凸模与卸料板的双面间隙为0.2 mm（不起

导向作用）。

凸模的最小直径d应满足

$$d \geqslant 5.2t\tau_b/(\sigma_{压})=5.2\times0.3\times255/1\,200=0.33\text{ mm}\ [取(\sigma_{压})=1\,200\text{ MPa}]$$

而$d_{p2}=d_{d2}-Z_{min}=1.97-0.03=1.94$ mm，因$d_{p2}>0.33$ mm，所以凸模强度足够。

②凸模最大自由长度的校核（刚度校核）。凸模最大自由长度L应满足

$$L\leqslant 90d^2/\sqrt{F}=90\times1.94^2/\sqrt{1.3\times3.14\times1.94\times0.3\times255}=13.8\ (\text{mm})$$

由此可知，小冲孔凸模工作部分长度不能超过13.8 mm。本例取小冲孔凸模工作部分长度为12 mm，大冲孔凸模和落料凸模为15 mm（见图3–18、图3–19和图3–20）。

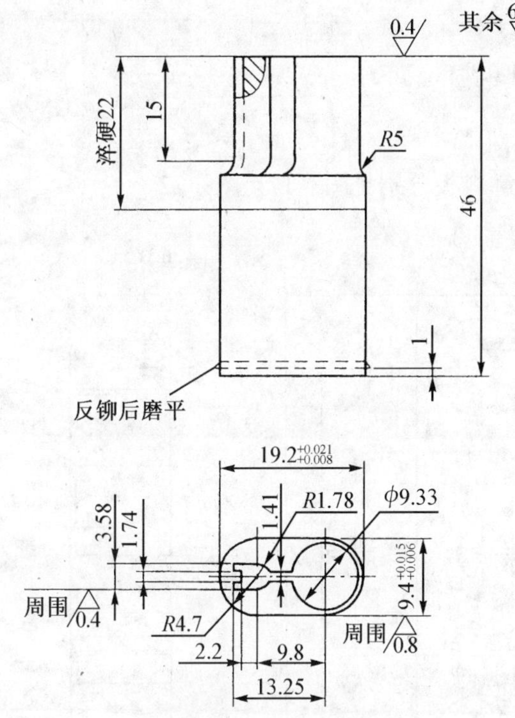

技术要求

(1) 刃口部分按凹模实际刃口尺寸配作，保证双面间隙0.03mm

(2) 保持刃口锋利

(3) 淬硬部分58~62HRC

(4) 材料CrWMn

图3–18　落料凸模

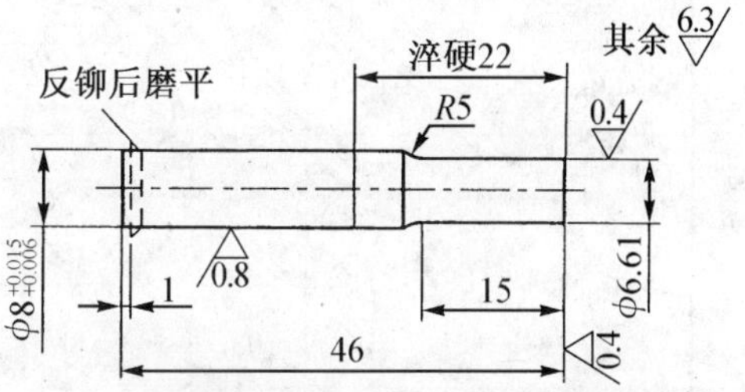

技术要求

(1) 刃口部分按凹模实际刃口尺寸配作，保证双面间隙0.03mm

(2) 保持刃口锋利

(3) 淬硬部分58~62HRC

(4) 材料CrWMn

图3–19　大冲孔凸模

其他主要模具零部件的尺寸规格为：模架100 mm × 80 mm（120 ~ 145）mm（GB/T2851.3—1990），凸模固定板100 mm × 80 mm × 18 mm，卸料板100 mm × 80 mm × 12 mm（台阶高度4.5 mm），垫板100 mm × 80 mm × 4 mm，卸料弹簧2.5 × 12 × 40（GB2089—1980），模柄A30 × 78（GB2862.1—1981）。

根据模具总体结构方案和已设计选用的模具零部件，绘制模具总装草图，并检查和核对模具零件的相关尺寸、配合关系及结构工艺性等，校核压力机的参数，最后作出合理修改。

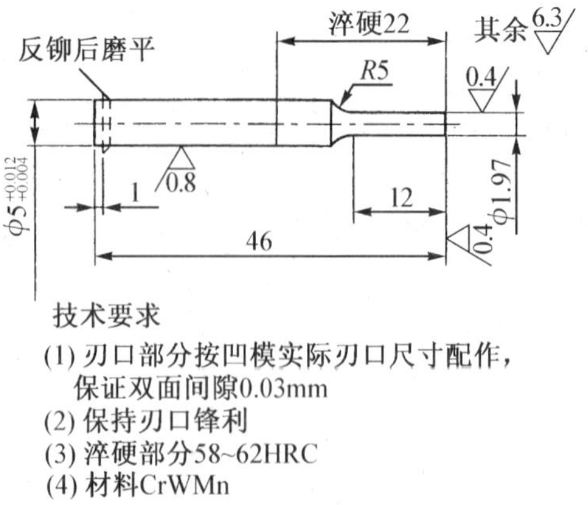

图3-20 小冲孔凸模

（6）绘制正规模具总装图和非标准模具零件图

凹模、落料凸模、冲孔凸模、凸模固定板和卸料板分别见图3-17至图3-22。

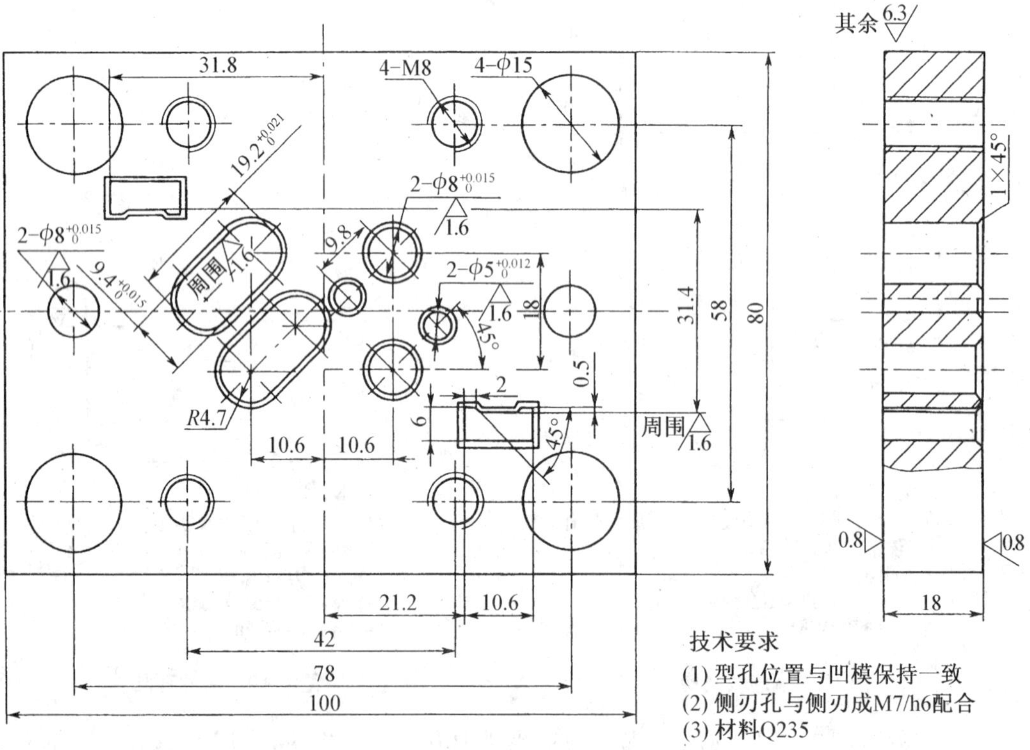

图3-21 凸模固定板

（7）制定模具零件加工工艺过程

这里以凹模、落料凸模和凸模固定板为例，制定的加工工艺过程分别见表3-2至表3-3。

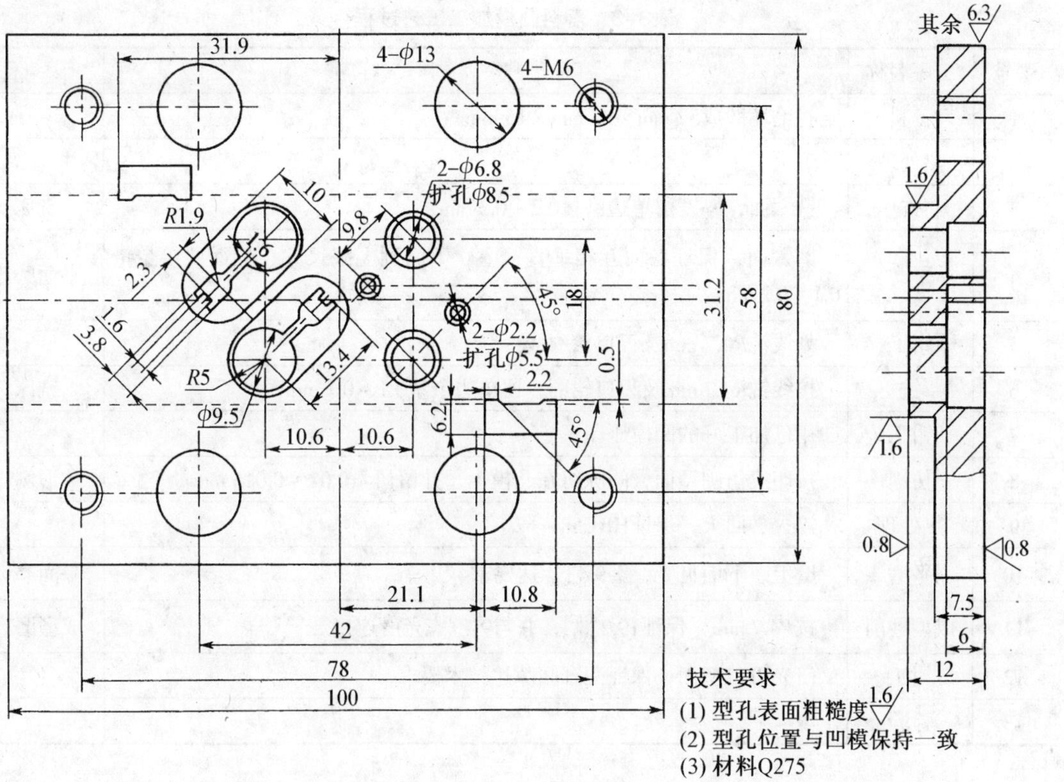

图3-22　卸料板

表3-2　凹模加工工艺过程

序号	工序名称	工 序 内 容	设　备
1	备料	将毛坯锻成105 mm × 85 mm × 22 mm	
2	热处理	退火	
3	铣	铣六面，厚度留单边磨量0.2 ~ 0.3 mm	铣床
4	平磨	磨厚度到上限尺寸，磨侧基面保证互相垂直	平面磨床
5	钳工	划各型孔、螺孔、销孔位置线，划漏料孔轮廓线	
6	铣	铣漏料孔达要求	铣床
7	钳工	钻4 – ϕ 8.5 mm、钻铰4 – ϕ $8.5_{0}^{+0.015}$ mm，在各型孔处钻穿丝孔	钻床
8	热处理	淬火、回火，保证HRC60 ~ 64	
9	平磨	磨厚度及侧基面见光	平面磨床
10	线切割	按图切割各型孔，留0.005 ~ 0.01 mm单边研量	线切割机床
11	钳工	研光各型孔达要求	
12	检验		

表3-3　落料凸模加工工艺过程

序号	工序名称	工　序　内　容	设　备
1	备料	将毛坯锻成52 mm × 25 mm × 15 mm	
2	热处理	退火	
3	铣	铣六面，厚度留单边磨量0.2 ~ 0.3 mm	铣床
4	平磨	磨六面，保证各面互相垂直，上、下面到上限尺寸，侧面留单余量0.1 ~ 0.2 mm	平面磨床
5	钳工	划线铣*R*4.7 mm及刃口轮廓线	
6	铣	按线铣*R*4.7 mm及刃口轮廓，留单边余量0.1 ~ 0.2 mm	铣床
7	钳工	用已加工好的凹模压印痕	
8	仿刨	按印痕仿刨型面，间隙留在凸模上，并留研量0.01 ~ 0.015 mm	仿形刨床
9	热处理	淬火、回火，保证HRC58 ~ 62	
10	平磨	磨上、下面见光，磨$9.4^{+0.015}_{+0.006}$达要求	平面磨床
11	成型磨削	按*R*4.7 mm，保证$19.2^{+0.021}_{+0.008}$，并与$9.4^{+0.015}_{+0.006}$光滑连接	成型磨床
12	钳工	研光刃口型面，保证配合间隙达技术要求	
13	检验		

5. 弯曲模设计实例

图3-23所示的零件为汽车上的塑料闸瓦钢背，每辆车需16个。材料为**Q235**，厚度*t*=3 mm。

设计步骤如下：

（1）分析零件的冲压工艺性和确定工艺

弯曲模没有固定的结构形式，有可能设计得很简单，也可能设计得很复杂，这需要根据工件的材料性能、形状、精度要求和产量进行综合分析，确定模具结构形式。本工件的断面是燕尾形的，其表面还要翻出两种尺寸的若干梅花形孔，确定工艺方案为弯曲、一修边、一翻边3个工序。本工序主要完成弯曲工艺，成为如图3-23所示的燕尾形工件。

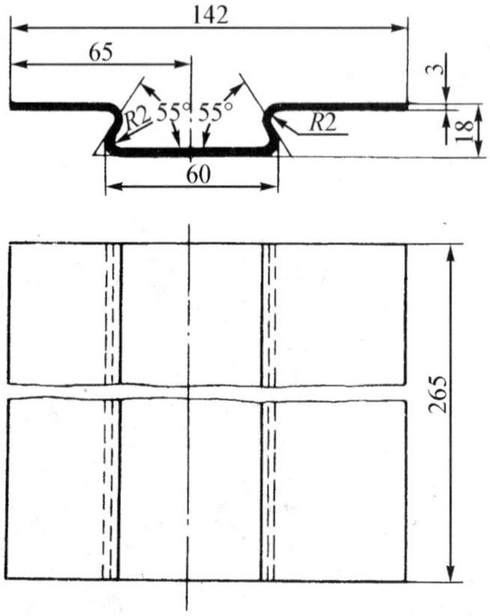

图3-23　塑料闸瓦钢背本工序简图

这种燕尾形一般要分2次变成，先弯成4个直角槽形件，然后再侧弯成燕尾形，这就需要两套模具，生产效率低，考虑该工件的批量较大，因此应该尽量设计一种效率较高的模具。本方案就是采用了能一次成型的转轴式压弯模。

☆Q235：是低碳结构钢，一般用在钢结构产品上。

（2）进行必要的计算

1）毛坯尺寸。计算毛坯尺寸分析如图3-24所示。

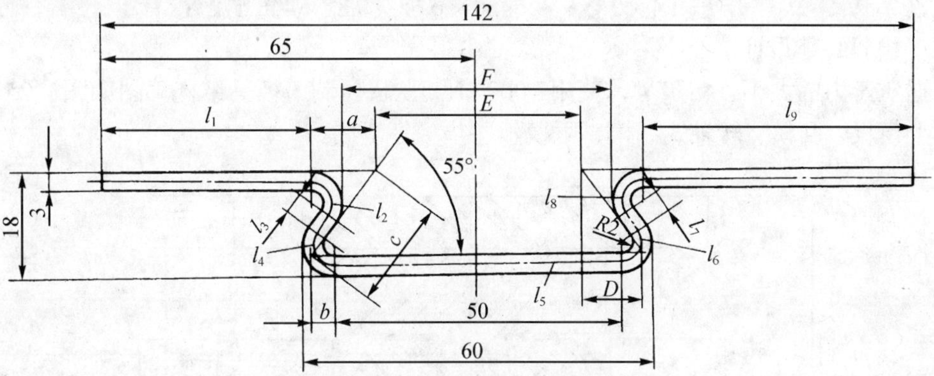

图3-24　计算毛坯尺寸分析

展开料宽度

$$L=l_1+l_2+l_3+l_4+l_5+l_6+l_7+l_8+l_9$$

$$a=\frac{5}{\mathrm{tg}27°\ 30'}\ \mathrm{mm}=9.6\ \mathrm{mm}$$

$$b=\frac{2}{\mathrm{tg}27°\ 30'}\ \mathrm{mm}=3.8\ \mathrm{mm}$$

$$l_3=l_7=(18.3-9.6-3.8)\ \mathrm{mm}=4.9\ \mathrm{mm}$$

$$D=\frac{15}{\mathrm{tg}55°}\ \mathrm{mm}=10.5\ \mathrm{mm}$$

$$E=50\ \mathrm{mm}+2b-2D=36.6\ \mathrm{mm}$$

$$F=36.6\ \mathrm{mm}+2(a-5)\ \mathrm{mm}=45.8\ \mathrm{mm}$$

$$l_1=\left(65-\frac{45.8}{2}-5\right)\mathrm{mm}=37.1\ \mathrm{mm}$$

$$l_2=l_4=l_6=l_8=\frac{\pi(180°-55°)}{180°}\rho$$

根据r/t值由表查出中性层系数x=0.27，故$l_2=l_4=l_6=l_8=\frac{\pi(180°-55°)}{180°}(2+0.27\times3)\ \mathrm{mm}=$ 49.1 mm

$$l_5=60\ \mathrm{mm}-2(r+t)=50\ \mathrm{mm}$$

$$l_9=\left(142-65-\frac{45.8}{2}-5\right)\mathrm{mm}=49.1\ \mathrm{mm}$$

所以　$L=(37.1+6.13\times4+4.9\times2+50+49.1)\ \mathrm{mm}=170.52\ \mathrm{mm}$

取为171 mm，长度尺寸为265 mm，故毛坯尺寸为171 mm×265 mm。

2）弯曲力计算。影响弯曲力的因素很多，若要进行精确的计算是很复杂的，这里只是进行大略计算，不考虑校正。

按公式　$$F=2.4\mathrm{bt}\sigma_b\alpha\beta$$

式中　α——为0.65（查表得伸长率为21%～25%）；

β——为0.8。

所以　$F=2.4\times265\times3\times450\times0.65\times0.8\ \text{N}=446\ 472\ \text{N}$

（3）模具总体设计

根据压弯力的大小，初步考虑使用1 000 kN油压机压制，模具结构草图如图3-25所示，主要由上模板、凸模、转轴式凹模、下模板、垫板等组成。

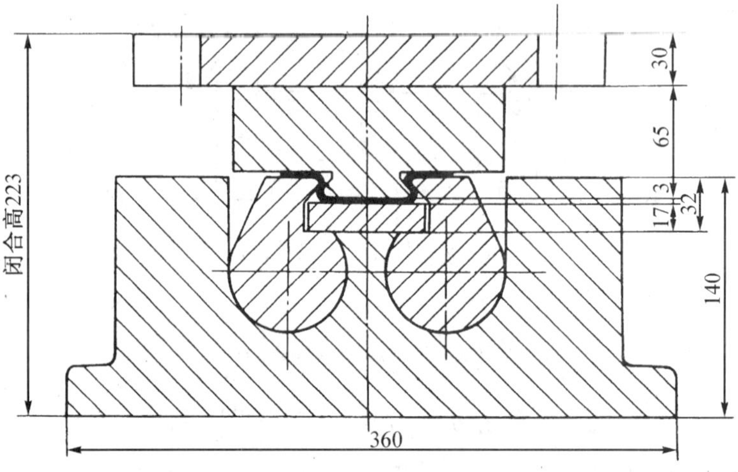

图3-25　模具结构草图

初步计算模具闭合高度

$$H_{模}=223\ \text{mm}$$

凹模座的外廓尺寸约计为280 mm×360 mm。

（4）模具主要零部件的设计

1）凸模部分。该工件的断面是燕尾形的，当燕尾成型后要考虑如何将工件从凸模上卸下来，假如把凸模制成整体形式，则工件很难从凸模上卸下来，所以必须把凸模制成带有斜面的组合式凸模，如图3-26所示。这种组合式凸模分成3个部分：中间一块带有双斜面，为固定式，两边各有一块带斜面的活动凸模，这样当模具开启时，活动凸模会自动下降，由于斜面的作用，凸模的宽度就会缩小，工件便很容易取下。

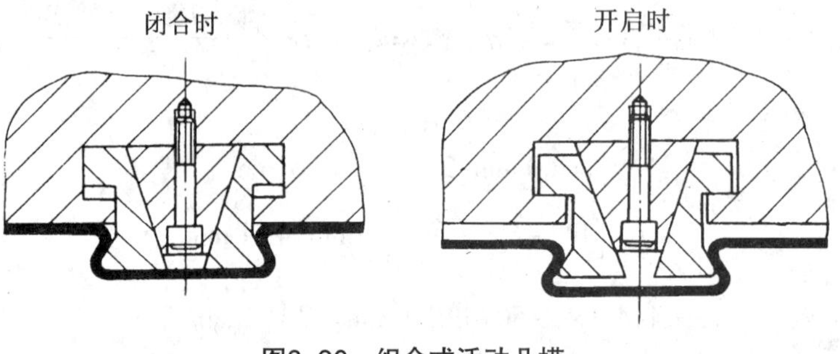

图3-26　组合式活动凸模

2）凹模部分。凹模是转轴式的，左右两边相对称。这种形状的凹模也不应该制成整体而应是组合的，且镶有凹模镶块，如图3-27所示，这样便于机械加工。另外镶块部分容易磨损，这样既便于更换又节省金属材料。

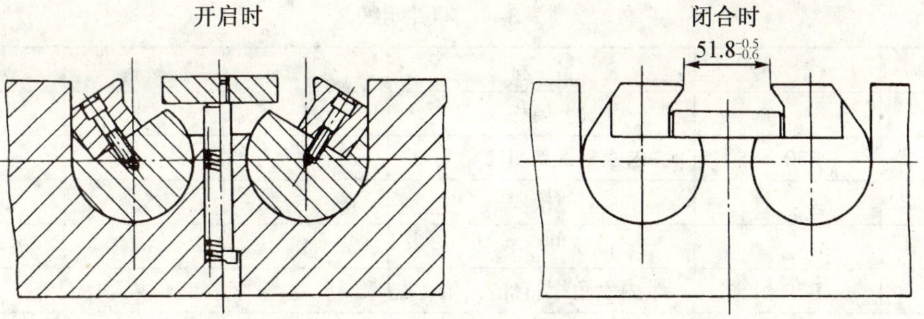

图3-27　转轴凹模及镶块

（5）选取设备

该零件所需的弯曲力　F=446 472 N；

模具闭合高度　$H_{模}$=223 mm；

模具外廓尺寸　280 mm × 360 mm；

厂家有1 000 kN油压机，其主要力学性能为：

公称压力　　　1 000 kN；

最大装模高度 600 mm；

行程　　　　　500 mm；

台面尺寸　　　600 mm × 2 000 mm；

根据模具闭合高度、弯曲力、外廓等数据选定此设备是合适的。

（6）绘制模具总图

总图如图3-28所示，图中零件名称见表3-4。

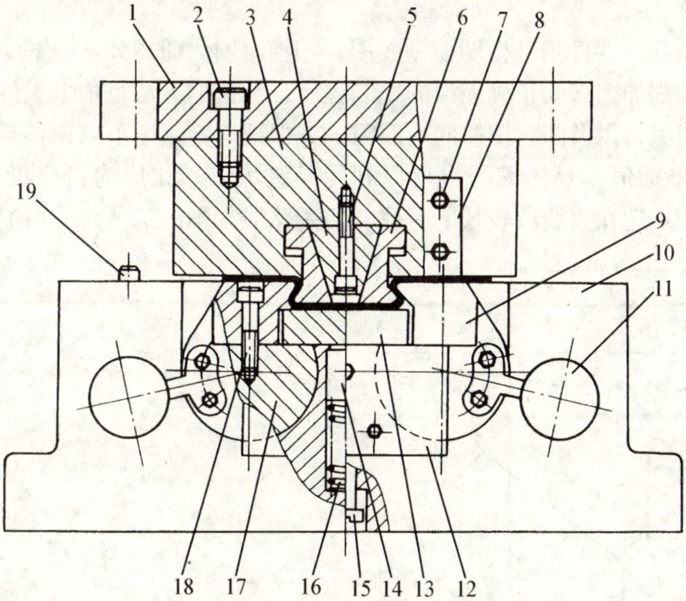

图3-28　塑料闸瓦钢背转轴式压弯模

表3–4 零件明细

序号	代 号	名 称	数量	材料	热处理
1		上模板	1	Q235	
2	GB70—85	内六角螺钉M12×30	4		
3		凸模座	1	45钢	
4		固定凸模镶块	1	45钢	56～62HRC
5	GB70—85	内六角螺钉M6×40	4		
6		活动凸模镶块	2	45钢	56～62HRC
7	GB5782—86	螺栓M10×25	22	Q235	
8		连接板	2	Q235	
9		凹模镶块	2	T10A	56～60HRC
10		凹模座	1	HT200	
11		复原重锤	4	Q235	
12		盖板	2	Q235	
13		推件板	1	45钢	40～45HRC
14		顶柱	5	Q235	
15		阶梯形螺钉M10×95	4	45钢	40～45HRC
16		弹簧2×18×70	5	60Si2Mn	
17		凹模转轴	2	45钢	
18	GB70—85	内六角螺钉M12×35	8		
19		定位销ϕ12	2	45钢	40～45HRC

6. 线切割加工实例

图3–29是低压开关零件精冲模凹模型腔图，凹模材料为Cr12MoV，厚度为50 mm。

应用数控线切割加工需要正确无误的编制程序，编程的方法是根据工件的图样尺寸、电极丝直径、放电间隙，以及凸、凹模间的间隙，在保证一定精度下求得各条线段（或圆弧）的插补加工相应坐标值。具体编程也可以利用高级语言转化成为机床可以执行的国标代码。该零件的起切点选在直线段较长的一侧，切割路线如图3–30所示，ISO程序代码如下：

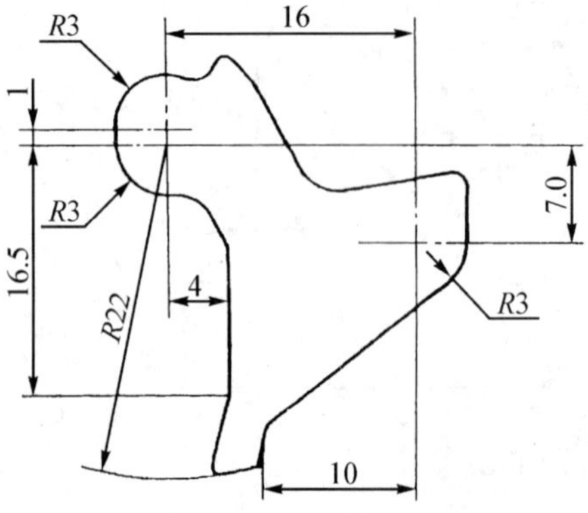

图3–29 低压开关零件凹模型腔

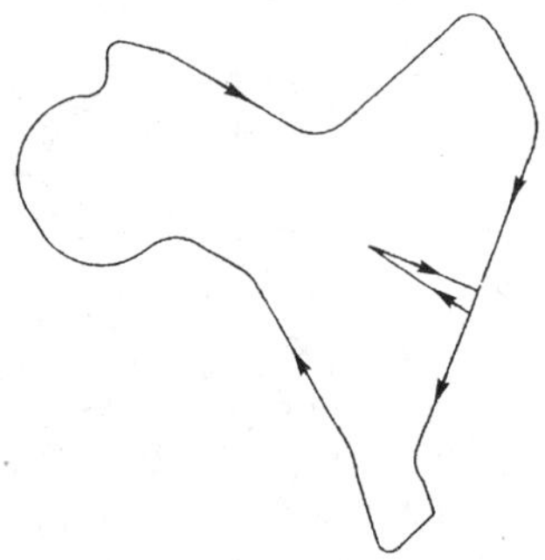

图3–30 切割路线

```
N10G92X-10250Y9250
N20G01X-4990Y6685
N25G42
N30X-8501Y-514D0
N40G03X-8520Y-1349I-7603J-952
N50G02X-7882Y-3179I-20632J-6597
N60X-7970Y-3478I-8172J-3257
N70X-9916Y-5057I-22750J12750
N80X-10697Y-4757I-10208J-4651
N90G01X-11668Y-263
N100G03X-11754Y-20I-12645J-474
N110G01X-15919Y8154
N120G03X-16265Y8539I-16810J7700
N130G01X-18453Y9960
N140G03X-20709Y9907I-19542J8282
N150G02X-25869Y11161I-22750J12750
N160G01X-26323Y12052
N170G02X-23229Y17141I-23204J13641
N180G03X-22240Y18045I-23236J18141
N190G01X-22129Y19201
N200G02X-21545Y19645I-21631J19153
N210X-18937Y18621I-22750J12750
N220G01X-13381Y15013
N230G03X-11088Y15093I-12292J16690
N240G01X-5110Y19598
N250G02X-3617Y19253I-4508J18799
N260G01X-1979Y16038
N270G02X-1952Y12915I-5097J4449
N275M01
N280G01X-5429Y5786
N290X-10250Y9250
N290G40
N290G39
N330M02
```

零件型腔选用夏米尔ROBFIL2020数控线切割机床加工，工艺参数选用时要兼顾加工速度、表面粗糙度及稳定性，在《机床操作手册》中提供了参考值。加工时选用0.25 mm的黄铜丝，根据零件材料及表面粗糙度要求拟定切割4遍，具体工艺参数如表3-5所示。

表3-5　线切割选用工艺参数

遍数	A/μs	B/μs	Tac/μs	S	AJ/0.1 V	INJ	偏置值（OFFSET）/ mm
1	0.9	5.5	0.4	10.000	45.0	14	0.178
2	0.2	3.8	0.2	1.497	59.8	0	0.137
3	0.4	3.6	0.4	1.886	10.0	0	0.130
4	0.2	3.8	0.2	0.862	0	0	0.131

注：A、B、Tac、S、AJ、INJ、OFFSET分别表示脉冲宽度、脉冲间隔、短脉冲时间、最大进给率、伺服基准平均电压、冲水压力、偏置值。

在切割过程中可以对参数进行适当的调整，以满足放电火花均匀及加工稳定。为避免影响精度及产生短路停机的情况，在加工结束前应放置磁铁固定废料。另外，为避免模具产生裂纹，在切割之前应对毛坯进行去应力处理及消磁处理。

要求的加工精度为±0.003 μm，表面粗糙度为R_a≤0.4 μm。该凹模与凸、凹模间的间隙为0.02 mm，因此需用高精度数控线切割进行加工，以保证模具的装配精度。

7. 模具型腔电火花加工实例

图3-31所示是动模镶块零件，采用电火花成型加工其型腔，加工实操步骤见表3-6所示。

表3-6　动模镶块电火花加工实操

序号	实操内容	要　求	图示及说明
1	分析零件图	了解零件的加工要求	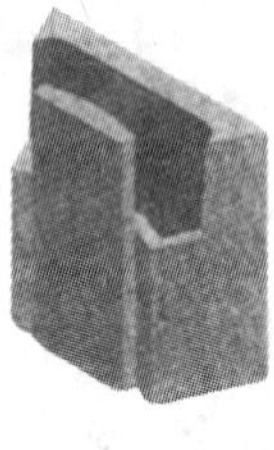
2	分析零件已加工状态，确定加工方案	该动模镶块外形可采用电火花线切割加工，型腔则采用电火花成型加工	
3	加工准备	考虑各种加工因素，设计并加工出紫铜电极，2个电极安装在45钢的安装板上，电极与安装板需有确定的位置尺寸	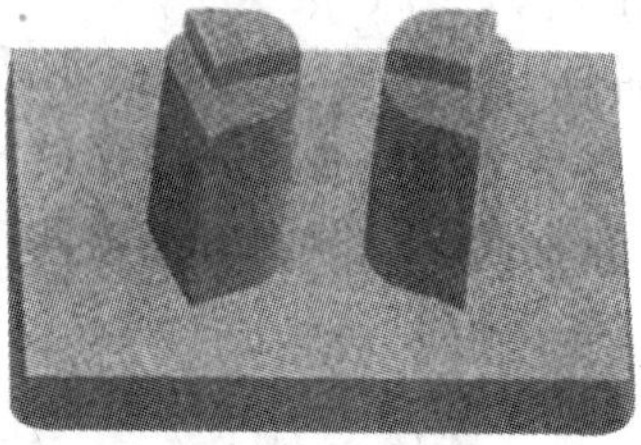
4	开机，机床回原点	确定机床工作正常	
5	夹具安装找正	将磁力吸盘安装在机床工作台上，找正精度控制在0.01 mm之内	

续表

序号	实操内容	要　求	图示及说明
6	工件装夹找正	将工件正确装夹在磁力吸盘上	
7	电极加工、安装找正	通过电极安装板将电极安装在主轴头上，用百分表找正电极，其垂直度为0.01 mm	
8	设置工件坐标系	通过电极安装板与工件接触感知后设置工件坐标系	
9	输入加工程序、加工参数	根据机床特点及加工要求设置加工条件和加工深度	
10	程序试运行	无放电执行加工程序，检查是否有误	
11	加　工	加工执行，观察加工状态，适时调整加工电参数	
12	测　量	测量加工部位，检查是否达到加工要求	

8. 多工位级进模设计实例

为了阐述多工位级进模设计的过程和思路，我们再介绍一级进模设计实操实例，供读者参考。

图3–32所示为电子元件外壳基座工件图，材料为**可伐合金**，厚度t=0.3 mm，属大批量生产。试设计冲制该工件的多工位级进模。

（1）工艺分析

由基座工件图可知，该工件的形状、尺寸、精度和材料等均符合冲压工艺性要求，冲压工序主要有冲孔、拉深、翻边、整形及落料等，工艺较复杂，生产批量大，适宜用级进模冲制。

拉深次数和翻边次数需要通过计算确定。由工件图可知，在计算拉深以前，先要按翻边工艺计算展开，从而得到拉深工序件的形状和尺寸。

1）翻边工艺计算。根据工件图尺寸关系，翻边展开后的形状和尺寸如图3–33所示。

进行翻边工序时，工序件与条料已分离，可由压杆压在凹模上，此时零件的外缘为外凸圆弧，故属压缩类翻边。

由图3–33可知，b=1.2 mm，R=2.9 mm，则变形程度为

☆可伐合金：是指含镍29%，钴18%的硬玻璃铁基接合金，广泛用于汽车灯及电真空工业。

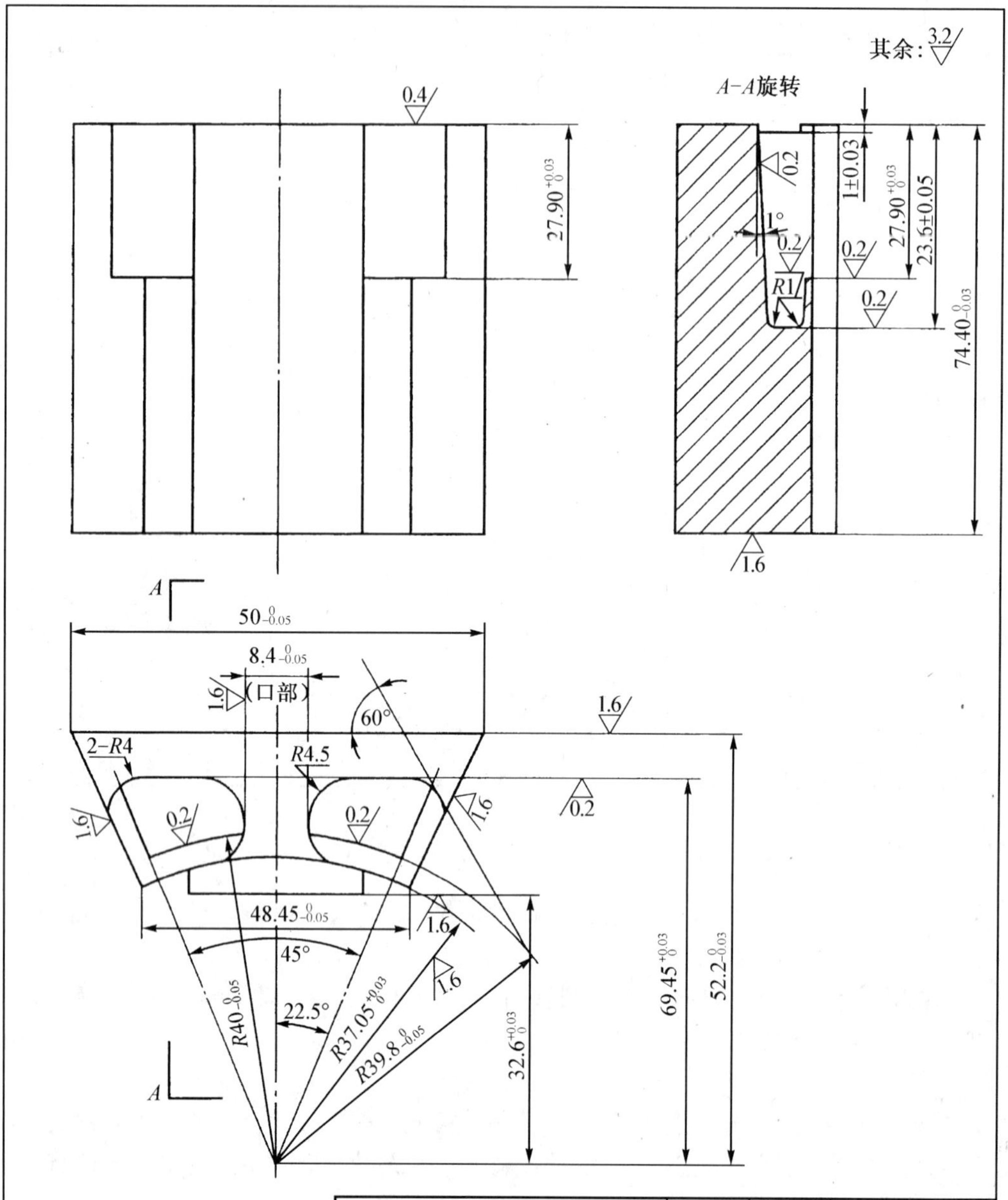

动模镶块			比例	1∶1
			件数	1
设计			材料	45
审核				
批准				

图3–31　动模镶块

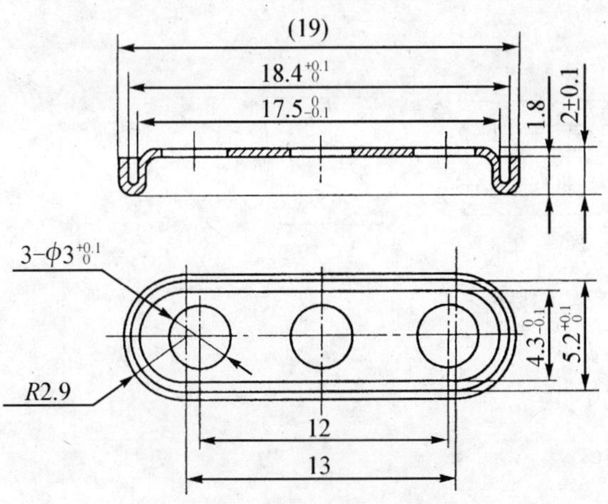

图3-32　电子元件外壳基座

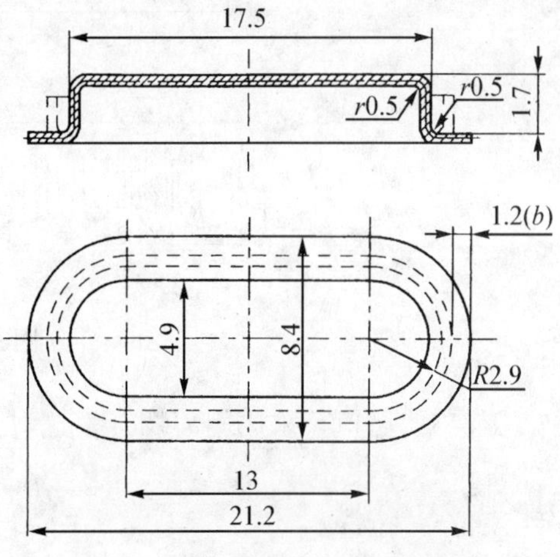

图3-33　翻边展开后的形状和尺寸

$$\varepsilon_P=\frac{b}{R+b}=\frac{1.2}{2.9+1.2}=0.29=29\%$$

2）拉深工艺计算。翻边展开后的形状和尺寸即为拉深工序件。由图3-33可知，该工序件是带凸缘的长圆筒形件，两端为半圆形，中间为直边。拉深时，只要圆形部位的变形程度不超过带凸缘圆筒形的极限值，就可一次拉深成形。

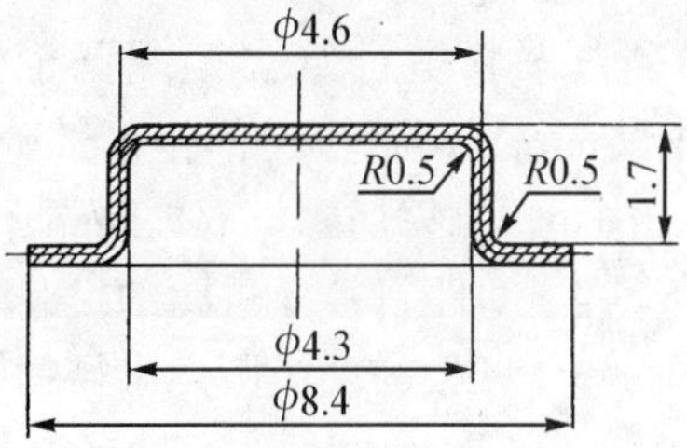

图3-34　简化的拉深工序件

①计算拉深坯料尺寸。单工序拉深时坯料是单个的，而在级进模上拉深时，坯料是条料。但为了简化计算，仍按单个坯料一样计算，并将拉深工序件简化成如图3-34所示的带凸缘圆筒形件。坯料直径计算公式为

$$D=\sqrt{d_4^2+4d_2H-3.44rd_2}$$

依图3-34，d_4=8.4 mm，d_2=4.6 mm，H=1.7 mm，r=0.5 mm，则

$$D=\sqrt{8.4^2+4\times4.6\times1.7-3.44\times0.5\times4.6}\approx9.7\text{（mm）}$$

考虑拉深时坯料变形的不均匀性，取修边余量Δ=1 mm，则实际坯料直径D=9.7+1=10.7（mm）。

②判断能否一次拉深成形。由相对凸缘直径d_t/d=8.4/4.6=1.82，毛坯相对厚度$t/D\times100\%$=0.3/10.7×100%=2.8%。查表得首次拉深的极限相对高度［H_1/d_1］=0.48～0.58。而拉深件的实际相对高度H/d=1.7/4.6=0.37≤［H_1/d_1］，故可以一次拉深成形。

（2）排样图的设计

选用可伐合金条料，手工送料，侧刃定距，导正销精定位，拉深前在坯料上切口（便于拉深时坯料的流动），并考虑模具强度适当安排空工位。据此设计的排样图如图3-35所示，共分9个工位。

工位1：侧刃定距冲裁。

工位2：冲2个切口用的工艺孔ϕ2 mm。

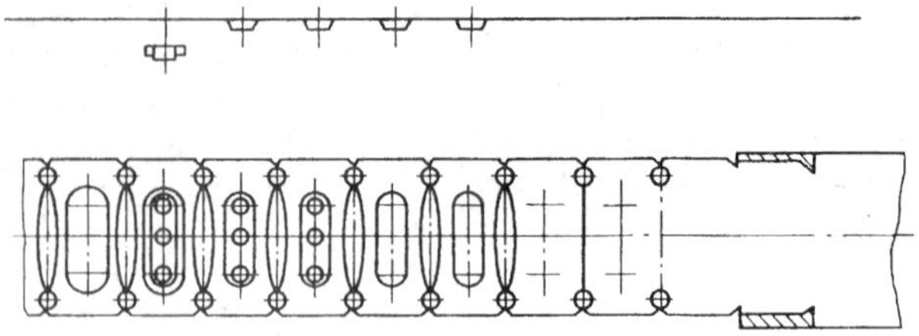

图3-35　基座排样

工位3：切口（采用斜刃切开，这对于长方形件是适合的）。

工位4：空工位。

工位5：拉深。

工位6：整形（获得较小的圆角半径r=0.5 mm）。

工位7：冲3个ϕ3 mm孔。

工位8：空工位，导正。

工位9：落料、翻边（复合工序）。

（3）主要计算

1）料宽计算。两端圆形部位合并成圆筒形件，已按拉深计算出实际坯料直径为10.7 mm，再加上中间矩形部分长度13 mm，故坯料展开长度为23.7 mm，侧搭边值每边取1.0 mm，侧刃切除量取1.2 mm，则料宽为28 mm。

2）进距计算。进距的尺寸是坯料直径与搭边值之和，取值为13 mm。

3）凹模与凸模圆角半径的确定。凹模圆角半径计算

$$r_d=0.8\sqrt{(D-d)t}=0.8\sqrt{(10.7-4.6)\times 0.3}\approx 1.1\text{（mm）}$$

凸模圆角半径r_p=（0.7～1.0）r_d，故取$r_p=r_d$=1.1 mm。

4）拉深力与翻边力计算。拉深力可按下式计算

$$F=KLt\sigma_b$$

式中　L——拉深件横截面周边长度，mm；

K——修正系数，可取0.5～0.8；

t——材料厚度，mm；

σ_b——材料强度极限，MPa。

拉深时，两端圆形部位拉深截面的直径为ϕ4.6 mm，中间的直线部位由于拉深时材料没有横向被压缩的变形，因此所受的拉应力比两端稍小，但实际计算中是同等考虑的。可算出$L=\pi\times 4.6$ mm+2×13 mm=40.5 mm，该材料σ_b=500～600 MPa，取较大值600 MPa，取K=0.7，则拉深力为

$$F=0.7\times 40.5\times 0.3\times 600=5\ 103\text{（N）}$$

翻边力可按下式计算

$$F=1.25Lt\sigma_bK$$

式中　L——翻边的周长，mm；

K——系数，一般取0.20～0.30。

可算出$L=\pi \times 5.8\ \text{mm}+2 \times 13\ \text{mm}=44.2\ \text{mm}$，取$K=0.3$，则翻边力为

$$F=1.25 \times 44.2 \times 0.3 \times 600 \times 0.3=2\,984\ (\text{N})$$

（4）模具结构的设计

工件的料厚仅为0.3 mm，比较薄，冲裁间隙很小，因而对模架的精度要求高。并且级进模为9个工位，有多次冲裁，各处冲裁凸、凹模的制造，装配也存在误差，故选用对角滚珠钢板精密模架。

模具结构如图3-36所示，上模部分由上模座、垫板、凸模、凸模固定板及弹性卸料板等组成。上模座与卸料板之间装有4组滑动导柱、导套，按一级精度制造，用于保护细小凸模。下模部分由下模座、凹模、垫板、导料板及承料板等组成。

工位1为侧刃定距冲裁，侧刃宽度选为1.2 mm，侧刃长为13.05 mm，比进距大0.05 mm，以给导正销精确定位留有导正余量。侧刃用圆柱销固定在凸模固定板上，以防止侧刃向下

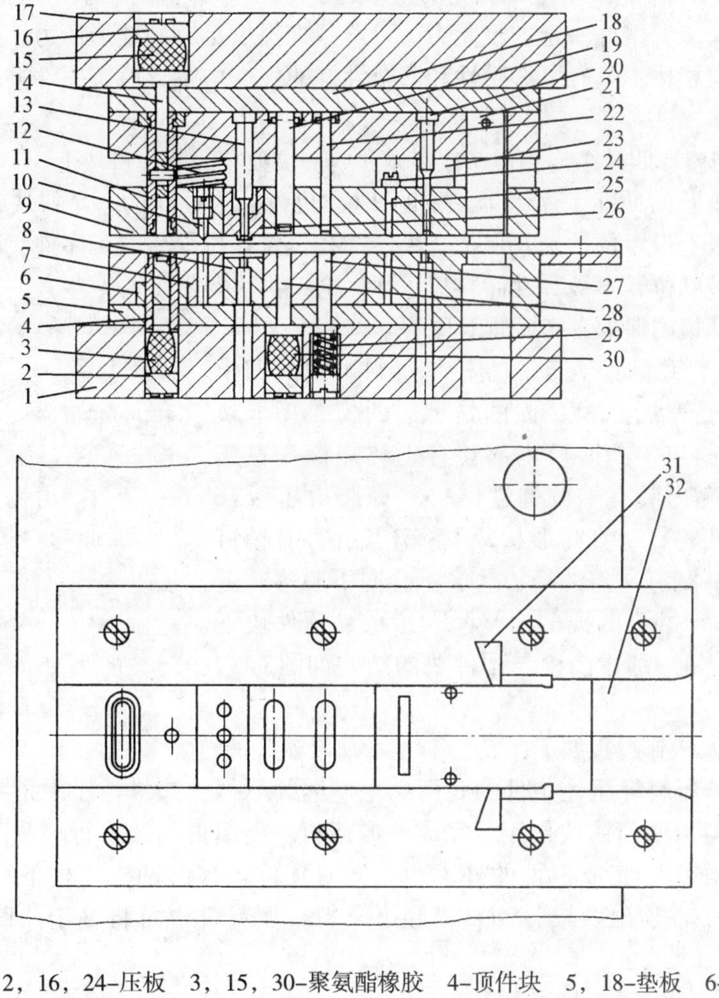

1–下模座　2，16，24–压板　3，15，30–聚氨酯橡胶　4–顶件块　5，18–垫板　6–翻边凹模　7–凹模镶块　8–冲孔凹模镶块　9–卸料板　10–导正销　11–落料翻边凸凹模　12–卸料弹簧　13–冲孔凸模　14–压料杆　17–上模座　19–整形凸模　20–冲孔凸模　21–侧刃　22–拉深凸模　23–导柱　25–切口凸模　26–凸模保护套　27，28–顶杆　29–弹簧　31–侧刃挡块　32–承料板

图3-36　基座多工位级进模

脱落。

工位3是切口工序，切口凸模25是在2个工艺孔之间冲切，因而冲切后条料不会随凸模上升，不需要卸料板卸料，故把冲切口的切口凸模直接固定在卸料板上。切口凸模上设计有凸台，从卸料板的上面装入，用压板压住，再用螺钉固定。切口凸模厚为2 mm，工作部位在右侧，构成刃口的凸模底面有约为15° 的倾角，凸模高出卸料板约为2个料厚，切口凹模的宽度为3 mm，若与凸模宽度相等，会使切口凸模的左侧与凹模挤压板料，产生不应有的变形。

因第1至第3工位均为冲裁，故将这3个工位的凹模设计在同一凹模拼块上，以便于拼块制造。

工位5是拉深工序，拉深凸模22用圆柱销吊装在凸模固定板上，拉深凹模内设置一顶杆27，拉深后利用弹簧29将工序件顶出凹模。

工位6是整形工序，工件上部圆角的整形是整形凸模19与凹模配合进行的，顶杆28下面是聚氨酯橡胶30，调整好一定的预紧力，可给顶杆提供足够的整形压力。这种方法与设置刚性的整形凹模相比，具有可调整性和安全性好的优点。整形后工序件被顶出凹模以利送料。

拉深凹模与整形凹模结构相似，故也做在同一块独立的凹模拼块上。

工位7是3个孔的冲孔工序，本工位的凹模8也设计为独立的一个拼块，因凸模直径较小，故在卸料板上设置保护套26保护凸模。冲孔位置在拉深后的工序件底面上，为保证冲孔时工序件落平到位，不被弹性卸料板压坏，这一拼块要做得薄一些，上表面比其他凹模拼块低2 mm，凸模的保护套则要向下凸出。

工位9是落料和翻边工序，上模是落料翻边凸凹模11，其中外圈是落料凸模，内圈是翻边凹模，用卡块和凸模固定板固定。凸凹模内部装有压装杆14，在压料杆上部的模座内装有橡胶弹性体15，橡胶由压板16和螺钉固定。压料杆是直筒形状，中部开长孔并有销钉穿过，使压料杆既有一定的行程，又不会向下脱落。下模由凹模镶块7、翻边凹模6和顶件块4组成，顶件块下面是橡胶弹性体3。翻边凸模与顶件块的结构如图3-37所示。

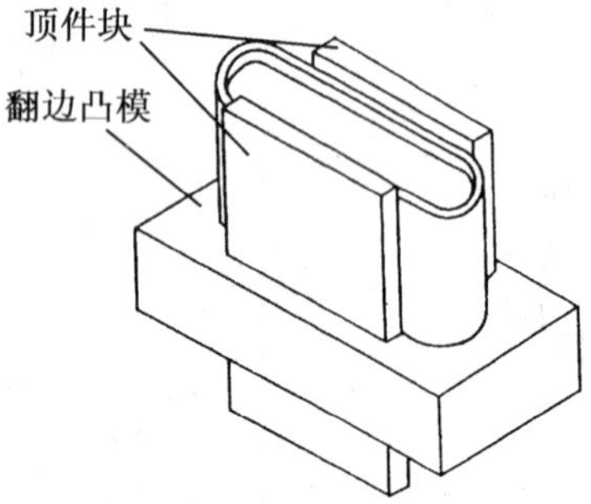

图3-37　翻边凸模顶件块

工位9的模具工作过程如下：

上模下行，压料杆压住工件的底面。上模继续下行，卸料板压平条料，落料翻边凸凹模的外缘刃口与凹模镶块作用，完成外形落料。上模再继续下行，凸凹模内侧凹模与翻边凸模相互作用，完成零件的外翻边，同时顶件块被凸凹模压住下行。当上模回升时，顶件块将工件顶出凹模，卸料板卸下条料，压料杆也可将粘于凸凹模内的工件推出。

9. 注射模具设计实例

我们通过汽车用继电器盒盖塑料注射模具设计实例来介绍注射模具设计的实操步骤和方法。图3-38是继电器盒盖制品零件图，材料为加了30%玻璃纤维的聚丙烯。

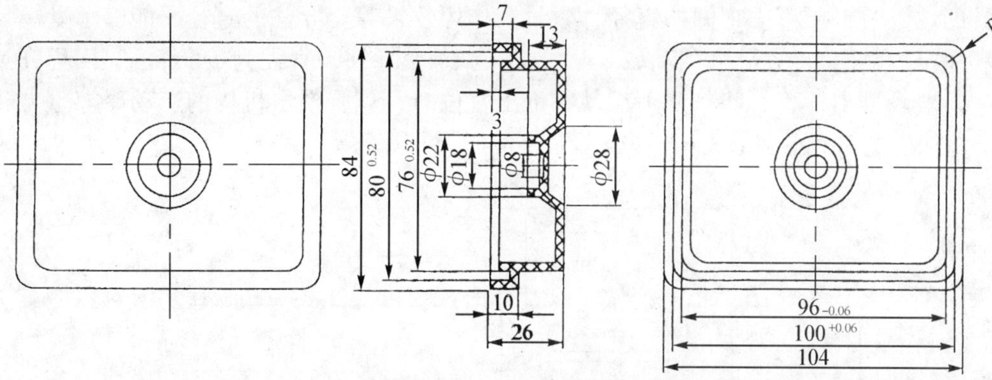

图3-38　汽车用继电器盒盖

（1）制品工艺性分析及成型方案的构思

1）经查阅资料和向材料生产厂家咨询得知，这种材料成型十分容易，模温要求不是很高，一般为40～70 ℃，成型收缩率较小（0.4%～0.8%），流动性较好，脱模也较容易，因而可考虑用小浇口成型。结合制品的形状、尺寸精度和外观要求均不高等特点，选用点浇口即可。因为聚丙烯的冷却速度较快，而制品尺寸又较小，模具的冷却系统采用直通式水道即可。

2）根据制品的形状分析，分型面选在盖口的端面位置最佳。因制品形状较简单，尺寸也不大，而且不易变形，脱模选用推杆推出。型腔和型芯的设计均可采用整体式结构。

3）根据该制品的生产批量要求，可一模一件或一模多件，本例采用一模一件。

（2）初选注射机

计算制品的质量和制品的分型面上的投影面积，并根据这2个数据初选注射机。由制品的质量和其分型面上的投影面积选择注射机，应满足的条件是：制品的质量（包括浇注系统的质量）应小于或等于注射机最大注射量的85%。制品的模腔内的总压力（成型时的型腔压力与制品及浇注系统在分型面上投影面积的乘积）就小于注射机所允许的锁模力。

注意：在能够满足注射量和锁模力的前提下，不要选太大的注射机，否则资源浪费较大，且有可能加速模具的损坏。因为有些机床不能自如地控制锁模力的大小，太大的锁模力会使模具产生变形。

（3）绘制模具结构草图

1）画出主视图和左视图轮廓。如图3-39所示，将制品的主视图和左视图轮廓分别画出，浇口位置定在制品的几何中心，此点也作为模具的几何中心，并在左视图上标出分型面的位置。这样布置视图有利于模具结构图的绘制。

2）在主视图上定出推杆位置。在主视图上，在制品轮廓里用小十字线定出推杆的位置，如图3-39所示。推杆的直径一般为2.5～12 mm，本例取推杆直径为ϕ5 mm。推杆的数量严格讲应通过计算推出力来确定，但因影响推出力的因素很多又相当复杂，计算也比较繁琐，而且计算数据也是粗略的，所以一般情况常凭经验来确定。本例按经验取8个，并沿着脱模阻力较大的制品边缘布置。

3）在主视图上标出导柱、回程杆和连接螺钉等。在主视图上，在制品轮廓外面按机械设计的原则将动模一侧的导柱、回程杆、连接螺钉等位置标出，如图3-39所示。在设计这些杆件的位置时，要考虑它们的直径、数量及作用效果等。导柱的直径要能够承受模具的质量和一定的侧向力，数量一般取2～4个，本例取4个导柱，直径为ϕ20 mm。回程杆（复位杆）一般较推出杆粗一些，要考虑其在推出复位时，克服推出机构的运动摩擦阻力和承受推出机构的重力而不变形，本例取4个ϕ12 mm的回程杆。

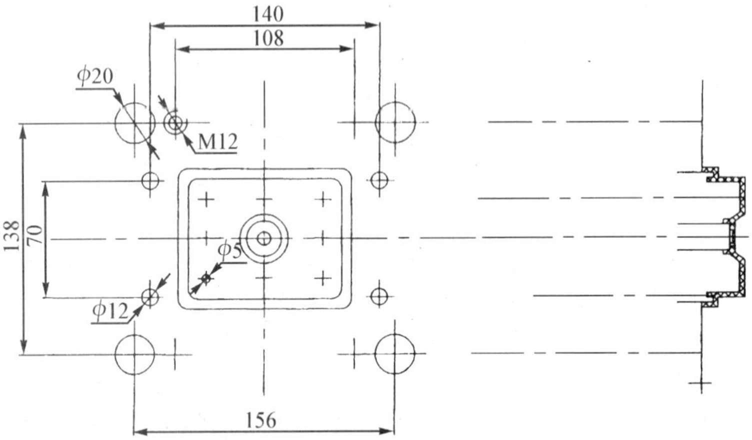

图3–39　导柱、推杆、回程杆、连接螺钉等位置的确定

注意：这些杆件的设置，既要考虑各孔之间有足够的距离，以保证模具有足够的强度及热处理时不被破坏，又要尽量不妨碍冷却水道的通过，并使模具结构紧凑。

在主视图上将各杆件布置好了以后，在侧视图上画出对应的轴线位置。

如果采用的标准模架，导柱和螺钉的直径和位置都已经确定后，只需要确认型芯和型腔的尺寸能否布置即可。

4）初步确定各模板的厚度。如图3–40所示，型腔板厚度要考虑到型腔底部的强度，但由于在工作时有注射机定模板为支撑，对一般强度有较大的保障，可查阅《塑料模具设计

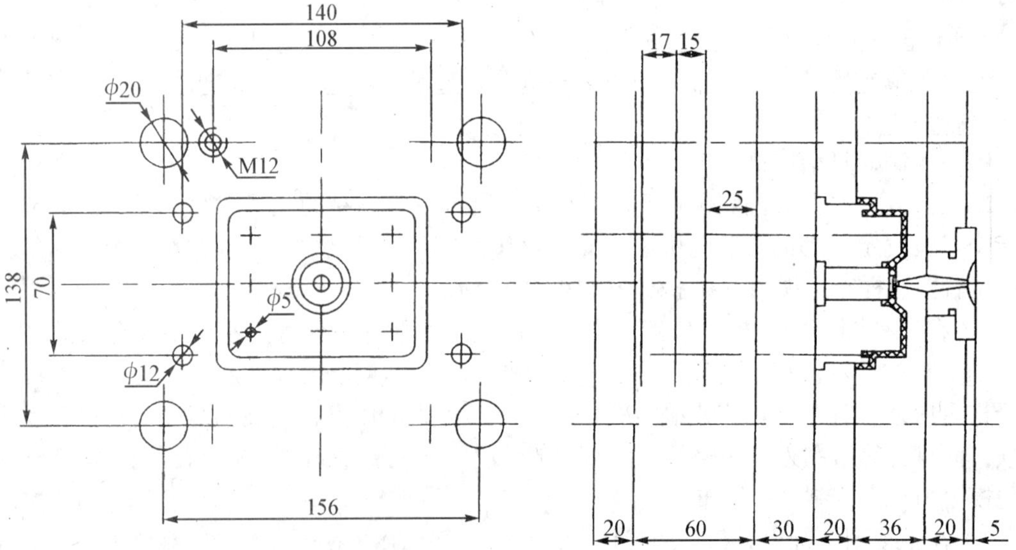

图3–40　模板厚度尺寸确定

手册》的公式计算，有时也可以估算，但考虑到加工和热处理的变形及冷却水道的开设，其底部厚度值不宜取得太小。在本例中是根据模具的总体结构及型腔板上所安装的零件情况，取型腔板厚度为36 mm。

动、定模座板的厚度一要满足结构装配需要，二要满足强度的要求，即在加工和工作时不变形（锁模时受压，开模时受拉）。因动、定模座板的背后，均有注射机的固定板作为支撑，所以其厚度一般不需计算，按经验选取即可。显然，模板的面积越大厚度值越大。本例中取动、定模板厚度为20 mm。

动模的型芯固定板主要是满足装配要求，即保证型芯的可靠安装。型芯的结构不同，尺寸不同，选取时考虑的问题也不相同。本例中型芯的尺寸较小，以保证型芯的可靠安装为原则，因此取型芯固定板厚度为20 mm。

动模垫板在注射成型时，要承受经型芯传递过来的模腔内的压力，必须有足够的强度和刚度，因此需进行必要的计算或者查阅《模具设计手册》。动模垫板厚度在长期使用的情况下，应取得厚些。本例中根据制品及浇注系统在分型面上的投影面积并查手册取动模垫板厚度为30 mm。

推杆固定板和推杆垫板的厚度也可按同样的原则确定，但它们的受力情况不同，应使它们在推出及复位时受力不变形。本例分别取15 mm和17 mm。

垫块的厚度取决于推杆固定板、推杆垫板厚度和脱模时制品的推出距离，一般要大于它们的和。本例中的制品推出距离取25 mm即可，再加上已确定的其他两板的厚度和适当的余量，因此取垫板厚度为60 mm。要注意并不是动模型芯有多大，脱模距离就必须有多大。应根据制品的材料和形状、脱模斜度、机床的开模行程、模具的厚度等因素综合考虑。

5）确定模架尺寸。在主视图上根据导柱的位置，确定模架的周界，如图3-41所示，并将重要的结构元件由主视图引入左视图，同时将型芯和型腔的结构画出。这时模架的基本尺寸已完全确定，可以对注射机上安装模具厚度、关键的模板厚度及型腔侧壁厚度等进行精确的校核。

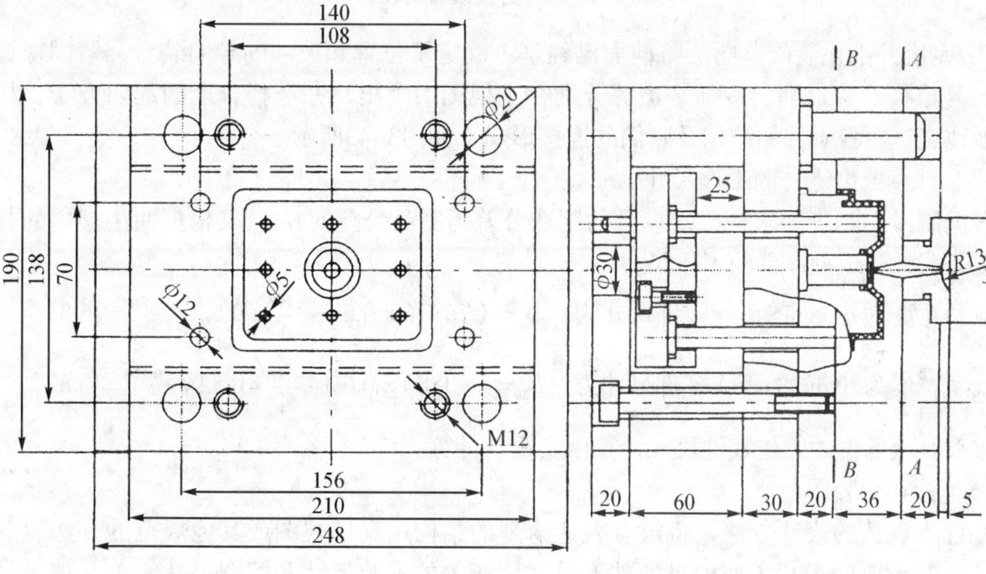

图3-41　模架尺寸及浇注系统结构

6）浇注系统部分的结构设计。主流道的中心应与模具的几何中心重合，且主流道处应设置主流道衬套，并用螺钉将其与定模座板连接。浇口形式为点浇口，浇口位置如图3–41所示。

采用标准模架时，也应该在图中将导向装置、脱模装置、紧固螺钉及主流道衬套等结构元素清楚地表达出来。

7）顺序分型装置的设计。该制品因采用针点浇口成型，还必须有相应的顺序分型装置，为此本模具在定模部分设置了弹簧销，起顺序分型作用，即保证*A–A*面先分开。另外，为了控制*A–A*分型面的分型距离，还需要设置定距拉杆或定距拉板以起到定距作用。本例中用对角2个导柱倒装兼作为定距拉杆，如图3–42所示，则动模部分所对应的两孔尺寸将发生变化，取为ϕ=28 mm。

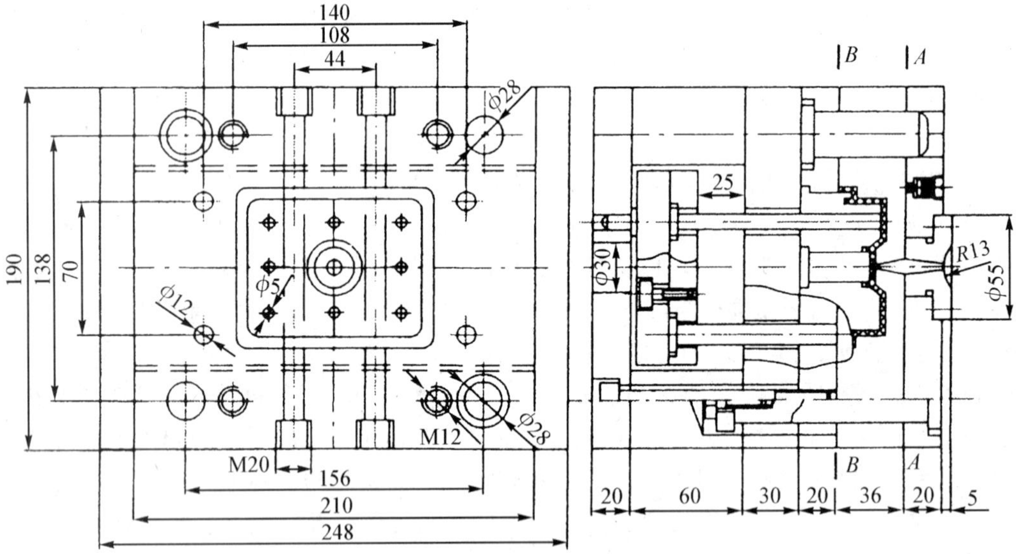

图3–42　顺序分型装置的设计

8）完成并细化装配草图。将前面已经基本确定了位置和尺寸的导向装置、紧固螺钉、推杆、复位杆、浇口套、冷却水道等分别在主视图中画出，并选择合适的剖切方法，尽量较清晰地表达出各零件的结构及它们的连接形式，如图3–43所示。

（4）计算成型零件的工作尺寸

根据制品的精度要求，确定模具的制造公差为制品公差的1/4，又根据使用塑料的收缩率等按公式计算成型零件的工作尺寸。

成型宽度为76 mm的工作零件尺寸为：$L_{76}=(76+76\times0.6\%-\dfrac{3}{4}\times0.52)^{+0.52/4}=76.85^{+0.13}$

成型宽度为80 mm的工作零件尺寸为：$L_{80}=(80+80\times0.6\%+\dfrac{3}{4}\times0.52)^{+0.52/4}=80.87^{-0.13}$

成型其余部位的工作零件尺寸计算由实操者计算。

（5）检查总装图

修订不规范的表达方法，将没有表达清楚的结构用局部视图或其他规范的方法表达出来，标注好重要的尺寸（如模具的外形尺寸、相关的安装尺寸和配合尺寸等），加上剖面

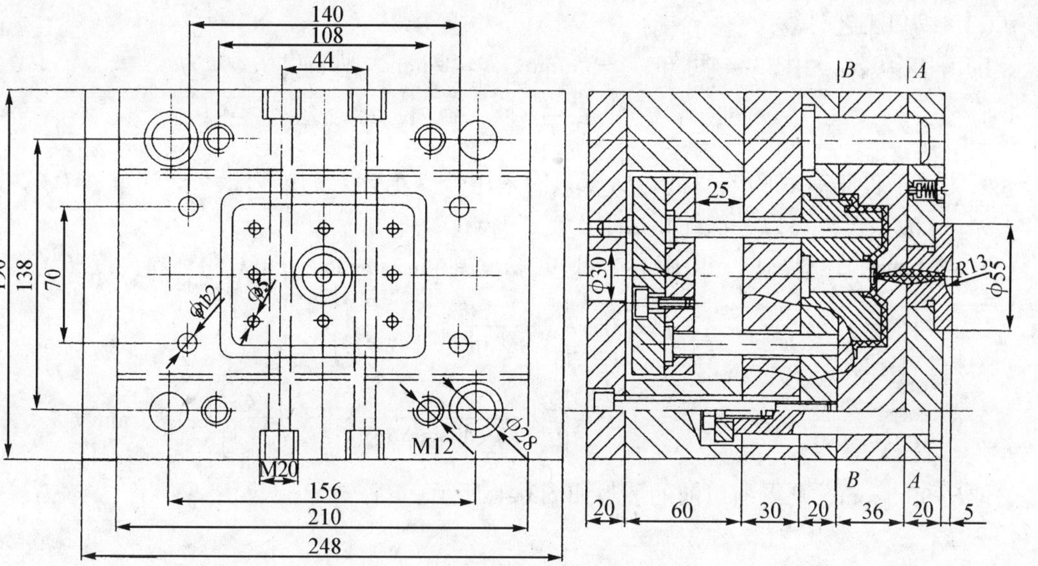

图3-43　继电器盒盖注射模具

线，画出并填写明细表和加注技术要求等。

（6）由总装图拆画零件图

在拆画零件图时，对于一些通用标准件（如螺钉、销钉、弹簧等）和塑模标准件（如导柱、推杆等）以及只是添加安装螺纹孔的模板等零件，没有必要绘制详细的零件图，在总装图上有明确的结构和尺寸表达即可。对于其他的模具零件，为了制造方便、便于维修等原因，详尽的模具零件图是必不可少的。即使采用计算机辅助设计和加工，也要保留全套的模具设计档案。

本例中采用的设计步骤不一定为所有设计者所接受，不同的单位和个人有不同的设计要求和习惯，最终都是以高效地设计出合理的模具为原则。

本例中的模板尺寸和结构等也不代表一种最佳的选择。实际加工中模板的厚度，可根据能取得坯料的厚度按最小加工余量选择（要满足最小厚度要求，同时也不能太厚以免使模具质量太大）。同一塑料件由不同的人员设计可以有不同的设计方案。

还要强调，无论是初学者还是有经验的设计人员，在设计模具时都应尽可能地采用标准模架和零件进行设计，以提高效率和降低成本。

10. 缩口模设计实例

气瓶缩口件如图3-44所示，材料为08钢，厚度t=1.0 mm，中批量生产。试设计缩口模。

（1）工艺分析

气瓶为带底的筒形缩口件，可采用拉深工艺制成圆筒形坯料，再进行缩口成形。该零件的高度较大，相对厚度较小，为了提高缩口时坯料的稳定性，模具结构应采用支承方式。

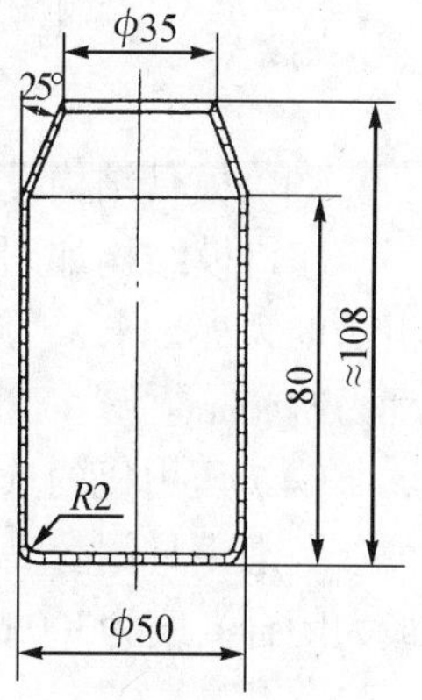

图3-44　气瓶缩口件

（2）缩口工艺计算

1）缩口系数。由图3–44可知，d=35 mm，D=49 mm，则缩口系数m为

$$m=\frac{d}{D}=\frac{35}{49}=0.71$$

因为该工件是有底的缩口件，所以只能采用外支承方式的缩口模具，［m］=0.6，因m>［m］，故该工件可以一次缩口成形。

2）缩口前的坯料高度。由图3–44可知，h_1=79 mm，α=25°，可算得坯料高度H为

$$H=1.05\left[h_1+\frac{D^2-d^2}{8D\sin\alpha}\left(1+\sqrt{\frac{D}{d}}\right)\right]$$

$$=1.05\times\left[79+\frac{49^2-35^2}{8\times49\times\sin25^\circ}\times\left(1+\sqrt{\frac{49}{35}}\right)\right]=99.2\ (\text{mm})$$

取H=99.5 mm，则得缩口前的坯料如图3–45所示。

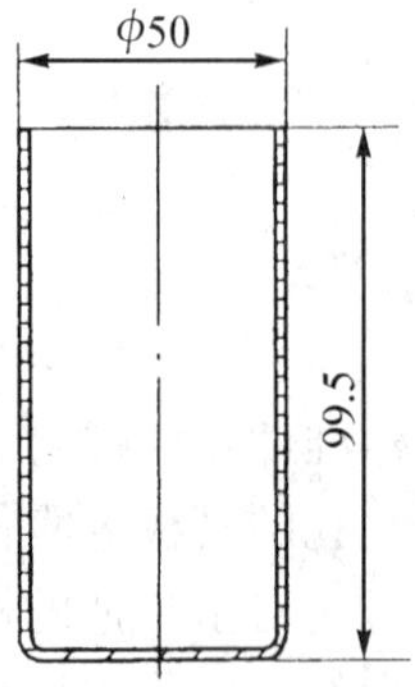

图3–45　缩口前的坯料

3）缩口力。取凹模与工件间的摩擦系数μ=0.1，08钢的σ_b=430 MPa，曲柄压力机取K=1.15，可算得缩口力F为

$$F=K\left[1.1\pi t\sigma_b\left(1-\frac{d}{D}\right)(1+\mu\cot\alpha)\frac{1}{\cos\alpha}\right]$$

$$=1.15\times\left[1.1\times\pi\times49\times1\times430\times\left(1-\frac{35}{49}\right)\times(1+0.1\times\cot25^\circ)\frac{1}{\cos25^\circ}\right]$$

$$=32\,057\ (\text{N})\approx32\ \text{kN}$$

（3）模具结构设计

缩口模结构如图3–46所示，采用外支承方式一次缩口成形，缩口凹模工作面要求表面粗糙度为R_a0.4 μm，使用标准下弹顶器，采用后侧导柱模架，导柱、导套加长，模具闭合高度为275 mm。

（4）压力机的选用

考虑模具闭合高度较大，选用J23—40开式双柱可倾式压力机，其公称压力为400 kN，最大闭合高度为300 mm。

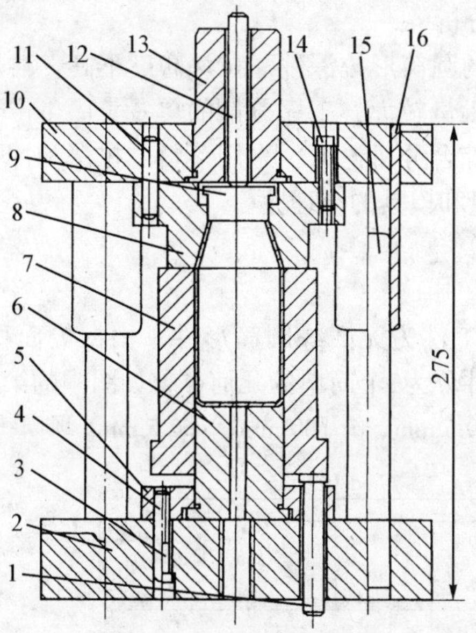

1–顶件　2–下模座　3、14–螺钉　4、11–圆柱销
5–固定板　6–垫块　7–外支承套　8–凹模　9–推件块
10–上模座　12–打杆　13–模柄　15–导柱　16–导套

图3–46　气瓶缩口模

11. 复合模设计实例

工件名称：端盖（如图3–47所示）。

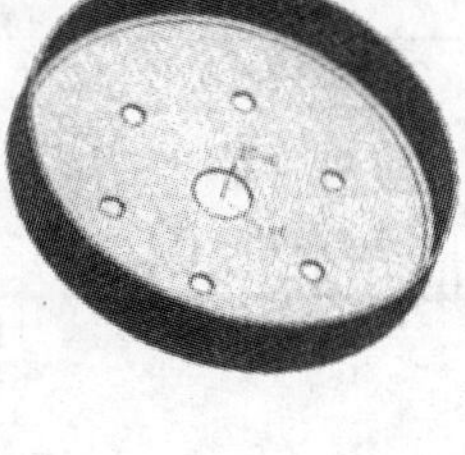

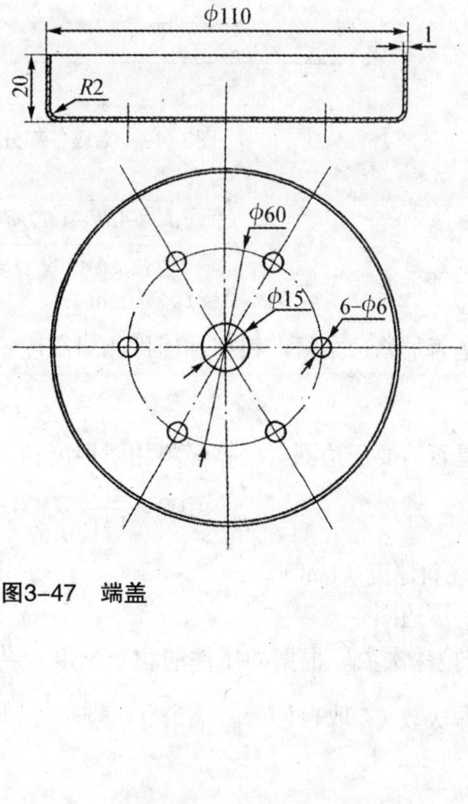

图3–47　端盖

生产批量：大批量。

材料：08钢。

（1）冲压件的工艺性分析

该冲压件为底部带孔的圆筒形拉深件，拉深高度不高，冲压件材料为08钢，拉深成形性能比较好，又由于产品批量较大，工序分散的单一工序生产不能满足生产需要，应考虑工序集中的工艺方法。经综合分析论证，采用落料、拉深和冲孔复合模，既能满足生产量的要求，又能保证产品质量和模具的合理性。

（2）主要工艺参数计算

1）毛坯尺寸计算。

①计算毛坯直径。该工件为无凸缘圆筒形件，根据等面积原则，用解析法求毛坯直径。如图3–48所示，将工件分为3个简单的几何体，如图中的第Ⅰ、第Ⅱ、第Ⅲ部分。按工件厚度、中心层计算，h=19.5 mm、d=109 mm、r=2.5 mm，则毛坯直径为

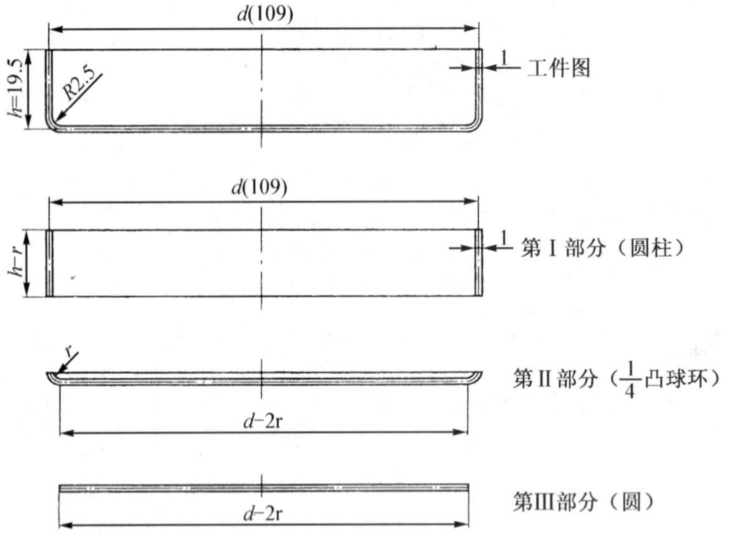

图3–48　毛坯各部分的计算

$$D=\sqrt{d^2+4dh-1.72rd-0.56r^2}$$
$$=\sqrt{109^2+4\times109\times19.5-1.72\times25\times109-0.52\times2.5^2}$$
$$\approx141\text{（mm）}$$

②确定是否加修边余量。根据冲压件相对高度：$\frac{h}{d}=\frac{19.5}{109}$=0.18<0.5，可不考虑加修边余量。

③确定是否需要压边圈。根据坯料相对厚度

$$\frac{t}{D}\times100=\frac{1}{141}\times100=0.71<1.5$$

式中　t——坯料厚度（mm）。

所以需要压边圈。

2）确定拉深次数。根据冲压件的相对高度（$\frac{h}{d}$）和坯料的相对厚（$\frac{t}{D}\times100$）的大小查表确定拉深次数（D取141）。

相对高度：$\frac{h}{d}=\frac{19.5}{109}=0.18$；相对厚度：$\frac{t}{D}\times100=\frac{1}{141}\times100=0.71$。

查手册可知，由于冲压件相对高度0.18远远小于一次拉深时的允许拉深相对高度0.70～0.57，则可一次拉深成形。

也可根据相对厚度查设计资料确定出圆筒形件（带压边圈）极限位深系数$m_1=0.53\sim0.55$，而工件的拉深系数为$d/D=109/141=0.77$，大于m_1，则可一次拉成。

3）排样及材料的利用率。根据该冲压件的形状特征，采用单排排样，如图3–49所示。查设计资料选择搭边值：$a=a_1=1.5$ mm。

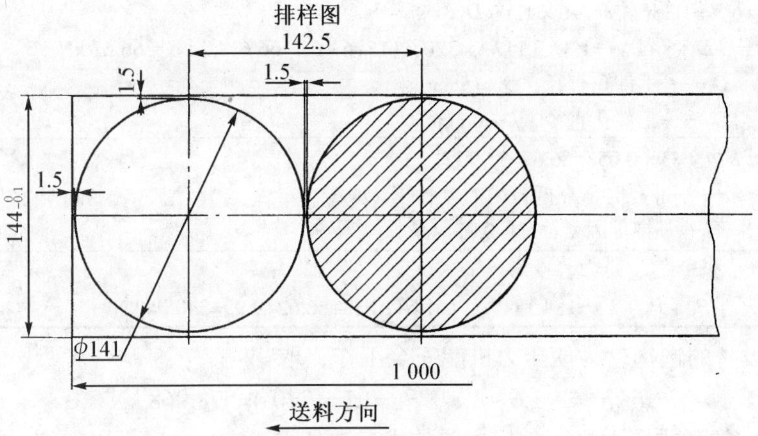

图3–49　冲压件排样

送料进距：$s=D+a_1=141+1.5=142.5$（mm）。

条料宽度：$b=D+2a=141+2\times1.5=144_{-0.1}^{\ 0}$（mm）。

式中　D——平行于送料方向的冲压件宽度。

板料规格的先用：1 mm×1000 mm×2000 mm。

每张钢板裁板条数：为了操作方便，采用横裁，即n_1=2 000/144=13条，余128 mm。

每条裁板上的冲压件数：

$$n_2=\frac{B}{s}=\frac{1\,000}{142.5}=7\text{（个）}$$

式中　B——钢板宽度（每条裁板的长度），1 000 mm。

每张钢板上的冲压件总数：$n_1n_2=13\times7=91$（个）。

板料的利用率η：

$$\eta=\frac{n_{总}\pi D^2}{4LB}\times100\%=\frac{91\times3.14\times141^2}{4\times2\,000\times1\,000}\times100\%=71\%$$

4）计算工序冲压力。工序冲压力（即冲压力）的计算见表3–7。

表3–7　冲压力的计算

类　别	计 算 公 式	结　论
落料力	$P_{落}=1.3\pi D\tau t=1.3\times3.14\times141\times320\times1=184\,179.8\text{N}\approx184.18$ kN 式中　τ——材料抗剪强度，08钢$\tau=260\sim360$ MPa，取$\tau=320$ MPa	$P_{落}$=184.18 kN
卸料力	$P_{卸}=K_{卸}P_{落}=0.04\times184.18\approx7.37$ kN	$P_{卸}$=7.37 kN

续表

类别	计算公式	结论
拉深力	$P_{拉}=K\pi dt\sigma_b=0.45\times3.14\times109\times1\times400=61\ 606.8N\approx61.6\ kN$ 式中 K——修正系数，K=0.45 σ_b——材料的强度极限，08钢σ_b=324～441，取σ_b=400 MPa	$P_{拉}$=61.6 kN
压边力	$P_{压}=\frac{\pi}{4}[D^2-(d+2r_d)^2]p=\frac{\pi}{4}[141^2-(109+2\times6)^2]\times2.5=10\ 283.5\ N\approx10.28\ kN$ 式中 r_d——凹模圆角半径，取r_d=6 mm p——单位压边力，p=2.5 MPa	$P_{压}$=10.28 kN
冲孔力	$P_{冲}=P_1+6P_2=1.3\pi D_1t\tau+6\times1.3\pi D_2t\tau$ $=1.3\pi t(D_1+6\times D_2)=1.3\times3.14\times1\times320\times(15+6\times6)=66\ 618.24\ N\approx66.62\ kN$ 式中 D_1——工件孔直径，D_1=15 mm D_2——工件孔直径，D_2=6 mm	$P_{冲}$=66.62 kN
推件力	$P_{推}=nK_{推}P_{冲}=3\times0.05\times66.62=9.99\ kN$ 式中 n——冲孔时卡在凹模内的废料模，n=3 $K_{推}$——推件因素，$K_{推}$=0.05	$P_{推}$=9.99 kN
总冲压力为： $P_{总}=P_{落}+P_{卸}+P_{拉}+P_{压}+P_{冲}+P_{推}=184.18+7.37+61.6+10.28+66.62+9.99=340.04\ kN$		$P_{总}$=340.04 kN

5）冲压设备的选择。为使压力机能安全工作，取

$$P_{压机}\geqslant(1.6\sim1.8)P_{总}=1.7\times340.4=578.068\ kN$$

故选630 kN的开式压力机。该机主要技术参数如下：

公称压力：630 kN；

滑块行程：130 mm；

最大封闭高度：360 mm；

最大封闭高度调节量：80 mm；

工作台尺寸：480 mm × 710 mm；

工作台垫板孔尺寸：ϕ250 mm；

模柄孔尺寸：ϕ50 mm × 80 mm；

工作台垫板厚度：80 mm。

6）模具零件主要工作部分尺寸计算。模具的落料凹模5、落料拉深凸凹模1、拉深冲孔凸凹模4、冲孔凸模2、3工件部分的工作关系如图3–50所示，模具零件主要工作部分尺寸计算见表3–8。

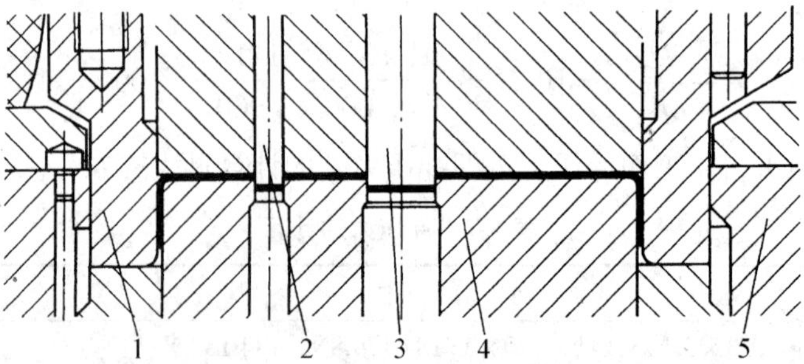

1–落料拉深凸凹模　2，3–冲孔凸模　4–拉深冲孔凸凹模　5–落料凹模

图3–50　落料、拉深、冲孔复合模工作部分的工作关系

表3-8 模具零件主要工作部分尺寸计算

（1）冲裁工序：工件尺寸精度查公差表均为IT14级，零件尺寸及公差见本表

查设计手册$x=0.5$，$Z_{max}=0.14$ mm，$Z_{min}=0.10$ mm，$Z_{max}-Z_{min}=0.04$；凸模制造精度采用IT6级，凹模制造精度采用IT7级

（2）拉深工序：工件未注公差，按IT14级，凸、凹模的制造精度采用IT9级；拉深单边间隙$Z/2=1.1$ t

冲压性质	零件尺寸	计 算 公 式	凹模尺寸	凸模尺寸
落料	$\phi 141^{0}_{-0.1}$	查公差表得：$\delta_{\text{凹}}=0.04$ mm，$\delta_{\text{凸}}=0.025$ mm $\delta_{\text{凹}}+\delta_{\text{凸}}=0.04+0.025=0.065$ mm $d_{\text{凹}}=(D-x\Delta)_{0}^{+\delta_{\text{凹}}}=(141-0.5\times0.1)_{0}^{+0.04}=140.5_{0}^{+0.04}$（mm） $d_{\text{凸}}=(D_{\text{凹}}-Z_{min})^{0}_{-\delta_{\text{凸}}}=(140.5-0.10)^{0}_{-0.025}=140.40^{0}_{-0.025}$（mm） 由于$\delta_{\text{凹}}+\delta_{\text{凸}}>Z_{max}-Z_{min}$，不满足间隙公差条件，应缩小$\delta_{\text{凹}}$，$\delta_{\text{凸}}$提高制造精度，才能保证间隙在合理范围。取 $\delta_{\text{凸}}=0.4(Z_{max}-Z_{min})=0.016$ $\delta_{\text{凹}}=0.6(Z_{max}-Z_{min})=0.024$ 故 $D_{\text{凹}}=140.50_{0}^{+0.024}$ mm，$D_{\text{凸}}=140.40^{0}_{-0.016}$ mm	$D_{\text{凹}}=140.50_{0}^{+0.024}$ mm	$D_{\text{凸}}=140.40^{0}_{-0.016}$ mm
冲孔	$\phi 6_{0}^{+0.3}$	查公差表得：$\delta_{\text{凹}}=0.012$ mm，$\delta_{\text{凸}}=0.08$ mm $d_{\text{凸}}=(d+x\Delta)^{0}_{+\delta_{\text{凸}}}=(6+0.5\times0.3)^{0}_{-0.008}=6.15^{0}_{-0.008}$（mm） $d_{\text{凹}}=(d_{\text{凸}}+Z_{min})_{0}^{+\delta_{\text{凹}}}=(6.15+0.1)_{0}^{+0.012}=6.25_{0}^{+0.012}$（mm） 因为$\delta_{\text{凹}}+\delta_{\text{凸}}=0.012+0.008=0.02$ mm$<Z_{max}-Z_{min}=0.04$，校核结果满足间隙差要求。为降低制造成本，可按间隙差重新分配制造公差，得： $\delta_{\text{凸}}=0.4(Z_{max}-Z_{min})=0.016$ $\delta_{\text{凹}}=0.6(Z_{max}-Z_{min})=0.024$ 故 $d_{\text{凸}}=6.15^{0}_{-0.016}$ mm，$d_{\text{凹}}=6.25_{0}^{+0.024}$ mm	$d_{\text{凹}}=6.25_{0}^{+0.024}$ mm	$d_{\text{凸}}=6.15^{0}_{-0.016}$ mm
	$\phi 15_{0}^{+0.43}$	查公差表得：$\delta_{\text{凸}}=0.011$ mm，$\delta_{\text{凹}}=0.018$ mm $d_{\text{凸}}=(d+x\Delta)^{0}_{-\delta_{\text{凸}}}=(15+0.5\times0.43)^{0}_{-0.011}=15.22^{0}_{-0.011}$（mm） $d_{\text{凹}}=(d_{\text{凸}}+Z_{min})_{0}^{+\delta_{\text{凹}}}=(15.22+0.1)_{0}^{+0.018}=15.32_{0}^{+0.018}$（mm） 由于$\delta_{\text{凹}}+\delta_{\text{凸}}=0.018+0.011=0.029$ mm，即$\delta_{\text{凹}}+\delta_{\text{凸}}<Z_{max}-Z_{min}$，故计算结果满足间隙差的要求	$d_{\text{凹}}=15.32_{0}^{+0.018}$ mm	$d_{\text{凸}}=15.22^{0}_{-0.016}$ mm
拉深	$\phi 110^{0}_{-0.87}$	凸、凹模的制造公差按IT9级制造，查表得$\delta_{\text{凸}}=\delta_{\text{凹}}=0.087$ mm $d_{\text{凹}}=(D-0.75\Delta)_{0}^{+\delta_{\text{凹}}}=(110-0.75\times0.87)_{0}^{+0.087}=109.35_{0}^{+0.087}$（mm） $d_{\text{凸}}=(D_{\text{凹}}-Z)^{0}_{-\delta_{\text{凸}}}=(109.35-2\times1.1\times1)^{0}_{-0.087}\approx107.15^{0}_{-0.087}$（mm）	$D_{\text{凹}}=109.35_{0}^{+0.087}$ mm	$D_{\text{凸}}=107.15^{0}_{-0.087}$ mm

7）弹性元件的设计计算。为了得到较平整的工件，此模具采用弹压式卸料结构，使条料在落料、拉深过程中始终处在一个稳定的压力之下，从而改善了毛坯的变形稳定性，避免材料在切向应力作用下起皱的可能。落料卸料采用橡胶作为弹性元件。

橡胶的自由高度

$$H_{自由}=(3.5\sim4)S_{工作}$$

式中 $H_{自由}$——橡胶的自由高度（mm）；

$S_{工作}$——工作行程与模具修磨量或调整量（4 ~ 6 mm）之和（mm）。

$$S_{工作}=20+1+5=26\ \text{mm}$$

$$H_{自由}=(3.5\sim4)\times26=91\sim104\ \text{mm}$$

取$H_{自由}$=95 mm。

橡胶的装配高度

$$H_{装配}=(0.85\sim0.9)H_{自由}=(0.85\sim0.9)\times95=80.75\sim85.5\ \text{mm}$$

取$H_{装配}$=83 mm。橡胶的截面面积，在模具装配时按模具空间大小确定。

（3）落料、拉偿和冲孔复合模结构设计

落料、拉深、冲孔复合模结构如图3–51所示。

12. 模具CAM技术的应用实例

（1）在微型汽车车身制造中的应用

模具CAM的过程是数控（NC）加工程序的编制和执行的两个过程。通常一个汽车覆盖件一般需要3 ~ 4套模具才能完成冲压成形。在传统的模具制造工艺中，每套模具的型面是通过各自的实物模型仿铣加工的。由于实物模型的误差较大，造成同一零件的几套模具之间的型面不一致，使模具型面之间的研配工作量很大，既延长了模具制造周期，也增加了模具的制造成本。由于数学模型的设计误差很小，用作模具型面的制造依据可以保证制造依据的准确性和一致性，通过数控（NC）编程加工可以大幅度降低模具型面的制造误差，提高模具型面精度，使模具的型面光顺流畅，一致性好，保证了型面的协调要求。CAM的过程一般如下：

1）调用模具的CAD数学模型（曲面模型或实体模型）。

2）选择加工方式。

①粗加工。采用盘状铣刀和逐层铣削的进刀方式进行切削。

②精加工。精加工的走刀进给方式很多，有平行平面加工——平行设定的平面或平行机床坐标面；有按插值方式加工；有沿曲面等参数线方式加工等。

③清根加工。在精加工之后，曲面连接的凹圆角处因刀具半径大而留有余量，必须采用小刀具进行清根加工，而且刀具半径必须小于或等于凹圆角半径。轮廓加工通常是指加工拉延模的凸模外轮廓，压边圈的内轮廓，以及切边模和翻边模的刃口内、外轮廓等。

3）加工参数的设置。这里主要介绍最主要的几项：

①刀具类型的选择。盘状铣刀有平底柱状螺旋铣刀、球头柱状螺旋铣刀、球头锥状铣刀等。对于不同的加工方式采用不同的刀具类型和刀具规格。

②刀具规格的选择。刀具规格尺寸的大小要与模具毛坯的大小和加工余量相适合。

③主轴转速、走刀进给速度、进给步距的设置。这3项参数对模具的加工效率和加工精度都有重要的影响。

模具型面要达到超精铣，通常是减小进给步距，提高主轴转速（＞10 000 r/min的高速铣）和走刀进给速度。

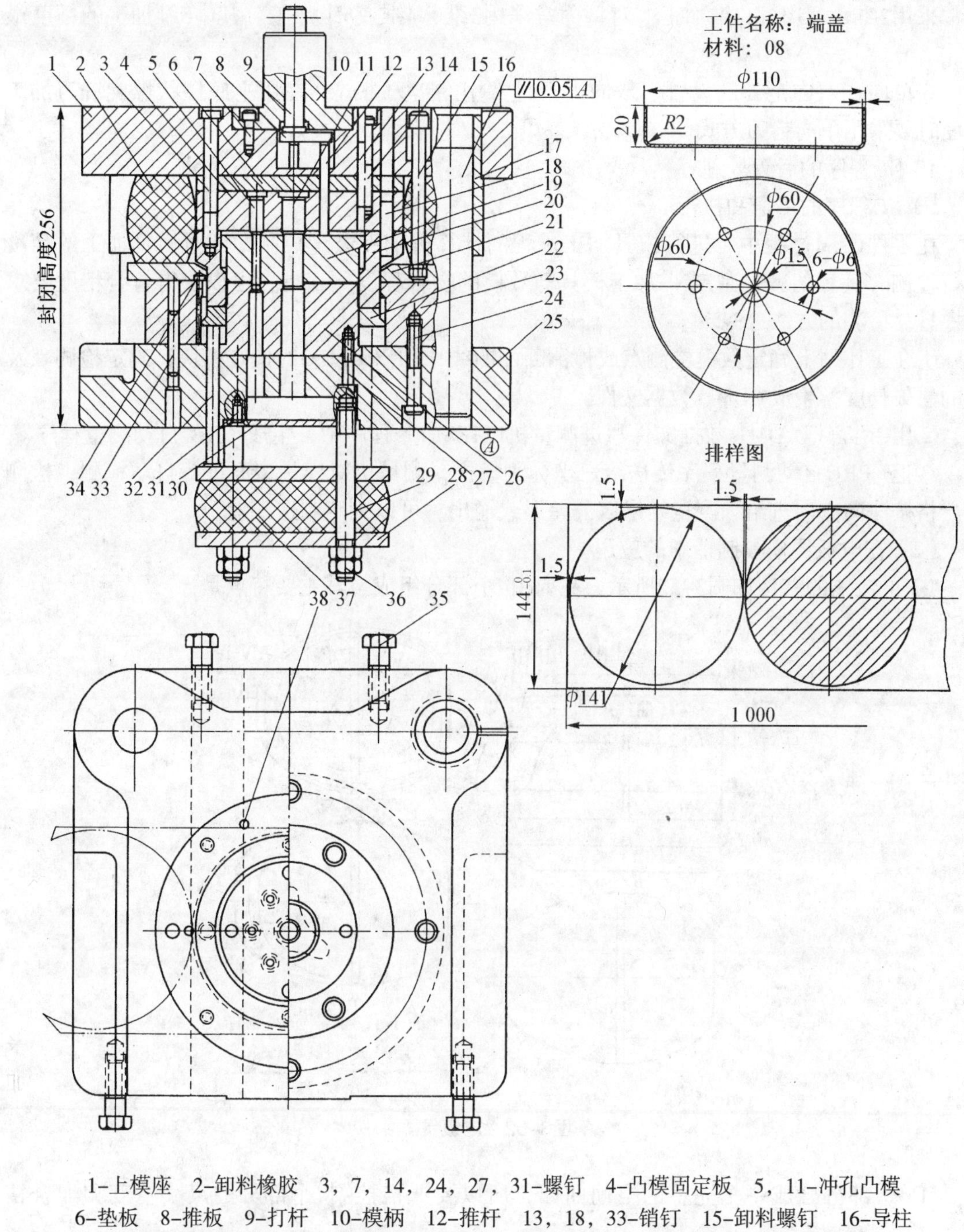

1–上模座 2–卸料橡胶 3，7，14，24，27，31–螺钉 4–凸模固定板 5，11–冲孔凸模
6–垫板 8–推板 9–打杆 10–模柄 12–推杆 13，18，33–销钉 15–卸料螺钉 16–导柱
17–导套 19–推件块 20–落料拉深凸凹模 21–卸料板 22–压边圈 23–落料凹模
25–下模座 26–拉深冲孔凸凹模 28–橡胶托板 29–螺栓 30–托板 32–顶杆
34–挡料销 35–起重螺钉 36–螺母 37–弹顶器橡胶 38–导料销

图3–51 落料、拉深、冲孔复合模结构

④加工维数的设置。CAD/CAM软件一般提供了2～5维的NC编程加工方式。对轮廓加工常采用2维、2.5维和3维加工。对型面常采用3维、4维或5维加工。其中5维加工的精度最高。

⑤单向、双向走刀的设置。双向走刀是常用的走刀方式，在用平底柱状螺旋铣刀加工型面时要采用单向走刀方式。

4）NC程序的后置处理。

5）NC程序的传送和执行。

在零件CAM过程中可进行模具加工过程的计算机辅助质量控制，即对模具加工的精度进行检测，其目的就是判定NC加工模具与数模的吻合程度——是否可以获得符合精度要求的模具。检测的方法分3步：

①在工作站上确定数模检测点或检测断面曲线，用EUCLID3的检查模块，确定检测点及点的法矢长度，生成*.DM1s数据文件。

②用C语言把*.DM1s数据文件写进测量机CMES命令程序中，生成*.PRG自动测量程序。

③把*.PRG自动测量程序传送给三坐标测量机，测量机对模具型面进行自动检测，检测点严格按法向方向进给，测量结果以公差形式输出。可以判定制造误差。

（2）在电饭煲模具制造中的应用

1）电饭煲的结构如图3–52所示，主要由4个部分组成。其主要特点是：

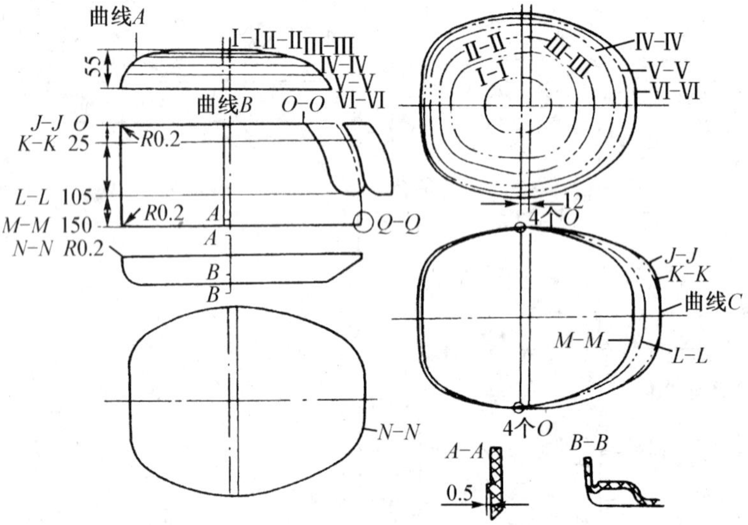

图3–52　电饭煲

①4个部分合成一个完整的空间曲面，所以要严格控制4个部分的尺寸精度和配合精度。

②电饭煲产品属于轻工日用品，从安全角度考虑不允许产品有刃口，故在沿口均有圆弧半径为0.2 mm的要求。但圆弧半径过大会使整体配合和间隙过大，影响美观。

③中套有固定顶盖的轴孔，它与底座安装有6个卡口（图3–52中*A*–*A*剖面），与电源盒配合有4个卡口，共需抽芯9处，这增加了模具结构的难度。

④产品表面粗糙度R_a要求为0.04 μm。

2）模具结构设计。为了提高模具档次，满足用户要求，在模具整体设计上主要有以下要求：

①选材：采用瑞典718的镜面钢，以满足用户产品表面质量要求。

②为了保证沿口的$R0.2$ mm尺寸要求，只能在模具型芯固定板上实现。为了使拼镶线不明显，只能将型腔沿口尺寸做到0.5 mm的深度。

③电源盒模具设计中应考虑到产品收缩不均而造成整体曲面的破坏，因而在模具设计中，型腔要按图3–52中*O–O*虚线范围加工，关料止口用型芯来实现。

④中套产品要求与底座有6个卡口及电源盖配合的轴孔，模具需开6个内抽，2个外抽，可见模具结构的复杂。

3）采用CAD形式真三维设计。由于产品的特点要求，使用常规的加工手段和电火花加工很难确保产品的质量，模具厂家在Sunspace Station20工作站进行了真三维的CAD设计。实施步骤和方法如下：

①根据各剖面的数十个测点进行spline线拟合，发现有几个点的质量较差，偏移了曲线的整个趋势，故进行修正和剔除。

②为了确保顶盖、中套、底座的配合要求，将图3–52中*J–J*和*M–M*面的测点只作为参考，而用Ⅳ–Ⅳ和Ⅴ–Ⅴ曲线代替。

③电源盒的曲面直接在中套曲面上获取，确保曲面的整体性。

④顶盖曲面的形式根据图3–52中的Ⅰ–Ⅰ、Ⅱ–Ⅱ、Ⅲ–Ⅲ、Ⅳ–Ⅳ、Ⅴ–Ⅴ、Ⅵ–Ⅵ的拟合曲线，增加图3–52所示的13个点拟合spline线（曲线*A*），确保曲线的最高点，按严格通过13条曲线（其中Ⅰ–Ⅰ、Ⅱ–Ⅱ、Ⅲ–Ⅲ、Ⅳ–Ⅳ、Ⅴ–Ⅴ、Ⅵ–Ⅵ六条曲线必须对称切断，否则会形成扭曲的面而不能满足设计要求）、通过网格面mesh surface方式拟合。

⑤中套曲面拟合利用Ⅵ–Ⅵ和N–N曲线的一部分和通过图3–52中4个*O*点，并控制端点方法拟合的两条spline线（对称*B*曲线和对称*B′*曲线）按扫描面（sweepsurface）拟合而成。而利用Ⅵ–Ⅵ、N–N和另一部分*K–K*及*L–L*曲线和曲线*B*及对称曲线*B′*进行网格曲面拟合，特别要指出这个曲线的拟合不能使用图3–52中4个点拟合的spline曲线*C*，并使用上下对称方式拟合。这样的面在图3–52中*Q–Q*范围会形成一个很小倒拔现象。

⑥在底座曲面造型中由于有些曲面间几乎相切，而用户图样要求有倒角R_1和R_2。因此，在底座的提手处出现了尖角。图3–53（a）不符合安全因素，因此需通过减少R_1和R_2达到较满意的结果。

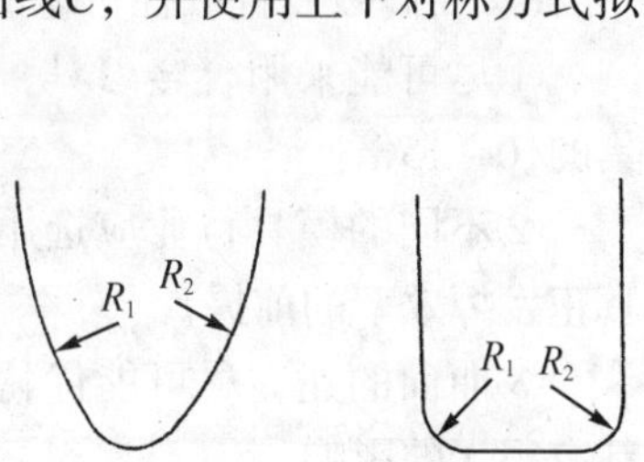

图3–53　两曲面的联接

4）加工工艺。该厂的数控铣是装备FANCU 15M系统的KMC～2000SD三维加工中心，加工电饭煲时该企业刚刚步入数控时代，主要切削刀具还是以国产优质刀具，配备少量的合金刀，在加工过程主要的特点和难点如下：

①进口718材料，是产品表面粗糙度值小的要求。材料的硬度为39HRC，用国产刀具切削是比较困难的。

②白钢刀和合金刀的切削特点不同，而数控加工在精加工时切具多在刀刃上，这样白钢刀和刀刃磨损较多，不能满足精加工要求。而合金刀刀粒的侧刃很短，不能进行大切削深度，在程序上应注意刀路轨迹。

③由于产品在沿口处有*R*0.2 mm的要求，故采用拼镶的方式，切削深度控制在0.5 mm。如果采用一般加工方式，则很难做到2个镶块和型腔本体的尺寸要求。

④中套产品要求150 mm深，由于型腔是3块镶块拼镶而成的，又要控制型腔的高度，中套脱模斜度很小。

⑤中套和电源盒的产品结构不同，成型后收缩也会不同。

5）针对以上加工特点，他们采取了以下对策。

①根据刀具的切削要求，白钢刀比较适合粗加工和半精加工，加工方式对于硬材料不宜以横切，而采用以下向上加工比较好。顺铣能改善切削条件，而合金刀具适合横进刀、小的切削深度、高的切削速度，但是这样一来会造成下刀切削比较困难，顺逆铣没有较大的区别。这样合理选择刀路轨迹，在精加工时要采用合金刀具容易出现上刀先进行粗加工和半精加工，采用白钢刀向下往上ZIG方式，由于白钢刀除两刃处不能过多下刀，在加工开始先用两刀或球刀直径小些，根据程序的轨迹先走几刀，保证三刃或四刃可以下刀。

②为了做到沿口的*R*0.2 mm，采用球刀编程，走沿口中心轨迹，然后将数据传到机床面板，采用三刃直刀磨掉刀尖成*R*0.2 mm，进行刀径偏置（G41或G42）加工。

③对150 mm高的中套，由于脱模斜度小，开始粗加工时由白钢刀做很容易，上部出现刀柄与坯料碰上而无法加工，故先用合金刀层铣一圈往下加工，然后再采用自下往上ZIG方式。

④取料厚的方法，面少时采用偏置面方式，复杂曲面由于偏置时可能出现扭曲的面就采用刀具补正。如需取料厚2.5 mm，可以采用*R*20 mm球刀出程序，用*R*25 mm球刀并分型面降低2.5 mm加工工件或采用加工余量–2.5 mm方式出程序。

⑤如底座的提手处有一个较深的小沟，编程时考虑到小刀下刀太多，可能会出现断刀现象，故先切削上部然后再加工。

⑥为了保证分型面的关料口锋利，加工时让刀在分型面上走几刀然后进入型腔，这样形成快口。

6）要高效发挥数控机床的作用，必须做到以下几点：

①尽可能采用合金刀具，这样，更换刀无需对刀，精度能保证，其切削速度是白钢刀具的10 ~ 15倍。

②不同的模具行业应选用针对产品良好的软件，合理选择进刀方式也是保证合金刀具真正发挥效率的前提。

③曲面的建立尽可能优化，应符合数学逻辑，曲面的质量对刀路的形成、避免过切等都有很大的影响。

④提高操作工的熟练程度与对编程的刀路检查和余量的正确估计，都是提高效率和减少失误的关键。

参 考 文 献

1 周继强，刘矿陵．模具制造与管理．北京：清华大学出版社，2005.

2 机械电子工业部．模具在制造工艺和装备．北京：机械工业出版社，1993.

3 高佩福．实用模具制造技术．北京：中国轻工业出版社，1999.

4 骆志斌．模具工实用技术手册．南京：江苏科学技术出版社，2000.

5 沈其文，徐鸿本．机械制造工业禁忌手册．北京：机械工业出版社，2000.

6 周晔，王晓澜，王江涛．模具工实用手册．南昌：江西科学技术出版社，2004.

7 胡石玉．模具制造技术．南京：东南大学出版社，1997.

8 胡石玉．模具工实用技术手册（第2版）．南京：江苏科学技术出版社，2008.

9 上海市职业指导培训中心．模具工技能快速入门．南京：江苏科学技术出版社，2007.

10 陈锡栋，周小玉．实用模具技术手册．北京：机械工业出版社，2001.

11 王德文．新编模具使用技术300例．北京：科学出版社，1996.

12 刘洪璞．模具钳工实用技能．北京：机械工业出版社，2005.

13 滕宏春等．模具制造加工操作技巧与禁忌．北京：机械工业出版社，2007.

14 机械电子工业．模具钳工工艺学．北京：机械工业出版社，1993.

15 吴伯良，梁庆，雷日扬．模具机械加工工艺分析与操作案例．北京：化学工业出版社，2007.

16 王德文，朱雅年．模具实用技术200例．北京：冶金工业出版社，1990.